南海西科1井碳酸盐岩生物礁储层沉积学

年代地层与古海洋环境

邵 磊　朱伟林　邓成龙
张迎朝　翟世奎　编著

内容提要

本书依托西科1井全取芯岩芯,采用古生态学、岩石矿物学、沉积地质学、沉积地球化学等方法,结合层序地层学和地球物理学的手段,对西沙海域西科1井进行了古海洋学、沉积环境以及沉积作用过程的综合研究。在精细的年代地层格架下,恢复了该地区中新世以来古海洋学变化过程。在研究过程中所建立的BIT等海平面变化示踪参数,为建立西沙地区乃至整个南海的更高精度的海平面变化曲线打下良好基础。

图书在版编目(CIP)数据

南海西科1井碳酸盐岩生物礁储层沉积学·年代地层与古海洋环境/朱伟林,谢玉洪主编;邵磊,朱伟林,邓成龙,张迎朝,翟世奎编著. —武汉:中国地质大学出版社,2016.12
ISBN 978-7-5625-3983-4

Ⅰ. ①南…
Ⅱ. ①朱…②谢…③邵…④邓…⑤张…⑥翟…
Ⅲ. ①南海-古海洋学②南海-地层学
Ⅳ. ①P136.22②P53

中国版本图书馆CIP数据核字(2016)第327113号

南海西科1井碳酸盐岩生物礁储层沉积学·年代地层与古海洋环境	邵 磊 朱伟林 邓成龙 张迎朝 翟世奎	编著

责任编辑:王凤林 王 敏	选题策划:毕克成 王凤林	责任校对:张咏梅
出版发行:中国地质大学出版社(武汉市洪山区鲁磨路388号)		邮政编码:430074
电 话:(027)67883511 传 真:67883580		E-mail:cbb @ cug.edu.cn
经 销:全国新华书店		http://www.cugp.cug.edu.cn
开本:880毫米×1230毫米 1/16		字数:289千字 印张:9 插页:1
版次:2016年12月第1版		印次:2016年12月第1次印刷
印刷:武汉籍缘印刷厂		印数:1—1000册
ISBN 978-7-5625-3983-4		定价:128.00元

如有印装质量问题请与印刷厂联系调换

《南海西科 1 井碳酸盐岩生物礁储层沉积学》
编 辑 委 员 会

丛书主编：朱伟林　谢玉洪

执行主编：王振峰　张道军

委　　员（按拼音顺序排序）：

邓成龙	高阳东	郭书生	姜　平	李绪深
廖　晋	刘　立	刘新宇	陆永潮	罗　威
米立军	裴健翔	邵　磊	时志强	孙志鹏
童传新	肖安涛	解习农	杨红君	杨计海
杨希冰	易　亮	尤　丽	翟世奎	张迎朝
祝幼华				

序

随着全球油气勘探开发的发展,海域和海相已成为当前我国油气勘探的两大重要领域,其中碳酸盐岩储层无疑成为科学研究和油气勘探的热点。生物礁滩体系是南海最具诱惑力、最具价值的勘探领域。尽管国土资源部等单位先后在西沙岛礁已钻探了4口井,但这些钻孔由于取芯率低及受当时研究技术手段的局限而缺乏系统的分析,研究未能取得理想的成果。中国海洋石油总公司在南海西沙群岛生物礁上组织实施了1口全取芯的科学探索井——"南海西科1井",并由中海石油(中国)有限公司湛江分公司牵头,汇聚了中国地质大学(武汉)、同济大学、中国海洋大学、成都理工大学、吉林大学、中国科学院南京地质古生物研究所及地质与地球物理研究所等多家科研院所,联合组成多学科的研究团队,经过3年联合攻关形成了一系列的研究成果。

西科1井为南海区域揭示生物礁地层最全、取芯最为完整的钻井,高密度的采样分析、多学科的综合研究使之成为我国生物礁滩体系研究的经典范例。该书取得如下重要进展:①系统开展了西科1井6个门类生物化石的鉴定及多门类高精度的生物地层、沉积环境与古生态演变综合研究;②系统开展了生物礁的岩石磁学研究,首次获取了南海西沙岛礁中新世以来的磁极性倒转序列和高分辨率环境磁学序列;③首次采用有机分子化合物分析并结合无机地球化学方法恢复了西沙地区中新世以来的海平面变化过程;④综合运用古生物、古地磁、岩石学、元素地球化学、同位素测年等多种方法,首次全面系统地建立了早中新世以来的南海碳酸盐岩-生物礁地层标准剖面;⑤首次利用高分辨率X射线岩芯扫描资料建立了西科1井高频旋回单元划分方案及生物礁滩垂向动态沉积模式和演化模式;⑥应用古流体恢复技术阐明了西科1井储层特征、成岩演化特征及岛礁潟湖环境下的白云岩化模式。

本专著汇集了该科研团队对南海生物礁滩体系的综合研究成果,通过西沙地区科学探索1号井的精细解剖,全面揭示了南海西沙海域新生代生物礁滩体系发育演化及古海洋演变历程,查明了碳酸盐岩储层非均质性及其特点。研究成果为南海生物礁滩体系研究提供一个极佳的范例,对广大油气勘探工作者具有很大参考价值和实用价值,也是高等院校师生一部很好的参考书。相信本书的出版会进一步深化生物礁滩体系理论研究,对我国海域碳酸盐岩油气勘探将起到重要的推动作用。

中国工程院院士:马永生

2016年12月17日

自 序

自20世纪中叶以后,生物礁碳酸盐岩研究如雨后春笋激增,凸显于地学界,其源皆出于碳酸盐岩油气藏之重大发现,继而多有学者深研其义。与此同时,"气候异常"概念受到全球学术界的重视,"气候变迁"遂成21世纪学者关注之焦点问题。众多学者利用多种地质记录,溯流穷源,借以探讨古环境、古气候演变是否有规可循,以期窥测未来气候变化之趋势。生物礁碳酸盐岩对气候变化反应灵敏且分辨率高,宜作良材以研讨气候环境演变及海平面变化。

出版本专著之目的,即综合沉积学、地磁学、古生物学、元素及生物地球化学等方法,由单独一点至空间整体辐散,复由空间整体归于独立一点,由矿物组分至岩石组构之演化,由微相特征至沉积模式之变迁,由沉积物形成至成岩演化之过程,去伪存真,纵横对比,归纳演绎,触类旁通,以冀真正反映碳酸盐岩生物礁发育史与西沙地区古海洋演变史。

书稿撰写期间,编者以如下三点为重中之重:①南海西沙区域地质之故事,多有研究者各执其辞,汪洋自恣,稍显繁重,且观念认知恐略有过时谬误之势,即值此著书之时遍观切究、精修订正,以助地学界人士对其有新的认识。②环境演变之技术手段学者钻研甚深,虽不乏篇法可求,但篇各一方,故慎择其精,且余等著书更主于方法上推陈出新,着重古今结合,横向对比,刊而广布,另生物标志BIT应用于海平面变化研究亦属首次,其效用则有待商榷。③"定量"之理念应用于古海洋领域虽久已有之,然因本研究区材料的限定,长期难有突破,故撰稿者于"定性"基础之上深化"定量"之宗旨,在"同位素地球化学""磁性地层学"两章尝鲜小试,以起抛砖引玉之作用。

编者曾与各专家多次切磋,推敲文例,研讨体裁,确定此书为七章分叙式,后分工执笔,即除摘要结语外。第一章系区域地质背景,由朱伟林、邵磊执笔;第二章第一节系岩性地层,由解习农执笔,第二节系生物地层,由祝幼华、李前裕执笔,第三节系元素地层,由翟世魁执笔;第三章系磁性地层学,由邓成龙执笔;第四章系同位素地层学,由朱伟林、邵磊执笔;第五章系西沙地区古海洋学,由翟世魁执笔;第六、七章分属西科1井沉积环境及珊瑚礁演化与海平面变化,由朱伟林、邵磊、崔宇驰及李前裕执笔;文献杂缀附于末。全书各章既独成一体,明其一端,又互相佐证,合而为一,且图文并茂,脉络清晰。全卷经邵磊、朱伟林、邓成龙、张迎朝、翟世奎统一整理及定稿。

余等学识有限,时间仓促,狂瞽之见,错讹疏漏之处仍在所难免,唯盼专家学者及其他热心审阅者共同斟酌、勘正与续修之,以期日臻完善。

敬以此文,是以为序。

2016年12月于上海

丛书前言

碳酸盐岩油气藏是近年来油气勘探最重要的领域之一。纵观世界油气勘探历史,新近发现中大型油气藏的 2/3 为碳酸盐岩油气藏,碳酸盐岩储层虽然只占沉积岩的 20%,油气探明储量却占 50% 以上,油气产量约占世界油气总产量的 60%(Michael,2011)。2006 年巴西在 BM-S-11 区块发现的碳酸盐岩油气藏,最大水深 2126m,油田面积 900km^2,可采储量 65×10^8 bbl(1bbl=159L),是巴西近几年的最大油气突破(吴时国,2011);中东地区石油产量约占全世界产量的 2/3,其中 80% 的含油层产于碳酸盐岩(Klaas Verwer,2011),沙特阿拉伯的石油储量占世界总储量的 26%,而其储层均属碳酸盐岩储层;北美的碳酸盐岩中油气产量约占北美整个石油产量的一半(Wilson,1980;Mazzullo,2009);鉴于碳酸盐岩储层的地位和重要性,碳酸盐岩油气藏成为各大石油公司多年来主要的勘探目标(Roehl & Choquette,1985;Andrel et al,2003;Klett,2010)。

生物礁是碳酸盐岩储层中的核心部分(Paola Ronchi,2010)。世界上一些礁相大气田的总储量达到了 4×10^8 t,在碳酸盐岩大油气田中占据着重要的地位。加拿大的油气产量约有 60% 产自生物礁油气藏;墨西哥全国石油产量的 70% 产自生物礁油气藏(卫平生,2006);哈萨克斯坦的最大油田卡沙甘油田就是生物礁相的优质碳酸盐岩储层(Paola Ronchi et al,2002,2010;Zempolich,2005);此外,美国二叠盆地的石炭纪—二叠纪马蹄形礁油田(Vest E L,1970;Arthur H Saller,2007),伊拉克基尔库克古近纪到新近纪生物礁油田(Majid A H,1986;Sadooni,2003),阿联酋布哈萨生物礁油田(Alsharhan A S,1987)等均为大型生物礁油田;我国陆地勘探近年来在塔里木盆地(塔中奥陶系)、川东盆地(普光及龙岗)等也发现多个大型碳酸盐岩生物礁油气藏。

近年来,生物礁滩体系沉积机制及储层条件的研究有赖于与现代环境的比较沉积学分析,国际上最为系统的研究实例就是巴哈马滩,以迈阿密大学比较沉积学实验室的 Robert N Ginsburg 教授为代表的团队,坚持了数十年的专门研究,已建立了多种背景下的沉积相模式,包括台地内部、碳酸盐砂、生物礁、潮坪以及边缘斜坡沉积(Eberli & Ginsburg,1987;Grammer et al,1993;Grammer et al,2004)。这些研究成果不仅加深了对"孤立"碳酸盐岩台地内部结构及其空间分布的认识,而且大大深化了碳酸盐岩成岩作用及其机理的理解,为碳酸盐岩储层侧向非均质性类比提供了极佳的范例。

生物礁滩体系是南海最具诱惑力、最具价值的勘探领域。然而,到目前为止,南海生物礁的研究总体还基于地震资料和为数不多的钻孔,尽管 20 世纪 70 年代石油部和国土资源部先后在西沙群岛针对生物礁钻探了西永 1 井和西琛 1 井,但这些钻孔由于取芯率低及受当时技术手段的局限而缺乏系统的分析,研究未能取得理想的成果。为了强化生物礁的研究,并为南海北部深水区及南海中南部勘探潜力评价与生物礁储层研究等提供依据,中国海洋石油总公司在南海西沙群岛生物礁上组织实施了 1 口全取芯的科学探索井——"南海西科 1 井"。因此,本次研究聚焦于"南海西科 1 井碳酸盐岩生物礁储层沉积学",由中海石油(中国)有限公司湛江分公司、中国地质大学(武汉)、同济大学、中国海洋大学、成都理工大学、吉林大学、中国科学院南京地质古生物研究所及地质与地球物理研究所联合组成多学科的研究团队,开展了多学科的综合研究,经过 3 年联合攻关取得了如下重要进展。

1. 古生物地层

以西科 1 井的岩芯为研究材料,通过岩芯宏观标本观察与鉴定、样品分析与鉴定、薄片分析与鉴定等多种方法,开展了该井古生物化石的系统研究与描述,取得的主要进展如下。

(1)通过有孔虫、钙藻、珊瑚、钙质超微、腹足、双壳共6个门类化石的系统研究与鉴定,明确了西科1井生物礁主要造礁生物与附礁生物的属种类型,并进行了系统描述。

(2)通过主要生物门类生物带或化石组合的划分及与其他地区的对比,划分了该井年代地层单元,在此基础上通过对周边已钻井生物地层的厘定与系统总结,建立了该井所在区域的生物地层与年代地层格架。

(3)通过组成生物礁的生物种类、数量、分布规律和生态特征的分析,揭示了西沙地区中新世以来的沉积环境及古生态演变过程,明确该井揭示了礁前滩、礁骨架、礁后滩及潟湖等多种沉积环境类型。

2. 年代地层与古海洋环境

通过西科1井岩芯样品的岩石磁学、沉积学、沉积地球化学、古生态学、同位素年代学及稳定同位素地层学等方法的系统性分析,开展了该井年代地层的精细研究,恢复了西沙地区海平面变化过程,取得的主要成果如下。

(1)首次在南海地区开展了生物礁的岩石磁学研究,确定了从海水中捕获的磁铁矿为西沙生物礁中的磁性矿物,阐明了生物礁的剩磁获得机制;结合生物年代地层学研究成果,建立了20.44Ma以来的南海地区中新世磁性地层时间序列。

(2)首次采用碳同位素地层学方法对西科1井上部50m进行了精细的地层学划分,并采用珊瑚U-Th定年方法进行了准确标定。

(3)首次采用有机分子化合物及无机地球化学方法对西沙地区珊瑚礁发育生长环境进行了系统分析,建立了中新世以来的西沙地区海平面变化曲线,揭示了生物礁生长发育具有高海平面以潟湖相为主、低海平面以礁相为主的演变规律。

(4)应用反映陆源的Si、K、Ti等与反映海源的Na、P、B等元素指标的比值进行了全井段古海洋环境的分析,揭示了南极冰盖扩大及北极冰盖形成等古海洋学事件在西沙碳酸盐岩台地中的记录,恢复了中新世以来的相对温度变化曲线。

3. 层序地层与沉积演化

基于西科1井岩芯及岩石薄片宏观与微观特征的定性和定量分析、全井段岩芯高分辨率X射线扫描(Itrax)成像及岩样的高精度测试,精细划分了西科1井高频层序地层单元,揭示了生物礁高频生长单元的构成、沉积微相的类型特征,建立了西科1井生物礁、滩垂向动态沉积演化模式。主要进展包括以下几方面。

(1)基于详细岩芯观察和薄片鉴定,将礁岩和粒屑岩两大类岩性划分为16种宏观岩性相类型及21种微观岩性相类型。在此基础上查明了生物礁滩体系中生物礁、生屑滩和潟湖相沉积的特征,进而总结了相应的沉积模式。

(2)首次利用高分辨率X射线岩芯扫描仪(Itrax多功能扫描仪)对西科1井全井段(1268m)岩芯进行了扫描,获得了26种元素含量计数点,组成了325个元素比值,通过观察各元素比值随深度的变化趋势,从层序和成岩角度对其进行了规律性总结及高频单元的划分。基于受控层序和成岩两者共同作用元素的变化规律,很好地进行了五级层序单元甚至六级层序单元的划分。

(3)阐明了西沙地区生物礁主要生长单元样式和动态演化模式。以海泛面和暴露面为标志,将礁体归纳为淹没型生长单元和暴露型生长单元两大类。暴露型又进一步细分为硬基底和软基底两类,淹没型可细分为快速淹没和缓慢淹没两类。垂向上形成了极具特色的礁体组合,即慢步礁(或淹没礁)、同步礁(加积礁)、快步礁(暴露礁),进而总结了生物礁滩体系的动态演化模式。

4. 储层特征与成岩演化

运用储层物性测试资料、岩石薄片鉴定成果以及扫描电镜、阴极发光、碳氧同位素、微量元素、稀土元素、包裹体均一温度等多种测试资料，详细总结了西科1井储层特征、成岩演化特征，特别是白云岩化机理。对西沙地区礁滩相碳酸盐岩储层研究取得了如下进展。

（1）西科1井钻遇的碳酸盐岩主要为原地石灰岩、异地石灰岩、碳酸盐砂、白云岩化灰岩和混积岩。碳酸盐岩的成岩作用主要受成岩环境和成岩阶段制约。其中，大气水成岩环境的影响深度范围为0～169m，见新月形、悬垂状、等厚栉状或粒间晶簇状胶结物；海水成岩环境的影响深度范围为169～579m，含泥晶套、纤维状—针状文石胶结物，具偏重的$\delta^{13}C$和$\delta^{18}O$值。埋藏成岩环境的影响深度范围为579～1257.52m，以粗晶镶嵌状方解石及相对偏轻的$\delta^{13}C$和$\delta^{18}O$值为识别标志。乐东组、莺歌海组和黄流组处于同生成岩阶段，梅山组和三亚组处于早成岩阶段。

（2）在白云岩层段，白云石的形成晚于海水成岩作用。白云岩中白云石多呈粉晶-中晶结构，随深度的增加较大晶粒白云石在岩石中的比例增加，在三亚组碳酸盐岩中鞍形白云石含量显著增加。白云岩样品的碳、氧同位素则完全缺乏相关性，反映了大气水、岩浆来源流体、有机酸等流体等成岩流体并没有参与白云石化过程，白云石形成流体的盐度稍高于正常海水。中等盐度渗透回流模式适用于西沙地区大部分白云岩的形成解释。

（3）西科1井碳酸盐岩总体较为疏松，孔隙发育。钻遇地层的所有岩石类型中均发育铸模孔隙和溶解孔隙等次生孔隙。其粒内孔隙分布于几乎所有的岩石类型，粒间孔隙主要发育于颗粒支撑的岩石类型，格架孔隙主要发育于骨架灰岩、黏结灰岩以及原岩为原地灰岩的白云质灰岩和灰质白云岩中，晶间孔隙分布于白云岩中。孔隙度和储集质量明显受岩性制约，孔隙度随埋深变化呈分段式。白云岩、灰质白云岩和白云质灰岩的储集条件优于泥粒灰岩和粒泥灰岩。孔隙演化的主控因素为成岩环境、机械压实作用和白云化作用。

编写这套《南海西科1井碳酸盐岩生物礁储层沉积学》专著的目的，不仅是要全面展示南海西科1井精细的研究成果，更重要的是为南海生物礁研究提供一个经典的"铁柱子"，可作为油气勘探生产的不同生物礁微相标准化及示范化规范的宏观、微观特征图版和数据库。客观地总结我国近年来在生物礁研究领域的成果经验，为广大海洋地质工作者及油气勘探专家提供一部实用的参考书。

本专著共分4册。第一册为《古生物地层》，系统介绍了西科1井主要造礁生物及附礁生物的类型和组合特征，明确了该井地质年代及地层单元的划分，建立了西科1井及西沙地区的生物地层格架，分析了早中新世以来的沉积环境及古生态演变过程。第二册为《年代地层与古海洋环境》，介绍了年代地层格架的建立及古海洋学的研究成果，确立了20.44Ma以来的南海地区中新世磁性地层时间序列，建立了中新世以来的西沙地区海平面变化曲线及相对温度变化曲线，揭示了南极冰盖扩大及北极冰盖形成等古海洋学事件在西沙碳酸盐岩台地中的记录。第三册为《层序地层与沉积演化》，介绍了西科1井岩石学特征，完成西科1井岩性相类型识别与沉积相分析，建立了以三级层序为单元的西科1井层序地层格架；分析了西科1井生物礁发育过程及阶段，并建立了相关的沉积模式。第四册为《储层特征与成岩演化》，介绍了西科1井礁滩相碳酸盐岩储层岩性、成岩演化及物性特征，深刻认识了碳酸盐岩储层岩石组构与岩石类型，描述了储集空间和孔隙演化特征，综合评价了储层的储集性，总结了孔隙发育的影响因素及白云岩化机理。

本专著是"南海西科1井"课题组全体科技人员集体劳动成果的结晶。中国海洋石油总公司朱伟林和谢玉洪对全书进行了统编与审定。前言由朱伟林执笔。各册主要执笔人员分别是：《古生物地层》由中国科学院南京地质古生物研究所祝幼华、中国海洋石油总公司朱伟林，中海石油（中国）有限公司湛江分公司王振峰、罗威、刘新宇执笔；《年代地层与古海洋环境》由同济大学邵磊、中国海洋石油总公司朱伟林、中国科学院地质与地球物理研究所邓成龙、中海石油（中国）有限公司湛江分公司张迎朝、中国海洋大学翟世奎执笔；《层序地层与沉积演化》由中国地质大学（武汉）解习农、中国海洋石油总公司谢玉洪、中海石油(中国)有限公司湛江分公司李绪深、中国地质大学(武汉)陆永潮执笔;《储层特征与成岩演化》由成都理工大学时志强,中国海洋石油总公司谢玉洪,吉林大学刘立和中海石油(中国)有限公司湛江分公司张道军、尤丽执笔。

  这些成果的取得得到了国内一系列单位及领导、专家和学者的大力支持,主要包括中国海洋石油总公司科技发展部,中海石油(中国)有限公司勘探部、湛江分公司,中海油服油技事业部,海油发展工程技术分公司湛江实验中心,中国地质大学(武汉),同济大学,成都理工大学,中国海洋大学,吉林大学,中国科学院南京古生物研究所、地质与地球物理研究所,国土资源部青岛海洋地质研究所,海南省地质基础工程院。

  汪品先院士、龚再升教授参加了多次讨论会,并提出了宝贵的修改意见。马永生院士参与了成果交流讨论并为本书作序,在此一并表示衷心感谢!鉴于本专著涉及多个方向领域,难免有不足或错误之处,敬请广大读者批评与指正。

2016 年 12 月 18 日

前 言

迄今为止,西科1井是西沙地区取芯率最高、地层揭示最完整的科学探井,该井的成功钻探为南海生物礁演化、古海洋学研究提供了不可多得的素材。资料显示,碳酸盐岩台地沉积发育较为特殊,受重结晶及白云岩化作用颇为严重,另外在间冰期—冰期转换阶段,海平面快速下降造成台地普遍发育沉积间断甚至风化剥蚀现象,其包含的古海洋、古环境信息也随之遭受不同程度的破坏。因此,采用常规氧同位素地层学方法对地层年龄进行标定,是该井碳酸盐岩研究中面临的一个重大难题。然而,在攻关团队的不懈努力下,通过古生物学、沉积学、沉积地球化学、生物地球化学、古生态学、同位素年代学、稳定同位素地层学等多种手段的综合应用,西科1井的研究最终打破原有桎梏的束缚,取得一系列突出成果。

1. 地层年龄框架成果

锆石U-Pb定年结果证实,西沙碳酸盐岩台地基底由晚中生代片麻岩及白垩纪花岗岩组成,其中最年轻的变质锆石年龄为137±1Ma,最年轻的岩浆锆石年龄为85.1±3Ma。结合古生物鉴定结果,即1182~1187.92m段发现大型底栖有孔虫 *Spiroclypeus* 属,结合其他生物组合,判定时代属早中新世时期;828.63m处发现浮游有孔虫 *Praeorbulina* 和 *Globigerinoides obliquus*,属中中新世早期,揭示该地区生物礁为一套发育在中生代基底之上的中新世碳酸盐岩沉积。

因受大气淡水淋滤作用的强烈影响,西科1井于地表埋深0.03m处便开始发生矿化重结晶作用,且这种成岩作用随埋深深度增加而增加。同时,该套碳酸盐岩中暴露淋滤面及滩相沉积白云岩化作用极为普遍。鉴于以上原因,西科1井柱状样中保存的原始氧同位素记录基本被破坏殆尽,采用传统同位素地层学手段确定地层年龄框架十分困难。然而,研究发现0~50m层段$\delta^{13}C$变化曲线与南海及全球主要大洋的碳同位素曲线基本相同,对应氧同位素1~7期,因此可用来精确标定200ka以来的地层年龄。其中,5m、11.7m、13.9m、16.8m、23.8m及35.65m处分别为氧同位素第1~6期底界,地层年龄则分别为14ka、29ka、57ka、71ka、129ka及191ka,与同层段珊瑚U-Th定年结果一致。另外,该井0m处地层年龄约为5ka,说明石岛表层存在5ka以来的沉积间断。

由于碳酸盐岩所含磁性物质极低,一般很难采用该方法进行地层划分。本书结合生物地层学及放射性定年结果,采用磁性地层学方法对碳酸盐岩进行地层划分也属新的尝试。

2. 西沙地区古气候记录研究成果

研究发现,$\delta^{13}C$呈现出冰期低而间冰期高的特征:11.7m、16.8m和35.65m处对应间冰期向冰期转换时期,全球海平面下降,$\delta^{13}C$呈现阶段性最高值;相反,4.15m、13.9m和23.8m处恰好对应冰期向间冰期转换时期,全球海平面上升,$\delta^{13}C$突然变轻。因此,全球气候周期的转换不仅控制了$\delta^{13}C$的突变,还控制了生物礁台地重要沉积界面的形成,即间冰期—冰期转换时期,海平面骤然降低造成大量碳酸盐岩台地遭受暴露、淋滤、风化及剥蚀,部分地层缺失。同时,书中还对西沙地区不同时期海水温度及酸碱度进行了尝试性探讨。

3. 岩相及沉积相成果

西科1井岩芯柱状样主要由早中新世、中中新世、晚中新世、上新世及更新世碳酸盐岩沉积物组成。其中,早中新世以生物礁灰岩为主,中中新世以生物碎屑灰岩为主,这两段时期西沙地区主要发育滩相-潟湖相沉积;至中中新世中晚期,该地区逐渐转变为礁相-滩相沉积。晚中新世早中期发育生物礁云岩和藻礁云岩,晚期发育生物碎屑云岩,但整体来看,整个晚中新世白云岩化程度较深。上新世又转变为生物碎屑灰岩,且该时期中部层段可见部分生物礁灰岩。这两个时期均以潟湖相沉积为主。第四纪更新世中下段主要为生物碎屑灰岩,上段主要为生物礁灰岩,主要发育滩相-礁滩互层沉积。靠近地表的部分是生物碎屑砂,尚未经历较深程度的成岩作用。

4. 元素地球化学成果

地化元素指标不仅较好地揭示了西沙地区海水深度、氧化还原环境转换及海水温度等变化规律,全岩元素分析结果中 Mg/Ca 比值、Li、P 等元素含量变化曲线大致可以反映西沙地区海平面自南海扩张以来曾经历数次升降,即自早中新世水深逐步加深,至中中新世之后逐步变浅,并于中中新世晚期达到最浅;继而水深再次加深,于上新世持续加深,直到更新世水深才二次变浅。

5. 有机地球化学成果

研究发现,西科1井支链和类异戊二烯指标——BIT 指数随井深由下至上呈现低—高—低—高的规律性变化,将西科1井以 180m、560m 和 1044m 为界分为 4 个阶段,恰好与第四纪—上新世(分界深度216m)、晚中新世—中中新世(分界深度577m)及中中新世—早中新世十分接近或完全一致。更重要的是,BIT 所代表的环境意义也能合理地揭示南海生物礁台地的发育过程及海平面变化:在 0~180m 和 560~1044m 岩芯段,岩性特征以生物碎屑砂和珊瑚礁或珊瑚藻构成的生物骨架灰岩互层为主,同时大量暴露溶蚀风化面指示该时期水体动荡,频繁暴露地表;在 180~560m 和 1044~1257.52m 岩芯段,岩性特征以生屑泥晶灰岩或珊瑚藻构成的生物骨架灰岩为主,指示相对较为平静的水深环境,可能属深水潟湖或中光层(Mesophotic)环境,珊瑚礁生长速率较为缓慢。

6. 生物礁发育演化及海平面变化成果

综合各项研究结果,早中新世以来生物礁发育演化及南海海平面变化呈现如下特征:早-中中新世早期,西沙地区遭受阶段性海侵,珊瑚礁主要发育滩相-潟湖相沉积;中中新世晚期,全球及区域海平面下降,珊瑚礁台地频繁暴露地表并遭受淋滤剥蚀,造成西科1井所处位置广泛发育溶蚀淋滤面,呈现礁-滩相互层的沉积特征;晚中新世—上新世,南海进入热沉降阶段,受区域及全球海平面上升的叠加影响,大部分南海浅海区珊瑚礁遭受溺亡,西沙碳酸盐岩台地也处于水深较大的中光层环境,沉积物以泥晶灰岩及藻类为主,堆积速率低、礁体生长缓慢;第四纪时期,全球及区域海平面总体呈下降趋势,西沙碳酸盐岩台地再次频繁暴露地表并遭受淋滤剥蚀,西科1井所处位置又出现了礁-滩交互、溶蚀淋滤面广泛发育的沉积相特征。

需要强调的是,对于第四纪早期海平面开始下降的时间,西科1井生物地化指标 BIT 所指示的转折点略晚于全球海平面发生变化的时间点,然而与邻区琼东南盆地海平面变化曲线发生转折的界线完全一致,说明西沙地区生物礁台地受区域相对海平面变化影响更大,同时也说明南海海平面变化既受全球海平面变化的影响,也受南海区域构造沉降的控制。

西科1井碳酸盐岩沉积包含了大量古海洋及古环境地质信息,其揭示的生物礁沉积特征,为研究南海以及全球中新世以来碳酸盐岩台地的发育演化提供了极为重要的证据。同时,攻关团队首次尝试的新方法、新手段也为碳酸盐岩研究提供了新的研究思路。

目 录

1 区域地质背景 ··· (1)
    1.1 南海新生代地质演化 ·· (1)
    1.2 南海碳酸盐岩台地研究现状 ·· (6)
    1.3 西沙地区地质特征 ··· (14)

2 沉积地层学 ··· (17)
    2.1 岩性地层 ·· (17)
    2.2 生物地层 ·· (28)
    2.3 元素地层 ·· (35)

3 磁性地层学 ··· (44)
    3.1 概述 ·· (44)
    3.2 岩石磁学 ·· (45)
    3.3 古地磁学 ·· (48)
    3.4 小结 ·· (50)

4 同位素地层学 ·· (51)
    4.1 南海 ODP 站位碳氧同位素及意义 ··· (51)
    4.2 西科 1 井碳同位素地层学 ·· (57)
    4.3 地层划分 ·· (63)
    4.4 珊瑚 U－Th 定年 ·· (65)
    4.5 基底锆石定年 ·· (68)

5 西沙地区古海洋学 ··· (73)
    5.1 西沙海域生物礁古海洋学研究背景 ·· (73)
    5.2 白云岩化记录 ·· (74)
    5.3 海水古温度记录 ··· (78)
    5.4 古海水酸碱度的记录 ··· (83)
    5.5 小结 ·· (85)

6 西科 1 井岩性特征及沉积环境 ··· (86)
    6.1 岩性特征 ·· (86)
    6.2 沉积相特征 ··· (93)

  6.3 古生态探讨……………………………………………………………………………………（95）

7 珊瑚礁生长过程及海平面变化 ……………………………………………………………（97）
  7.1 研究方法……………………………………………………………………………………（97）
  7.2 西科 1 井碳酸盐岩台地发育模式…………………………………………………………（99）
  7.3 南海碳酸盐岩台地晚中新世衰退的记录 ………………………………………………（101）
  7.4 晚中新世碳酸盐形成于较深的中光层环境 ……………………………………………（105）
  7.5 晚中新世盆地下沉和海水变冷的耦合效应 ……………………………………………（107）
  7.6 西沙周边海平面变化分析对比 …………………………………………………………（109）

参考文献 …………………………………………………………………………………………（117）

后 记 ……………………………………………………………………………………………（128）

1 区域地质背景

1.1 南海新生代地质演化

中国南海位于欧亚板块东南部,是新生代东亚大陆边缘形成的一系列边缘海盆地之一,它大致位于西太平洋从赤道至北纬约20°之间,北侧是我国的华南大陆和台湾岛,西侧为中南半岛和马来半岛,南侧为苏门答腊岛和加里曼丹岛,东侧为菲律宾群岛,外形大致呈椭圆形,长轴呈NE向,约3140km,短轴呈NW向,约1250km,总面积大约$3.5×10^6 km^2$(图1-1)。南海海底地形构成三级阶梯:大陆架水深超过150m,面积达$168.5×10^4 km^2$;大陆坡水深150~3800m,面积达$126.4×10^4 km^2$;图1-1深海平原水深3800~4200m,面积达$5.51×10^6 km^2$。其中,陆坡坡度较大,大陆架和深海盆地地势平坦。海底平

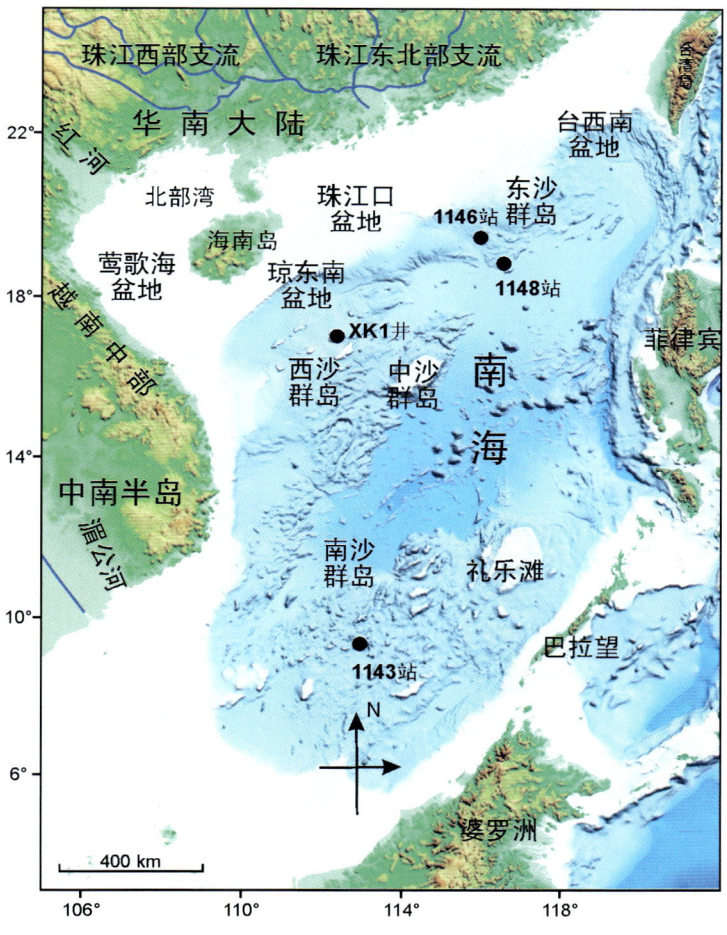

图1-1 南海地形及重要站位略图(底图据杨胜雄,2015)

原分布有海岭和海山,东部发育有马尼拉海沟,深度达5377m。整体来看,大陆架、大陆坡以及深海盆地组合成缺口向东的马蹄形海底地形(刘昭蜀等,2002)。

边缘海,亦称陆缘海,是位于陆地与大洋之间的过渡地带。南海是西太平洋最重要的边缘海之一,形成演化过程十分复杂,备受国内外地质学家的关注。20世纪70年代以来,研究者对南海的形成发展提出了多种假设。例如,Briais(1993)、Tapponnier(1986,1982)认为南海的形成与印度-欧亚板块碰撞引起的印支地块挤出逃逸有关;Fukao(1994)、Tamaki(1995)、邓晋福等(1996)和Flower(1998)等学者认为南海的形成与青藏高原软流圈物质向东南方向流动,从而引起的深部过程有关;Karig(1973)、Ben-Avraham(1973)和郭令智等(1983)认为南海的形成与太平洋板块俯冲导致的弧后扩张有关;Holloway(1982)、Taylor(1980,1983)和Hall(1995,2008)等学者认为南海的形成与古南海板片向南俯冲拖曳作用有关;张训华等(1997)认为南海的形成主要由单向拉张作用所致;周蒂等(2002)认为南海的形成主要受右行拉分作用影响;姚伯初等(1996)认为南海主要经历了大西洋型海底扩张的演化历史。上述观点不仅仅从不同侧面探讨了南海的形成及演变过程,而且充分说明了南海盆地的研究在全球构造演化史研究上具有举足轻重的地位。

1.1.1 南海盆地基底及盖层

整体上看,新生代以前,南海地区的演化和发育特征属古南海的一部分,除南海新生代中央海盆外,陆架区都可能存在古南海陆架基底地层和中生代海相及局部陆缘河湖相沉积地层。大陆架和大陆坡的基底地层可能包括:元古宙变质岩,为前寒武纪和晋宁期褶皱基底;早古生代变质海相碎屑岩和碳酸盐岩,为加里东期褶皱基底;晚古生代浅变质碎屑岩和碳酸盐岩,为海西期—印支期褶皱基底;中生代三叠系、侏罗系和白垩系等地层是燕山期褶皱带基底(刘光鼎等,1992)。新生代南海经历了一个新的地层演化和发育过程,沉积序列自古近纪中期以来都表现为一个巨大的海侵序列。古近系中下部是陆相沉积,上部的渐新统为海陆交互相,新近系以上为海相沉积。因此,新生界整体上表现为陆相-海相的演化序列。由于南海不同部位的构造环境存在一定差别,因此不同地区地层特征也有一定的差别。

南海北部地区目前所知最老的地层为元古宇,在西部和北部陆架、西沙群岛都有发现,是我国华南大陆和印支地块向海延伸的部分,由一套浅至深的变质岩组成。西沙群岛永兴岛的西永1井1251m处钻遇花岗片麻岩基底,Rb-Sr同位素年龄为637Ma(刘光鼎等,1992)。但是,西科1井钻遇的片麻岩基底经锆石U-Pb定年分析发现属于白垩系,故该基底应为晚中生代变质岩,而非长期以来认为的晚前寒武纪地层;莺歌海盆地的莺1井钻遇下古生界变质岩;北部湾东北部广泛分布上古生界。中生界受地壳变形和南海盆地扩张改造明显,目前主要分布于大陆架和大陆坡上的小型地堑盆地中,北部湾盆地和珠江口盆地钻遇上白垩统,为山前洪积扇和海相潟湖沉积。进入新生代,南海地区普遍缺失古新统海相地层,从东到西表现为明显的海相至陆相的演化序列。礼乐巴拉望、台湾地区及台西南盆地发育有始新世海相沉积,珠江口盆地及以西地区到晚始新世才开始发生海相沉积(张浩,2015)。莺歌海盆地,在前新生界基底上发育有渐新统河湖相泥岩、砂岩及砾岩;中新世之后沉积海相砂岩、页岩和灰岩沉积。万安-中建南盆地基底为变质岩,上面直接覆盖了渐新统浅海相-三角洲相砂岩和泥岩;中新世开始海水加深,此过程持续至上新世,依次沉积滨海-浅海环境的泥岩、砂岩和礁灰岩,浅海-深海相砂岩、泥岩和礁灰岩以及深海相泥岩、细砂岩。珠江口盆地也发育相似的沉积序列,前新生代为黑云母花岗岩及变质岩,古近系神狐组是否存在尚有疑问;文昌组为深灰色砂岩、泥岩互层,夹杂薄煤层,为湖沼相沉积的产物;恩平组为深灰色泥岩夹杂灰色、褐黄色砂岩,属河泛平原相沉积;珠海组下部为棕灰色砂岩夹杂深灰色泥岩,为河流相沉积,上部为灰黄色砂岩和灰色泥岩互层,属海陆过渡相沉积。新近系珠江组为灰色泥岩夹杂砂岩、钙质砂岩,中下部夹杂灰岩,为滨浅海相-三角洲相沉积;韩江组为灰绿色泥岩夹灰色中—细砂岩或粉砂岩,为浅海-三角洲相沉积;粤海组为灰绿色泥岩夹中—细砂岩,万山组为灰绿色—绿灰色泥岩夹中—细砂岩,富含生物碎屑,均为浅海相沉积,第四纪为浅海相泥岩夹砂岩。孢粉分析发现,西沙群岛西永1井靠近礁体底部地层的以中新世热带植物花粉占主要优势，没有发现任何古近纪的孢粉类型，地层年代为中新世。位于东沙隆起南部下大陆坡的ODP184航次1148站（水深3294m，井深850.85m），井底地层为早渐新世（32.8Ma）；位于其南侧洋陆过渡带的IODP349航次U1435站（水深3252.5m，井深300m），揭示的最老地层则为始新世海陆过渡相砂岩夹粉砂质泥岩沉积。

位于南海中央海盆-西南次海盆以南的海区，前新生界的钻井资料极少，根据磁场、地震等特征推断基底最老的地层可能是元古宇。钻探方面，菲律宾在我国南沙群岛礼乐滩完成桑帕吉塔1井的钻探工作，井深4125m，钻遇下白垩统滨海、浅海相巨厚的砂岩、砾岩和集块岩，砂质页岩、粉砂岩夹煤层，2160m以上为下渐新统—第四系礁灰岩地层。德国"太阳号"科考船在南沙海域进行海底岩石拖网，在礼乐滩和美济礁以东发现三叠系硅质页岩，棕灰色薄层含植物化石碎片的粉砂岩。另外，泰国湾的多口钻井中发现石炭纪—二叠系和中生界变质岩及沉积岩以及白垩系花岗岩。南海南部新生界目前认识较多，在曾母盆地新生界自下而上为拉让群浅海相-深海相浊积岩，曾母群河流、港湾相沉积，海宁组滨海相沉积，南康组和北康组为浅海、河口及海岸平原沉积。万安盆地在前新生界基底之上，直接覆盖渐新统之后的沉积层，其中，渐新统为河流相-湖相沉积，下中新统及以上地层为海相沉积。我国"实验3号"科考船在南沙海域进行海底岩石拖网采样过程中，分别在曾母盆地北缘200m水深处、南威岛西北方的康泰滩1370m水深和永暑礁东北55km海山2000m水深处，获得铁褐色含泥钙质结核生物礁灰岩、溶蚀白垩状灰岩、含磷生屑灰岩以及钙质磷块岩等岩样，样品分别为中始新世晚期—渐新世的半深海环境下的沉积产物。另外，ODP1143站在南沙群岛永暑礁附近水深2772m，获取岩芯472.18m，揭示了中中新世以来的深海沉积。

中央海盆区沉积基底即海洋洋壳，下部为壳幔过渡层和火山岩，总厚度达3~7km。基底之上是正常沉积地层，总厚度达0.5~3km，北部最厚可达3km，南部最厚仅仅为1.2km。其中，中央海盆在洋壳基底之上覆盖了渐新世以来的深海沉积，中央海盆边缘在洋壳基底之上覆盖晚渐新世的浅海碳酸盐岩沉积，西南次海盆则在洋壳基底之上覆盖了中新世以来的海相沉积层。

1.1.2 南海新生代构造演化

朱伟林等（2007）认为南海是非常典型的复合-叠加盆地，自中生代晚期以来，该区域经历了起始时期不同的旋回过程，分别是古南海张裂—萎缩、新南海张裂造洋—末期萎缩两大边缘海旋回阶段。这些演化进程在时间上具有一定的同期性，在空间上具有相邻性，在动力学上具有一定相连性。中生代晚期，南海地区各个地块仍拼合在一起，其中包括华南板块和其他微陆块，如东沙、西沙-中沙、南沙-巴拉望等，以及印支板块和婆罗洲地块（姚伯初等，2004）。由于古太平洋的持续俯冲作用，古南海陆块开始肢解，裂谷带开始沿着夹在华南地块与婆罗洲地块之间的薄弱区域伸展，随后经历陆内裂谷与陆间裂谷等阶段。总体来看，此时期南海地区南部为婆罗洲大陆及其北侧的被动大陆边缘，中部为古南海，北部是泛华南大陆及其南部的被动大陆边缘。南沙陆块位于古南海北侧，内部曾发生区域性裂陷，在白垩纪—始新世沉积海相地层。该时期西沙—中沙一带存在大型古隆起，古隆起与华南大陆之间发育陆缘断陷带，断陷带北侧沿北部湾-珠江口盆地北部坳陷带分布，南侧沿琼东南-珠二坳陷带—台西南盆地分布。位于古南海南部的婆罗洲地区广泛发育古新世—始新世海相地层。钻井及露头资料显示，婆罗洲地块由南至北逐渐变新，南部为白垩纪沉积，中部为古新世沉积，而北部为始新世沉积，沉积环境均为深海相。因此，从两侧盆地发育的地层特征来看，古南海向南俯冲的时间大致在古新世—渐新世。

始新世之后，随着印度板块与欧亚板块相互碰撞的加剧，板块之间深层软流圈物质向东南方向蠕动，并受到太平洋板块的阻挡，形成地幔柱上升流，新南海开始形成（Fukao，1994）。南沙陆块从华南大陆分离并向南漂移，古南海在南沙陆块推挤作用下，洋壳收缩并向婆罗洲之下俯冲消减，如今已消减殆尽。古南海南部陆缘从早期伸展大陆边缘转变为活动大陆边缘，经历俯冲和碰撞两个过程，在婆罗洲北侧形成前陆盆地。婆罗洲持续隆升，在强烈剥蚀搬运作用下在沙巴河、拉让河等下游发育巨型三角洲盆地。早中新世末,南沙陆块开始与沙巴地区自西向东发生碰撞拼合,沙巴地区的克罗克组普遍发生褶皱变形并向北仰冲,形成叠瓦式推覆构造,在北侧形成南沙海槽残余洋盆(张功成,2013)。中中新世,南沙陆块与苏拉威西海板块碰撞,沿巴拉望陆块形成大规模北西向推覆构造,其前缘向南沙地块变新,部分卷入第四纪沉积,产生一系列推覆逆冲褶皱,形成巴拉望断褶带。新南海洋壳位于西沙、中沙、东沙与南沙陆块之间的软弱带上,早期属于陆内裂谷,逐渐扩张至现今的规模。与古南海不同,新南海北部陆架是相对宽缓的大陆边缘,南部呈港湾状,东部相对较窄,西部相对较宽。其中,北部边缘主要发育北部湾盆地-珠江口盆地北部坳陷带、琼东南-珠二坳陷带;南部边缘位于南沙陆块北侧,是一个极其狭窄的断层带,没有陆架及陆坡体系。

在古南海萎缩阶段,古南海南部大陆边缘挤压冲断作用与三角洲沉积作用同时进行,挤压冲断作用形成从南向北的冲断褶皱带,靠近加里曼丹陆块北侧的区域,挤压作用较为强烈,沿陆坡方向逐渐演化为弱伸展。部分河流注入南海陆架及陆坡区,形成大型三角洲,例如著名的巴兰三角洲,远离海岸的区域发育有碳酸盐岩台地(张功成等,2015)。

随新南海的扩张,南海北部大陆边缘、新南海洋盆、南沙陆块、古南海残余洋盆、古南海南部陆缘以及南海东部大陆边缘等多个构造单元逐渐形成。随着南海地区各个盆地钻井资料的完善及研究的深入,许多学者又进一步划分出多个盆地单元(图1-2)。南海盆地所处的大地构造位置决定了其构造演化和充填特征,即次一级盆地是碎屑岩的沉积中心,而相对凸出的隆升区是生物礁发育的重要场所,例如西沙-中沙、东沙和南沙等隆升区(姚伯初,1996;李家彪,2005)。

南海北部陆缘、西部陆缘是古、新南海海底扩张叠加作用的产物。南沙陆块早期处于古南海北侧边缘,晚期为古、新南海之间夹持的陆块,其北部呈伸展状态,南部受挤压作用。古南海南部陆缘早期为伸展大陆边缘,晚期转化为活动大陆边缘。南海区域单元独特的构造史决定了各个盆地的地质特征:南海北部盆地是在华南地块及其边缘活动带基底上发育的一系列拉张断陷-坳陷型含油气盆地,盆地规模大,包括北部湾盆地、珠江口盆地、琼东南盆地、台西南盆地、中沙海槽盆地、尖峰盆地、双峰盆地以及笔架南盆地;南海南部盆地都是在婆罗洲陆块北缘早期被动大陆边缘减薄的过渡壳上发育起来的挤压型新生代弧前盆地,盆地规模较大,呈现大坳格局,盆地类型复合叠置,主要包括曾母盆地,属周缘前陆盆地;文莱-沙巴盆地,属弧前-前陆盆地;南沙海槽盆地,可能属于残留洋盆,也有认为属前陆盆地深渊带;南、北巴拉望及礼乐盆地,则属裂离陆块型。南海西部盆地则是新生代张扭型含油气盆地,主要包括湄公盆地,属拉张型陆内断坳型;万安盆地、中建南盆地以及莺歌海盆地,均属伸展走滑型。南沙地块盆地也为新生代含油气盆地,主要包括南薇西盆地、北康盆地,均属裂离型盆地(张功成,2015)。

渐新世是南海海盆形成的一个重要时期。在经历白垩纪—古近纪初期的拉张之后,在30Ma造成南海新洋壳的出现,形成磁条带11期。南海大洋钻探ODP1148站岩芯底部样品的快速堆积夹杂浊流沉积,属于南海海底开始扩张之前强烈构造活跃期的产物;接近扩张开始的30Ma时沉积速率发生突变,沉积环境也发生明显变化(邵磊,2004)。南海渐新世已经是次深海相沉积,其中还含有始新世再沉积海相化石,说明古近纪早期的裂谷作用已经造成南海海相盆地发育,海底扩张开始之前已经发育有深海环境。同时,化石群反映的近岸却水深的特点,说明扩张初期的南海,还只是一个夹在两岸陡坡之间的EW向狭长海湾(Zhao,2005;Li,2005)。

晚渐新世—早中新世,沉积记录显示南海在28.5Ma、25Ma以及23.03Ma有几次较大规模的构造运动,造成深海沉积物的矿物成分及地球化学成分发生了跳跃和突变(图1-3)。其中,28.5Ma是南海西北海盆停止扩张,扩张轴仅在中央海盆发生张裂,到23.03Ma扩张轴发生跳跃,由原来的EW向转变为NEE-SWW,形成了磁条带7期,使南海西南海盆打开(Li et al,2014),该时期南海出现一次较大规模的构造运动,不仅造成沉积物成分发生巨大改变,更有较大规模的滑塌层出现,是包括ODP1148站在内的许多钻井构造活动影响最强的井段。几乎所有录井曲线就此发生转折,短时间内连续几次沉积间断共计失去近3Ma的记录(Wang et al,2000;Li et al,2005),并造成许多元素的含量和比值在此发生突变(图1-3)。尤其是钕同位素值,从早渐新世的-11~-9降到中新世的-13~-12,说明当时南海的

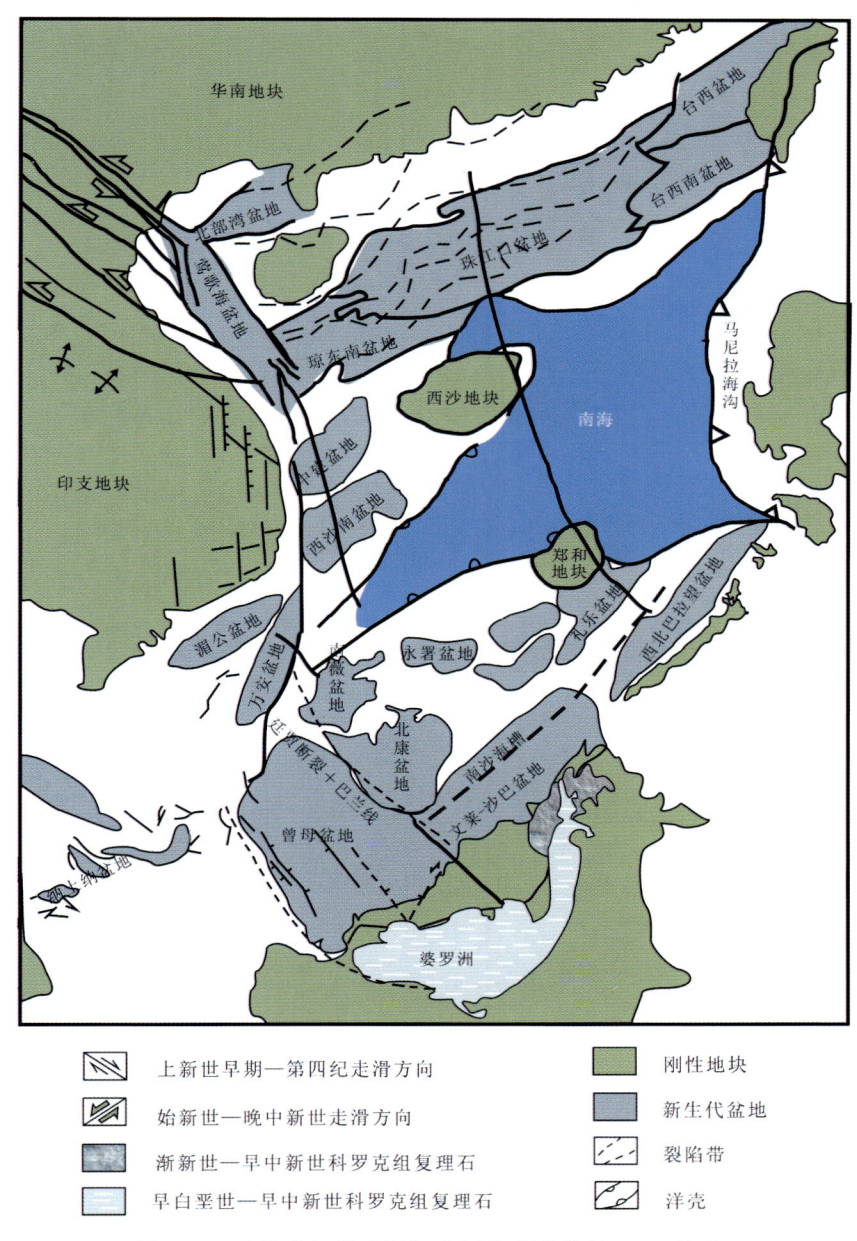

图 1-2 南海次级单元划分示意图（据朱伟林，2007 修改）

沉积源区及周边环境发生了较大的转变（Li et al，2003）。同时，晚渐新世的构造运动还带来了成岩作用的不同：滑塌层段以下的有孔虫虫壳已经充填并重结晶，它们的氧同位素值强烈偏负，硅质化石向以方石英为主的蛋白石转化，鱼牙化石经过热变作用呈现褐红色，与上覆地层的白色完全不一致（Fang et al，2002），硅藻和放射虫则出现阶段高值（Wang et al，2001）。位于ODP1148站位北侧的白云凹陷同时期发生陆坡由南向北快速迁移的现象（邵磊，2007）。可见在南海发育过程中，这是一次重要的构造运动。这次构造运动不仅仅在南海，而且在西太平洋地区均具有广泛的影响，也造成了我国东部众多陆相盆地由断陷转为拗陷，同时标志着我国东部陆相盆地最佳烃源岩形成期的结束。相邻的南海北部盆地此时也由断陷转为拗陷，并沉积了巨厚的碎屑岩系（龚再升，1997；朱伟林等，2007）。

经过这一系列剧烈的构造运动后，早中新世南海西南海盆开始打开（Li et al，2014），盆地整体变得相对较为平静，扩张和堆积速率均有所下降，海盆进入相对较为稳定的发展阶段。在16Ma磁条带5期

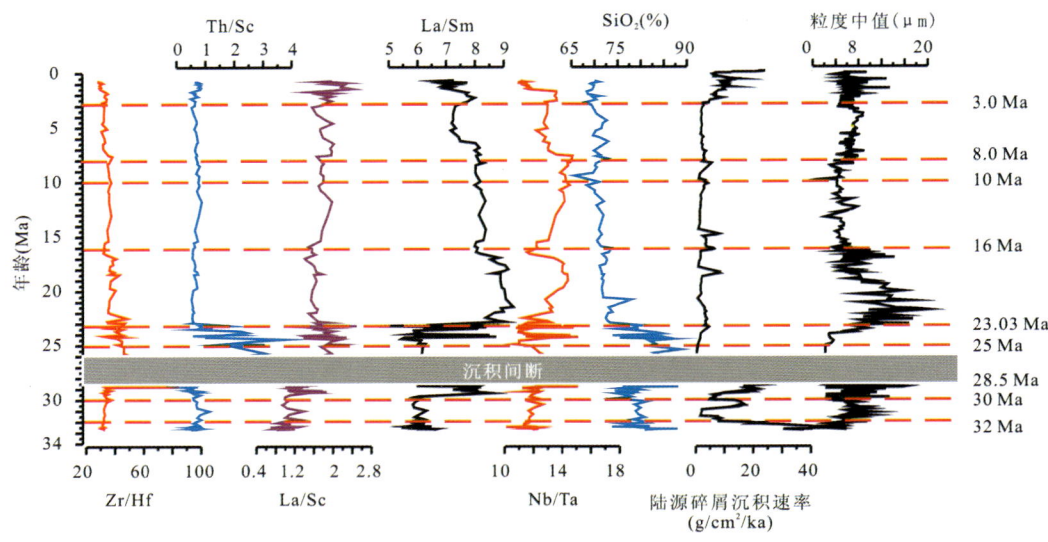

图 1-3　南海 1148 站元素含量比、沉积速率以及粒度变化曲线（邵磊，2004）

南海扩张结束之时，沉积物黏土成分以及沉积物粒度均有明显的反应，但是在地球化学成分上相对渐新世时期响应不那么强烈（唐松，2005）。在底栖有孔虫群落的变化中可以发现，16Ma 左右冷水组确立，而且深海碳酸盐岩溶解作用加强，说明扩张的结束伴随着水深的加大。ODP1148 站资料显示，中新世早期的介形虫和底栖有孔虫化石群都反映为深度超过 1500m 的下陆坡环境，海盆水深已经加大，到扩张结束时已经达到现代深度，具备与现代相近的底栖生物组合（赵泉鸿，2005）。

中中新世—上新世，南海海盆结束张裂，新洋壳逐渐冷却，导致盆地发生热沉降作用。该时期海区以垂向构造运动为主，出现大规模的海侵活动。沉积物成分中蒙脱石含量进一步减少，伊利石含量则稳步增加，说明南海北部地区沉积物源区由周边火山岩源区逐渐向内陆扩展（唐松，2005）。另外，在太平洋板块 NWW 向的挤压作用下，吕宋岛弧从东南方向仰冲于南海洋壳之上，形成了反向岛弧和马尼拉海沟，南海洋壳即沿此带消减于吕宋岛弧之下。上新世之后，吕宋岛弧继续向北移动，与华南大陆碰撞，形成台湾隆起（Chemenda et al，1997；Jolivet et al，1989；Peng，1977），并为南海北部提供了大量陆源碎屑物质，造成沉积速率增高，沉积物粒度增大，沉积物成分也发生了明显改变（Yu，1994；Shao et al，2001，2007）。同时，菲律宾海板块的仰冲及台湾岛的隆升也造成了南海进一步封闭，现代南海的构造格局基本形成。

1.2　南海碳酸盐岩台地研究现状

南海自中新世以来成为全球碳酸盐岩台地及生物礁生长发育的重要海区，如西沙群岛、中沙群岛、南沙群岛等已分离的陆块上多发育有珊瑚礁和环礁。作为西太平洋最大的边缘海，南海在形成过程中经历了多期次的海底扩张，发育大陆架、大陆坡、深海盆等典型的洋底地貌单元，其优越的地理位置和适宜的海水温度非常适合生物礁及碳酸盐岩台地的发育。与很多其他低纬度珊瑚礁相似，南海地区珊瑚礁多数生长于中新世或更年轻的碳酸盐岩台地上（赵焕庭等，1999；汪品先，2009）。

碳酸盐岩台地沉积物主要由造礁生物构成。生物礁的生长几乎都是从某种成因的海底隆起上开始的，其生长繁衍严格受海水深度的控制（海平面变化影响着珊瑚的生长方式及生物礁复礁体的三维格局），使生物礁对海平面变化格外敏感，具有良好的古海洋学意义。珊瑚骨骼的元素组成，尤其是碳氧同位素组成，应当与沉积时的海水相平衡，具有反映同沉积期海水成分特征的作用。因此，生物礁沉积地球化学参数中蕴藏着丰富的古海洋学信息。碳酸盐的成岩、后生变化,与地球表生过程有紧密的联系,一定程度上反映了古海洋学事件引起的全球性变化,也可以提供有用的古海洋学信息。

国内外油气探勘经验显示(朱伟林,2016),生物礁油气藏在世界油气储量中占有非常重要的地位,目前已经探明全球约有 43.4×10^8 t 原油储存在生物礁中。很多国家的油气储量中,生物礁油气藏占有相当大的比重,例如,加拿大占60%,墨西哥占70%。生物礁产能十分惊人,在全球日产万吨原油的 8 口井中,生物礁约占一半。例如,墨西哥赛罗阿苏尔油田 4 号井日产石油达 3.71×10^4 t。由此看来,开展生物礁研究在石油工业生产中具有极大的经济价值。同样,生物礁储层在南海盆地也是非常重要的储层类型,已经发现的珠江口盆地流花油田和曾母盆地 L 气田等都是较为优良的储层。因此,在南海盆地开展生物礁相碳酸盐岩特征及形成演化条件的研究,对南海盆地油气探勘具有重要意义。

1.2.1 海洋碳酸盐岩沉积的分类

碳酸盐岩沉积是一种非常重要的沉积类型,这种沉积物绝大部分属于内生成因,其物质来源、形成条件、沉积机理和结构构造,与通过河流、风、冰川等运输体系注入盆地的陆源砂泥质沉积物存在本质上的差别。因此,海洋碳酸盐岩沉积对于揭示盆地的形成演化过程具有独特的意义。南海长期处于低纬度热带—亚热带地区,非常适于碳酸盐岩的发育,研究南海碳酸盐岩沉积模式,对揭示南海的形成演化历史具有重大意义。

浅海碳酸盐岩沉积广泛分布在世界各地,但是以南北纬30°以内且陆源碎屑物质供应较为匮乏的地区最为发育。浅海地区由于生物繁殖与骨骼堆积速率较快,碳酸盐岩沉积常常能维持很大的厚度,同时由于地理位置远离大陆或者被深海槽阻断陆源泥沙输入,碳酸盐岩沉积还能保持较高纯度。浅海碳酸盐岩大多发育于大陆板块一侧,通常情况下,板块运动中不会遭到剧烈破坏因而得以保存,即使形成于消减洋盆上的海山,也常常因其密度较低、厚度较大而拼贴于大陆板块之上,因此浅海碳酸盐岩属于碳酸盐沉积物中的常见类型(方念乔等,2013)。伴随着地球系统的演化,碳酸盐岩在沉积岩中所占比例随着地质时代由老到新而逐步增大,陆表海的广泛分布,促进了浅海台地的发育,为碳酸盐岩的堆积创造了适宜的条件。

远洋碳酸盐岩在物质组成、沉积机理上与浅海碳酸盐岩存在明显差异。所谓远洋沉积作用,重点强调相对陆缘较"远",对"海"或"洋"联用产生的涵义并不太大,甚至也并不一定与海水深度密切相关。这种类型的碳酸盐岩主要强调的是浮游微体生物壳体沿水柱垂直降落的作用方式。决定碳酸盐软泥的控制因素主要有 3 个:海洋生产力、碳酸盐溶解量、陆源或其他非碳酸盐物质的稀释程度。远洋碳酸盐软泥覆盖了全球海底将近一半的面积,总量在同时代远洋类和碳酸盐类沉积物中都居于领先地位。但是,远洋沉积一般依靠微小的生物壳体聚集完成,通常以一种非常缓慢的速率进行,平均每千年仅有 $2\sim3$ cm 的堆积厚度(Volat et al,1980),主要分布在包括洋中脊在内的海底高原上。

大多数浅海碳酸盐岩的沉积方式一般为原地堆积,远洋碳酸盐岩一般以沿水柱垂向降落为主。异地再沉积类型的碳酸盐岩与浅海和远洋碳酸盐岩的沉积方式迥然不同。除了物质材料不同,其沉积机理、控制因素与硅铝质碎屑沉积并无本质上的差异。当源区的碳酸盐堆积体经过风化剥蚀或处于未固结状态时发生崩塌、滑移,有些则经历风浪、潮汐、海流作用,转化为碎屑流、浊流等,通过再沉积作用构成新的地质体。再沉积作用可以发生于浅海区,也可以发生在深海区。如果搬运距离有限,新的沉积背景可与源区原生环境比较接近,例如海洋中常见的生物礁浅滩和贝壳堤,虽然在风浪和海流作用下经过一定程度的改造,仍然可以视同原地浅海碳酸盐沉积体系所包容的组分。深海相-半深海区的再沉积作用通常是将陆架、斜坡与台地边缘的碳酸盐堆积物以崩塌堆积或者重力流方式完全改造,与原生环境和沉积作用完全分属不同的体系。侏罗纪以前,全球范围内缺乏真正以浮游钙质生物为主体的远洋沉积作用,所谓深海碳酸盐岩沉积,实际上是生物粒屑、灰泥和一些未固结团块等浅海形成的沉积物在深海环境下的重新聚集,这也是一种异地再沉积类型碳酸盐岩。

南海碳酸盐岩以浅海碳酸盐岩、远洋(海)碳酸盐岩及异地再沉积碳酸盐岩3类为主。其中,浅海碳酸盐岩沉积还可进一步细分为以下4种类型:①以珊瑚、绿藻为基本格架,黏合其他钙质生物壳体的生物礁体系;②以各类钙质生物骨骼、壳体或者鲕粒、球粒泥为基本组分的海滩体系;③以藻类广布为主要特征的正常海潮坪体系;④以蒸发与化学作用为突出标志的潟湖-潮坪体系。

1.2.2 海平面研究方法概述

众多地质学家对海平面变化做过深入研究,以Haq(1987,1988)对全球海平面变化的研究最为经典。海平面变化是指随着时间迁移,海平面相对于某一基准面发生的上下变动。一般情况下,我们将海平面分为全球海平面和相对海平面两种类型。海平面升降则是海平面变化的具体体现,指一定时间范围内海平面变化的幅度、周期及其频率的总和。全球海平面变化指海平面相对于某一固定基准面,如地心位置的变化与局部因素无关;相对海平面变化指海平面距海底或接近海底的某一基准面发生的相对位置迁移,与局部沉降或隆升、沉积速率大小关系密切。

根据李祥辉等(1999)归纳,海平面升降曲线的绘制技术方法主要有测高曲线-古地理法、层序体系域法、海岸上超法、沉积相序法、群落生态位法、稳定同位素法、图解法、回剥法及数学模拟法等,各方法的原理和应用情况简要说明如下。

测高曲线-古地理图法:测高曲线重点揭示了各相邻等高线之间所夹陆地面积占该时期大陆总面积的百分比。具体绘制时以现在地形测高曲线为工具,估计海平面相对于被海洋覆盖的大陆上升的幅度,即任意时间间隔内,可以在该时期海相沉积层序的古地理图上用求积仪和等积投影求得海洋向大陆的上超量。虽然从传统意义上,这种方法主要适用于解决第四纪以来有关海平面升降的问题,但是近期也已在显生宙进行了探讨。相对而言,振幅定量程度可以达到很高,问题的关键是古地理图的准确性和编制原理的可靠性尚未得到很好的解决。

层序体系域法:这种方法是现今海平面升降曲线的主要编制方法,集中应用于三级层序地层。因为从上一个F拐点到下一个F拐点相对海平面升降过程会形成对应的LST/SMT(低水位体系域)、TST(海进或海侵体系域)、HST(高水位体系域)记录。但是,这种方法存在自身缺陷,即无法精确定量海平面升降的幅度,主要依靠各体系域沉积相序显示的相对水深来粗略估计。

海岸上超法:如上述海平面升降的表示方法,其原理和应用情况与上超式相似。

沉积相序法:这种方法是海平面升降曲线绘制最常用的经典方法,简单实用。海平面升降变化会导致沉积相序发生变化,因此这种方法也称之为沉积加积法。该方法缺陷亦有不少,主要是升降幅度缺少定量化标准或不统一,跳相或沉积间断时的海平面升降曲线难以表达,多数情况下,压实作用或构造沉降校正十分困难。

群落生态位法:本方法较为复杂,需要经过化石属种鉴定、统计分异度和丰度、确定生态位等步骤。同样,随着海平面升降变化,物源供给速率、水体深浅会发生相应变动,从而造成群落的取代。该方法也是一种相对水深的方法,但是较之沉积相序法精度有所提高,在生物广为发育的被动陆缘及其斜坡,生态位可分为六级。应用该方法的实例并不多,我国仅仅在四川龙门山的泥盆系(李祥辉,1992)和扬子区的上二叠统—中三叠统(殷鸿福等,1994)有过相关研究。将生态位相对水深曲线转换为相对海平面升降曲线,主要通过选择代表性剖面和剖面群,在岩层厚度格架转变为年代格架的基础上完成,但该技术目前仍处于探索状态。

稳定同位素法:海平面升降会使海水中稳定同位素含量发生变化,并不同程度地记录在相应的沉积物中。其绘制方法非常简单,只需将取样点的值用直线连接起来即可。但是,该方法不能定量反映海平面升降幅度,也不能准确说明绝对水深的变化。

Fischer图解法:该方法自Fischer(1964)创建以来广为采用。受米兰科维奇轨道旋回应力控制,海平面升降在沉积记录中有独特的响应,即常常以浅水高频沉积旋回方式记录下来。Fischer图解法简便的做法是：以某一间断面为起点，在选定地层对象有确定时间延线的前提下，按照均分时间，根据岩层厚度不同，作出在时间维度上的三角形状的演变图。此方法至今仍被广泛使用，但定量化还需有关参数进行校正。

回剥法：该法为构造沉降法的一种，用于分析盆地沉降史和海平面升降变化。这种方法建立在地壳均衡假说的基础之上，并发展成为一个基本沉降公式，即：

$$Hb=[(m-s)Hs+(m-w)Hw-mHs]/(m-i)$$

式中：m 是地幔密度；s 是沉积物的平均密度；w 是海水密度；i 是某一时期的沉积物密度；Hs 是现海平面上升为正时的海平面差值。该方法在国外应用实例较多，国内应用较少。

数学模拟法：这种方法主要讨论海平面升降幅度、沉降-隆升量、沉积物供给速率和容纳量之间的定量关系，其数学方程式较为复杂，参数项较多，近期与之有关的数学模拟应用已发展为多种模式，如多项式模型、前置模拟法、稳定参照系模式、冈瓦纳冰域量法、地层分解法、容纳空间与沉积供给比值法等，这些方法可穿插于其他各种恢复海平面变化的方法中。但这些模拟方法都必须在某一项或几项参数保持不变，或呈线性变化时进行。但是，活动大陆边缘上述参数的变化往往是非线性的。

1.2.3 南海生物礁区域识别特点

到目前为止，对南海碳酸盐岩发育特点及形成过程、分布范围方面的研究还十分欠缺。宏观上主要通过有限的地震资料对生物礁体进行判别，可用的钻井和测井资料较少，且大都集中在南海北部。西沙海域岛礁区针对生物礁钻井除西科 1 井外还有 4 口，分别是位于琛航岛的西琛 1 井、永兴岛上的西永 1 井和西永 2 井、石岛上的西石 1 井。其中西永 1 井和西科 1 井是最深的全取芯钻井，钻达沉积基底，为研究岛礁区生物礁特征和层序提供了珍贵的研究素材（张明书等，1989；许红等，1999；朱伟林等，2015）。另在南沙等有部分浅钻，研究重点主要集中在古海洋学方面。然而，钻探只能反映岛区局部生物礁情况，不能反映海域生物礁的整体分布规律。因此，结合生物礁地震相研究工作，对全面认识生物礁的空间分布特征就显得十分重要。地震资料对于生物礁碳酸盐岩的辨识主要体现在以下 4 个方面。

第一，生物礁由碳酸盐矿物组成，与周围砂泥质围岩和基底存在物质上的重大差别，物性上的差异导致地震波传播速度变化十分明显，在剖面上产生强振幅反射界面。尽管碳酸盐岩的地震波传播速度通常高于砂泥质围岩，但在孔隙度及含油气性发生变化的前提下，也可能发生难以辨识的情况。需要注意的是，地震波在不同物质中传播速度的差异不但可为识别生物礁提供支持，同样也适用于其他类型的碳酸盐岩堆积体。特别是与礁体共生的滩、堤相碳酸盐物质，它们经历相似的成岩过程，成分上、结构上的相似性将使彼此间的区分变得相当困难。有利之处在于，用这种方法可将古代碳酸盐岩沉积的分布特征在总体上给予认识和评价；不利之处在于，在浅海碳酸盐岩类型丰富的前提下，我们难以像分析现代碳酸盐岩沉积一样，将内部的各种组合因子予以准确地分解。

第二，生物礁通常呈现钟状、塔状、丘状、透镜状或台状岩隆，内部表现为无反射结构或杂乱反射结构。当礁体多期生长时，内部也可能出现较强的反射界面。岩隆外侧常常可发育超覆现象，边缘常常见到绕射波。当生物礁岩隆充分发育至一定规模时，边缘倾角较陡，且常常伴有塌积的礁前相以杂乱前积反射构型为特征，相对而言，礁后相则边缘倾角较缓，其外侧的地层振幅和连续性一般较强。虽然仅仅凭借物性和反射界面难以辨识礁隆与其他碳酸盐岩堆积体，但是礁的形态特征与内部结构在一定程度上有助于解决上述问题。

第三，生物礁通常发育在水下隆起。台地边缘凸起、火山锥、褶皱顶端、同沉积隆起和断层上升盘，都是寻找和判断生物礁存在的有利部位。特别像南海这种大陆破裂区域，高角度正断层两盘的礁体发育差别十分明显。以珠江口盆地为例，无论来自哪个方向的断层，只要产生明显的差异升降效应，其上升盘形成的隆起地形有利于生物礁的连续生长，可以形成较厚的礁隆。相反，下降盘由于淹没速度过快，礁形则十分单薄。碳酸盐岩礁体发育通常是一个动态的过程：在海底地势比较低的部位，海侵初期或者海退时期可以成礁,但海平面快速增长或高水位时期,生物礁可能归于消亡或沿着斜坡向高地迁移。

第四,生物礁的形成受到一定古地形和古海洋条件的控制,因此,对于特定海域生物礁分布具有一定的规律性。整体来看,南海盆地中新世为生物礁繁盛期,同时南海演化也决定了生物礁形成在时间上存在南早北晚、东早西晚的发育规律。因此,对于南海缺乏探井标定海域,可以通过与东沙地区、西沙地区、礼乐盆地等已经有钻井记录的地区进行对比,结合地震剖面解释,预测生物礁发育规律,为生物礁识别提供指导。

1.2.4 南海新生代碳酸盐岩演化特征

综合南海现有的关于碳酸盐岩沉积的研究成果(许红等,2009)可以发现,南海生物礁发育演化大体可以划分为稳定发展阶段、鼎盛阶段和衰减阶段3个时期。这3个阶段与南海构造-环境演化关联密切,明显受到构造运动的强力约束。因而,展开对碳酸盐岩阶段性沉积特征的讨论,也有利于深化认识南海构造演变过程及环境效应。

始新世后期—晚渐新世,南海碳酸盐岩开始稳定沉积,但此时南海处于扩张早期,规模有限。浅海碳酸盐岩仅在巴拉望、礼乐盆地等局部地带存在比较可靠的记录,反映南海周边陆缘在大陆破裂的开始阶段虽然受到海侵影响,但陆源物质的大量剥蚀和对狭窄海盆的输入使成礁环境较差,仅在南海盆地东侧发育少量碳酸盐礁体。晚渐新世对于南海碳酸盐岩堆积是一个非常重要的转折点。该时期全球回暖,南海拉张强烈,海盆边缘地区出现明显的差异升降,部分高地成为浅海碳酸盐岩的发育基座,使浅海碳酸盐岩建礁规模扩展。同时,高低起伏的海底地貌将大量的陆源碎屑物质截留在浅海陆棚及陆架边缘断陷盆地内,使深水区生物钙质软泥得到良好的发育机会。ODP1148站资料显示,代表远洋钙质沉积的颗石藻软泥沉积于28~24Ma,是古近纪南海海域发现的碳酸钙含量最高和时间跨度最长的钙质软泥沉积。古近纪末期,南海得到一定程度发育,海盆开阔,区域海洋生产力较高,陆源碎屑物质大多圈闭于陆架体系,为海洋碳酸盐岩的堆积与保存提供了较为优越的条件。根据现有资料推测,当时海平面位置迅速升高,在部分陆架区也生成大规模的浅海碳酸盐岩台地。相比之下,远洋碳酸盐岩沉积体系的发育条件优于浅海沉积体系,成为该时期区域碳酸钙的主要堆积区和储库。

早-中中新世,南海碳酸盐岩沉积进入鼎盛阶段。早中新世南海边缘地区继承了渐新世末期的环境特征,礼乐-巴拉望盆地、珠江口盆地、琼东南盆地、中建南盆地、西沙隆起以及南沙隆起均有生物礁体系开始形成(许红等,2009;Wu et al,2014)。在中中新世,南海扩张停止,盆地构造活动减弱,十分有利于碳酸盐岩沉积,浅海碳酸盐岩与远洋碳酸盐岩两个体系并行发育,浅海碳酸盐岩沉积体系更为发育,生物礁厚度较大,遍及除深海盆地以外的广阔水域。远洋碳酸盐岩沉积体系虽相较晚渐新世规模有所下降,但好于之后的其他任何地质时期。造成碳酸盐岩呈现这种分布特征的原因主要有如下几点:①南海海盆拉张的规模达到最大,且与外海的连通性较好,陆源物质输入十分有限,存在碳酸盐岩形成与保存的良好条件;②中中新世气候适宜期与海洋高生产力为钙质生物的繁育提供了非常优越的条件;③区域构造运动在南海边缘形成了复杂地貌,发育众多水下隆起,限制了陆源碎屑沉积物大规模输入,为浅海碳酸盐岩台地的形成构筑了基础;④南海尚未发生大规模整体热沉降,存在大面积适宜生物礁生长的浅水环境,深海区的CO_2分压也不足以造成浮游生物壳体在海底发生强烈溶解。

晚中新世至今,南海碳酸盐岩沉积开始进入衰减阶段。中中新世高峰期之后,南海浅水碳酸盐岩沉积发生明显变化。南沙海域盆地、礼乐-巴拉望以及西沙隆起依然大体保持中中新世的格局,甚至局部规模更为扩大,但礁区已经出现向高地迁移的趋势。而在南海北部区域的珠江口盆地、琼东南盆地和中建南盆地,碳酸盐岩台地大面积衰退,有些地区甚至完全绝迹。上新世以后浅海碳酸盐岩沉积作用衰减更甚,除在东沙、西沙-中沙及南沙的隆升高地上继续发育浅水碳酸盐岩礁体台地之外,其余地区大都被动地接受碳酸盐砂屑沉积,说明中新世盛行一时的原生碳酸盐岩沉积环境受到明显影响和制约。随着两级冰盖迅速推进,全球海平面持续下降,浅海区碳酸盐岩礁体并未产生明显的横向迁移。造成这种现象的主要原因可能是:南海海盆在中中新世停止扩张之后,成熟海盆带动大陆边缘与台地整体以更快的速率发生热沉降,导致大量生物礁溺亡。海盆的整体沉降在深水区对碳酸盐岩沉积体系同样产生明显效应,主要表现在海盆深度迅速扩大,使海底沉积物更多地堆积在CCD面以下,碳酸盐物质更易发生溶解而难以保存。

1.2.5 南海新生代碳酸盐岩台地淹没记录

相对海平面上升速率主要受全球性海平面变化和构造运动两方面因素的共同控制。Schlager(1981)指出,当浅海碳酸盐岩台地相对海平面上升速率超过碳酸盐岩堆积速率时,碳酸盐岩台地便会被半深海相或者深海相沉积物淹没,这种现象被称为碳酸盐岩台地淹没事件。造成这类事件的主要原因是由于地壳下沉速率加快和全球气候变暖导致的海平面上升速率加快,台地沉积速率远远低于海平面上升速率。其次,当海水环境出现超盐、低盐、缺氧或CO_2含量发生剧烈波动的情况时,造礁生物和钙质生物生产量大幅降低也会导致淹没事件出现。另外,火山喷发、洪泛事件带来的大量陆源碎屑物质可能使造礁生物窒息死亡,礁盘周缘因剥蚀作用导致的垮塌、CCD面变化也可能对台地造成污染。其中,当淹没因素短期出现,碳酸盐岩台地短时期内被淹没又重新发育时,称为短暂淹没事件(吕炳全等,2002)。

在南海东沙、西沙、中沙和南沙4个大型现代碳酸盐岩沉积中,东沙碳酸盐岩台地完成的探井最多,该台地位于广东岸外陆坡上部的东沙群岛及其西北海域,为陆坡上部的珊瑚环礁,东临东沙隆起,西连番禺低隆起,南北两侧为坳陷区,面积约$3×10^4 km^2$,是目前珠江口盆地主要的产油气区,储层主要为台地礁灰岩,盖层为其淹没层序。石油钻井资料显示,碳酸盐岩台地发育时间距今23~17Ma,主要由珊瑚藻、红藻和珊瑚等组成的礁灰岩。另外,该台地区还沉积大量由虫屑、藻屑及其他生物碎屑构成的颗粒泥晶灰岩和泥晶灰岩,如苔藓虫、棘皮类、海绵、腹足类和有孔虫等喜礁生物。台地下部多个层位出现白云岩化,白云石为环带白云石,伴有溶孔,形成于短暂暴露的环境。台地上部发育塔礁,显示当时海平面上升速率加快,生物礁体为赶上海平面上升速率而加快自身的生长速率形成塔礁。在中中新世,大量陆源碎屑物质进入东沙碳酸盐岩台地区,造成造礁生物大幅度减少,台地逐渐被陆源碎屑淹没。同时发现,台地内碳酸盐岩颗粒具有逐步变细、浮游有孔虫增多的特征,可进一步划分出两个短暂淹没层序,反映了南海海底呈阶段性扩张的特点。除珠江口盆地外,南海北部琼东南盆地、北部湾西南凹陷和莺歌海盆地在渐新世末—早中新世期间的演化与珠江口盆地相似,随着新生代南海海底扩张,它们在不同阶段不同程度地发育规模不等的碳酸盐岩台地,并均在早中新世晚期—中中新世早期被陆源碎屑物质淹没(黄汲清等,1987;黄金森等,1987)。

现代西沙碳酸盐岩浅滩位于南海中央海盆北侧,由9个大小不一的环礁和部分台礁组成。钻探于宣德环礁永兴岛的西永1井揭示,中新世至现代碳酸盐岩厚度达1251m,其下发育28m厚的风化壳,风化壳之下为前寒武纪花岗片麻岩。井下缺失古生代至中新世以下地层,说明该地区长期为隆升剥蚀高地,未接受沉积,故认为存在西沙古老地块(黄汲清等,1987)。早中新世时,随着南海西南海盆的扩张,西沙等古隆起发生沉降,由于远离大陆,陆源物质供给贫乏,在古隆起风化壳的基础之上开始发育台地碳酸盐岩沉积。西沙碳酸盐岩台地与东沙台地有很多相似之处,二者的造礁生物均为珊瑚藻、红藻和珊瑚,构成礁灰岩的主要成分,同时发育由大量喜礁生物形成的虫屑、藻屑和其他生物碎屑构成的颗粒泥晶灰岩和泥晶灰岩,这些喜礁生物包括苔藓虫、棘皮类、海绵、腹足类、腕足类和有孔虫等。西永1井早中新世黄流组下部中有多个层位出现白云岩化,白云石为环带白云石,且溶孔发育,并含有一定数量的陆源碎屑矿物,如石英、长石、角闪石、锆石、电气石、石榴石、辉石、黑云母、锡石和褐铁矿等,一定程度上说明西沙碳酸盐岩礁体是围绕在孤立的地块和岛屿上发育的,与目前西南太平洋的汤加、瑙鲁等礁区相似。黄流组上部距今16~15.5Ma,出现大量中垩虫和鳞环虫,形成中垩虫灰岩海侵层序,是该地区第一个淹没事件,发生时间与东沙台地类似,淹没层序相当于 Haq(1988)的 TB2.3 层序(秦国权等,1987)。中中新世梅山组又发育以珊瑚和仙掌藻等为主的碳酸盐岩沉积,夹有数层含大量浮游有孔虫的超微软白垩层,构成多个短暂的淹没事件。下中新世三亚组大部分为以超微为主的软白垩层,显示又一次淹没事件,距今 10~8.2Ma,淹没层序相当于 Haq(1988)的 TB3.1 层序。上新世莺歌海组下部发育厚 20~30m 的超微软白垩层,台地又一次遭受淹没,距今 3.4~3Ma,淹没层序相当于 Haq(1988)的 TB3.6 层序。上新世晚期—第四纪,西沙碳酸盐岩台地进入了环礁阶段,基岩岛屿全部没入水中。相较于全球海平面变化曲线,西永 1 井的淹没层序存在若干不同之处(图 1-4)。早中新世晚期和晚中新世早期,西永 1 井出现两次高海平面,但在 Haq(1988)的全球海平面变化曲线中仅有一次早中新世晚期的高海平面,说明南海淹没层序明显受区域性海底扩张控制。另外,南海的 TB2.5 与 TB3.2 层序底为低海平面,全球仅 TB3.1 层序底出现一次低海平面。南太平洋低纬度深海钻孔证实,中中新世 TB2.5 层序中暖水群 *Globorotalia fohsi* 被一个温带冷水型浮游有孔虫群代替,同时该时期南极冰盖加大。这一低海平面在南海有所反映,而 Haq(1988)并没有把这一事件列入全球海平面曲线,造成两种曲线上的差异。TB3.2 层序底的低海平面是南海区域构造运动——东沙运动造成的,这在两条曲线上也都有所反映。对比表明,南海的海平面变化及碳酸盐岩台地淹没事件均与南海扩张有着密切关系。

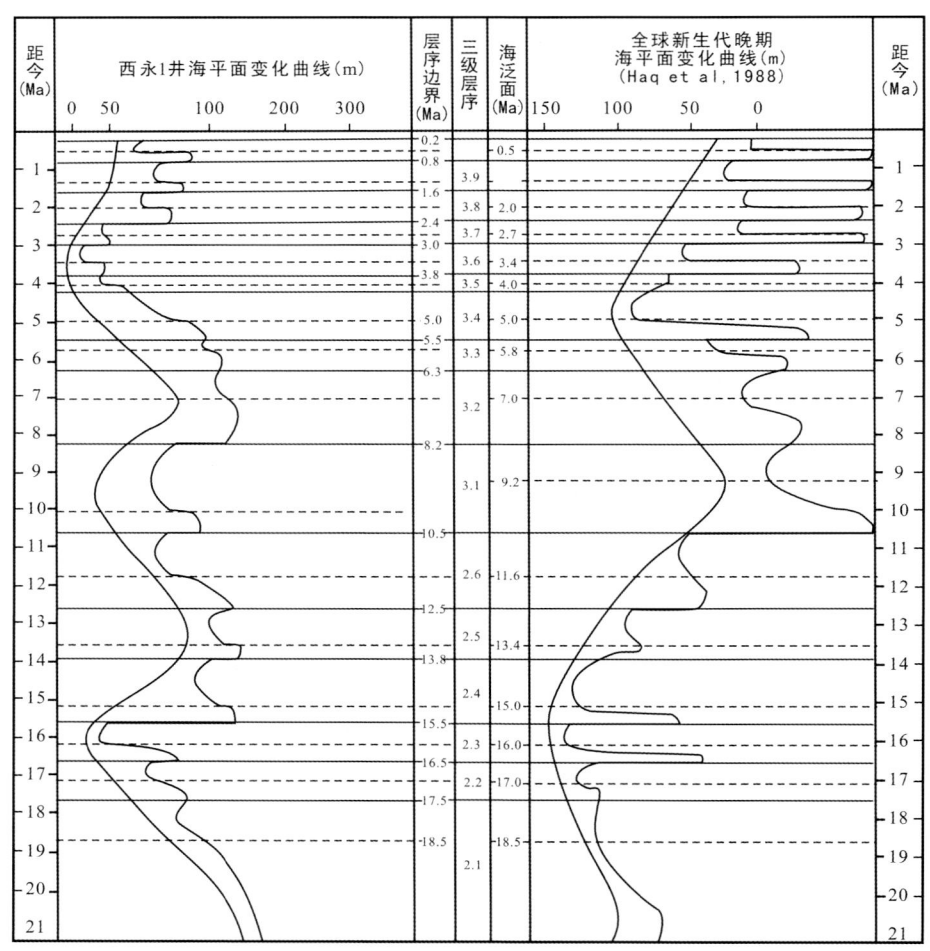

图 1-4　西永 1 井与全球海平面变化对比曲线(秦国权等,1987)

中沙环礁呈 NE 向延展,近椭圆形,长轴长 117.5km,短轴长 59.5km,是目前世界上规模最大的单个环礁。中沙礁体四周被深水礁坪环绕,礁坪宽约 10km,一般水深达 12~18m,最浅处为东北角的比微暗沙区,水深约8m;中央礁水深70~80m,最深处位于西南侧,约109m(黄金森等,1987)。西沙台地处于上台阶,中沙台地则处于下台阶,两者以西沙海槽相隔,东临南海中央海盆洋壳区。中沙环礁目前全部隐伏于海面以下,由于钻井资料极少,目前对于该台地的发育历史很少开展研究。据推断,由于中沙台地位于西沙碳酸盐岩礁体的下台阶,其发育历史可能与西沙碳酸盐岩相似,礁灰岩厚度应在2000m以上。

现代南沙碳酸盐岩浅滩是一个超巨型的世界级碳酸盐岩浅滩,由一系列陆架和陆坡环礁组成。绝大多数浅滩在第三纪时都有碳酸盐岩台地发育历史,也是重要的含油气层,油气储层主要为礁灰岩,盖层为其淹没层序。图1-5显示的南海南部8个含油气盆地柱状剖面表明,由东往西,发育的海侵和碳酸盐岩层位越来越高。西部马来盆地和湄公盆地均为陆源碎屑沉积盆地,未发育碳酸盐岩沉积,但有海相的新近系和第四系沉积(姚伯初等,1994);万安盆地早-中中新世万安组发育海相碎屑岩,属三角洲和水下斜坡沉积,中中新世发育海相砂泥岩,晚中新世昆仑组发育台地相礁灰岩,上新世广雅组海相碎屑岩为台地淹没层序,至第四纪又出现礁灰岩(钱光华等,1997);纳土纳盆地晚渐新世加布斯组为海陆过渡相三角洲沉积,中-晚中新世特隆布组为台地相礁灰岩,晚中新世地壳抬升,碳酸盐岩台地遭受风化侵蚀,上新世—第四纪穆达组又重新发育台地相碳酸盐岩沉积(刘昭蜀等,1988);沙捞越盆地中,中-上新世南康组发育台地相礁灰岩,台地一度暴露地表被风化侵蚀,后来被上新世—第四纪北康组浅海相碎屑岩覆盖;礼乐滩碳酸盐岩台地形成于晚渐新世(钟健强等,1991),巴拉望(南北)盆地形成于晚始新世(Holloway et al,1982);民都乐-帕奈盆地则是南海最早发育碳酸盐岩沉积的盆地,中始新世的台地礁灰岩以藻礁和藻核形石为主,因该盆地临近菲律宾岛弧带,构造运动较为活跃,火山物质屡次侵入台地,

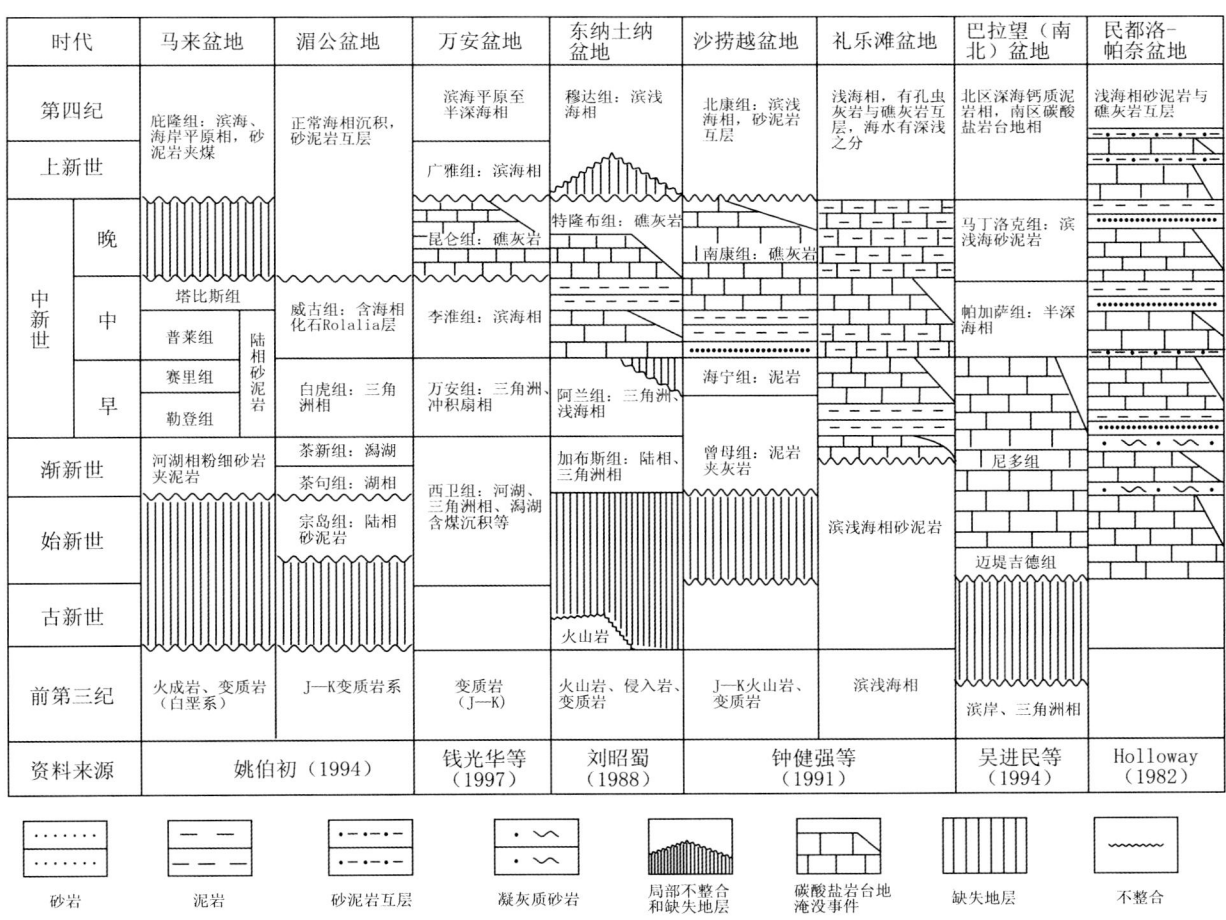

图1-5 南海碳酸盐岩台地淹没层序柱状图(吕炳全等,2002)

造成碳酸盐岩台地污染性淹没事件频发：早渐新世台地被火山碎屑和陆源碎屑物质污染性淹没，中渐新世台地恢复沉积，晚渐新世又被火山物质污染性淹没，恢复沉积后又经历多次污染性淹没事件（Holloway et al,1982）。

碳酸盐岩台地是南海从陆缘裂谷向边缘海盆发展的产物，它详细记录了南海扩张的演化历史，台地的淹没事件代表海底扩张和地壳下沉速率加快的时期，记录了南海扩张的阶段性和不均一性特征。

1.3 西沙地区地质特征

西沙群岛位于17°07′—15°43′N、111°11′—112°54′E，由脱离华南大陆的残余陆块构成。由于其随着南海中央盆地扩张而发生沉降并接受沉积，因而记录了大量南海扩张以来的古海洋事件及全球变化的地质信息，具有极高的研究价值和潜力。南海发育在孤立台地上的碳酸盐礁体部分已被科学钻井证实。较为有名的有南海南部礼乐盆地的Sampaguital井钻取的一套晚渐新世以来厚达2100m的珊瑚礁沉积物；1974年，我国在西沙永兴岛西永1井钻取的长达1251m的早中新世—更新世珊瑚礁沉积序列，不整合覆于前寒武变质岩体之上。在20世纪70～80年代，我国在西沙群岛海域共完成了4口科学探测井，分别是西永1井、西永2井、西石1井和西琛1井（图1-6）。在获取了大量研究资料后，从台地的形成原因、形成时代及古海洋学古环境学等方面进行了深入探讨。这些科学探井的完成对加深了解南海地区碳酸盐岩礁体的发育演化等起到了极为重要的作用。

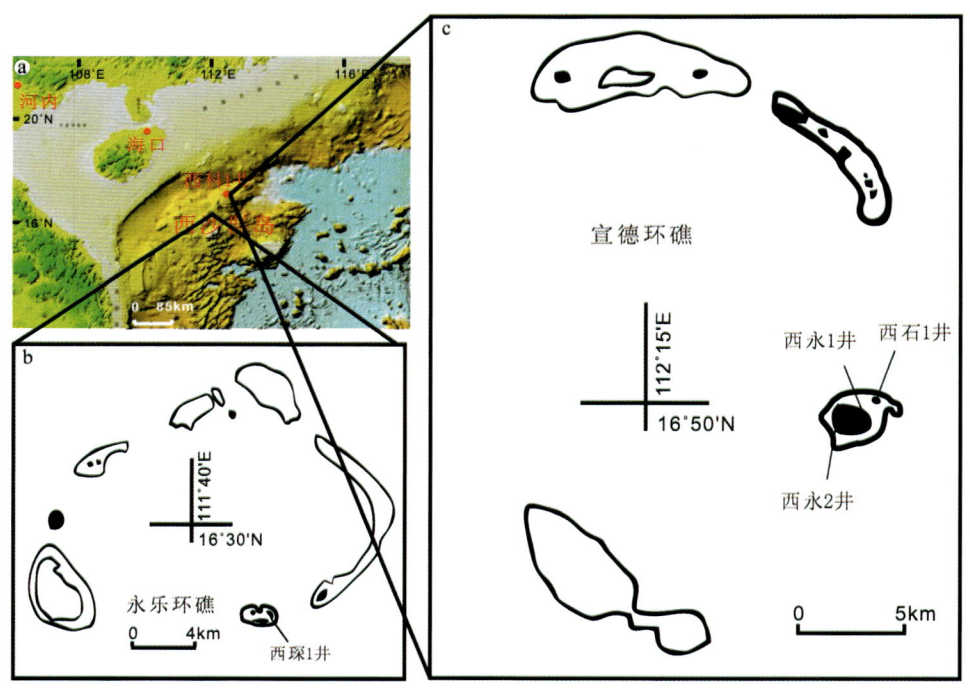

图1-6 西沙地区重要井位分布略图

已有研究结果表明，南海地区珊瑚礁碳酸盐沉积主要起始于始新世—渐新世，早期碳酸盐岩台地分布主要局限于南海南部地区；到了早中新世，伴随着南海扩张，碳酸盐岩台地开始大范围广泛发育；而进入晚中新世，区域海平面快速上升，浅海地区碳酸盐岩台地开始逐渐消亡，海盆中央的孤岛型碳酸盐岩台地尽管也受到了不同程度的损坏，但在经历了广泛衰退后仍得以部分保留。

西沙地区碳酸盐沉积的研究尚存在一定的问题和不足：首先，由于以前的井位研究时间相对久远，限于当时的技术条件,各个钻井取芯率较低,如西永1井取芯率甚至不足10%,不可能进行较高分辨率的研究;其次,对于西沙地区生物礁的研究较为分散,缺乏系统性;另外,由于碳酸盐沉积容易受到后期的成岩作用影响,如白云岩化作用,研究难度大,使研究结果存在较多争议。因此,新的、更为先进的和完整的钻井研究计划势在必行。西沙群岛西科1井是中海油湛江分公司2013年在西沙群岛宣德环礁上的石岛进行的一口科学探测井。西科1井海拔高度1.5m,完井深度1268.02m,在1257.52m钻入变质岩基底,取芯率达到75%左右,是西沙群岛钻探中取芯最完整的钻井,在全球范围也是碳酸盐岩台地钻井取芯率最高的探井。

1.3.1 地质概况

一般认为,南海西沙周缘新生代经历了4次构造运动,分别是神狐运动、南海运动、白云运动和东沙运动。这4次构造运动表现为:古新世的陆内/陆缘裂离、早-晚渐新世的初始扩张、晚渐新世—中中新世的扩张轴跳跃及扩张关闭、中中新世至今的热沉降。与区域构造演化相对应,南海北部大陆边缘盆地经历了断陷期和坳陷期两个演化阶段。中生代晚期,西沙地块、中沙地块、南沙地块、礼乐地块与南海北部的华南陆块为统一陆块。经过新生代陆内裂离、海底扩张、热沉降,南海构造格局成为现今状态(Taylor,1983;李家彪等,2005)。我们认为,发生在渐新世/中新世(23.3Ma)的白云运动(庞雄,2005)对西沙碳酸盐岩台地的发育至关重要,该运动造成西沙古隆起的沉没及珊瑚礁台地的发育。

西沙海域位于南海西北部陆坡区,海底地形主要表现为东部和西部地势较高,中间则较低,最大水深为1500m。在这个海域内,目前分布有40多个岛、洲、礁及滩,岛屿总面积达8km²,是我国南海四大群岛中陆地总面积最大的群岛。其中包括8个环礁,即永乐环礁(12岛、1礁、1沙洲)、宣德环礁(6岛、6沙洲、1滩)、东岛环礁、华光环礁、浪花环礁、玉琢环礁、北礁环礁、盘石屿环礁;一个台礁(中建岛)和一个被淹没的滩(嵩焘滩,水深232m)。西沙海域既有目前正在生长的现代生物礁,又有第四纪生物礁露头,还有针对生物礁的钻探和地震勘探,是开展南海盆地礁相碳酸盐岩研究十分有利的地区。

西沙海域各个岛、洲、礁、滩地貌特征受到东北以及西南方向的季风及相应海流潮差影响,风浪作用将珊瑚和贝壳碎屑等物质堆积成大小不一、形状各异的灰砂岛。一般情况下,这些灰砂岛高度不大,或者仅仅高于高潮面。海拔最高的岛为石岛,仅仅为13m,其余高度均在9m以下,大多数为1～5m。灰砂岛地貌形态以沙堤、潟湖、沙平台、洼地和海滩岩等最为常见。西沙海域年降雨日可达133天,降雨量约1505mm。因此,年平均相对湿度较大(82%),15个岛植被较为发育,其中包括永兴岛、东岛、金银岛、甘泉岛、珊瑚岛、晋卿岛、琛航岛、广金岛、中建岛、南沙岛、赵述岛、中沙岛、北岛、中岛、南岛。除此之外,石岛上分布有少量灌木,银屿岛上生长有少量杂草。

按照基底构造和上覆沉积岩层特征,西沙海域可划分为东部岛礁区和西部盆地区。东部岛礁区为西沙隆起地势较高的部位,海水深度较浅,基底之上直接覆盖礁相沉积地层,目前,西沙海域出露的岛礁即主要位于该区;西部盆地区处于西沙隆起的西斜坡向琼东南盆地的延伸部分,海水深度较深,地质历史时期有生物礁发育,但大多已被淹没和覆盖。

1.3.2 区域年代地层格架

在邻区钻井资料及沉积相研究的基础之上,结合区域内地震剖面特征,研究者对西沙周缘地区做了相应的地震相响应分析,进而探讨盆地地层发育特征。结合构造演化史,认为受到南海新生代构造运动的影响,西沙周缘盆地新生界自下而上充填了一套冲积河湖相—海陆交互相—滨浅海台地相—浅海、半深海相沉积序列。完整沉积系列主要发育在西沙古隆起西北侧的琼东南盆地及西南侧的中建南盆地,在西沙-中沙古隆起上仅发育中新世以来的珊瑚礁台地。

始新统可能为陆相河流相-三角洲相-湖泊相沉积,受到断裂的控制,局限分布在断陷内部,地震剖面上表现为中—弱振幅、发散-楔状形态、低频、连续较差的反射特征,该时期是重要的烃源岩发育期(李绪宣等,2007)。

早渐新世崖城组可能是海陆过渡相沉积,以三角洲相-滨岸沼泽相-浅海沉积相为特征,局限分布在断陷里,地震剖面上表现为中—强振幅、中等频率、中等连续,亚平行反射,发育区内优质的海陆过渡相含煤系烃源岩。

晚渐新世陵水组反映沉积环境逐渐过渡为海相沉积,以三角洲相-滨浅海相-半深海相沉积为特征,沉积范围继续扩大,地震剖面上表现为中—强振幅、中频、较连续的发散-平行反射,该时期是西沙周边盆地重要的储层发育期。

早中新世三亚组沉积环境可能是海平面持续上升环境,在海平面上升过程中,隆起区逐渐淹没,西沙周边盆地以滨海相-浅海相-半深海相沉积为特征,地震剖面上表现为中振幅、中频、较连续的亚平行反射,是重要的储层发育期。在西沙-中沙古隆起及周边缺乏陆源碎屑供给的地区均出现碳酸盐岩礁相沉积,是西沙珊瑚礁开始形成发育的时期。

中中新世梅山组,以碳酸盐岩台地沉积为特征,在中部隆起区发育大规模的碳酸盐岩台地,地震剖面上表现为强振幅、中频、丘状-亚平行反射,该沉积期为重要的储层发育期(吴时国等,2009)。

从晚中新世黄流组沉积期开始,南海进入区域性快速热沉降阶段,西沙周缘深水区以半深海相-深海相沉积为主,发育深水水道扇,部分地带发育小规模的碳酸盐岩台地,常见下切水道,地震剖面上表现为弱振幅、中频、较连续的亚平行反射。与中中新世相比,珊瑚礁有向隆升高地迁移的趋势,反映区域海平面上升造成浅海珊瑚礁的溺亡。

上新世—第四纪(莺歌海组—乐东组)地层充填以半深海相-深海相沉积为特征,发育深水水道扇,常见下切水道,地震剖面上表现为中—强振幅、中频、较连续的平行-亚平行反射,为区域性盖层发育期。在西沙等隆升高地发育碳酸盐岩台地相珊瑚礁。本书使用的地层划分及组名见表1-1。

表1-1 西沙及周边地区新近纪以来地层划分方案

时代			地层		
		系	统	组	
				王崇友(1979)	本书
第四纪		第四系	全新统	未划分	乐东组
			上更新统	石岛组	
			中更新统	琛航组	
			下更新统	永兴组	
新近纪	上新世	新近系	上新统		莺歌海组
	中新世 晚期		晚中新统	西沙组	黄流组
	中新世 中期		中中新统	宣德组	梅山组
	中新世 早期		早中新统	永乐组	三亚组
前古近纪		基底			

2 沉积地层学

对于西沙地区新生代以来的一系列重要地质事件,它们发生的精确时间是多少?会产生怎样的环境效应?它们与青藏高原隆升、全球变化、东亚内陆地区的环境演化以及南海扩张存在怎样的联系?都是值得深入研究的问题,研究的前提条件是建立可靠的地层年代框架。一般来讲,地层年代框架主要由古生物学及放射性年代学结合完成。然而,由于沉积环境及构造运动使地层缺失及哑地层的现象普遍存在,就必须采用其他方法进行地层时代的划分。岩性地层、元素地层结合生物地层建立地层年代格架是最常用的方法之一。本章采用这3种方法对西科1井进行地层时代划分,建立该井地层格架。研究结果显示,这三种方法在西科1井的地层划分上十分有效,结果高度吻合。

2.1 岩性地层

2.1.1 岩性地层标准剖面的建立

西科1井为全取芯的科学探索钻井,其终孔深度为1257.52m,新生代地层厚度为1268.02m。西科1井综合地层划分方案依据古生物、古地磁、地球化学以及沉积学方法,建立了如表2-1所示的地层划分方案。以下分述其依据及其相应的岩性地层学特征。

表2-1 西科1井地层系统分层

地层系统				地震界面	年龄(Ma)	底深(m)	厚度(m)
系	统	组	段				
第四系	更新统—全新统	乐东组	一	T_{20}	2.0	214.89	214.89
新近系	上新统	莺歌海组	一	T_{27}	3.2	288.43	73.54
			二	T_{30}	5.3	374.95	86.52
	中新统	上 黄流组	一	T_{31}	7.2	470.1	95.15
			二	T_{40}	11.6	576.5	106.4
		中 梅山组	一	T_{41}	13.6	758.4	181.9
			二	T_{50}	16.0	1032.46	274.06
		下 三亚组	一	T_{52}	21.0	1179.69	147.23
			二	T_{60}	23.0	1257.52	77.83
前古近系					≥85±3.0	1268.02	10.5
备注	更新统/上新统界线为231.86m,地质年龄为2.6Ma						

2.1.2 岩性剖面

西科 1 井主要揭示了西沙地区新近纪以来的碳酸盐岩沉积,其完钻井深为 1268.02m,完钻层位为前古近系基底(图 2-1),岩性剖面简述见表 2-2。

表 2-2 西科 1 井岩性剖面描述

顶深(m)	底深(m)	层厚(m)	岩性
0	2.90	2.90	浅黄色生物碎屑砂
2.90	21.93	19.03	深灰色及灰白色生物碎屑砂
21.93	37.30	15.37	灰白色生物礁灰岩,上部见珊瑚化石
37.30	38.15	0.85	黄褐色生物礁灰岩,见强烈暴露溶蚀现象
38.15	68.67	30.52	灰白色生物礁灰岩,夹薄层生物碎屑砂
68.67	72.80	4.13	黄褐色白云质生物礁灰岩,见暴露溶蚀现象
72.80	97.58	24.78	灰白色生物礁灰岩夹薄层生物碎屑灰岩
97.58	98.84	1.26	浅褐黄色与灰白色生物礁灰岩互层
98.84	181.73	82.89	灰白色生物礁灰岩夹薄层生物碎屑灰岩
181.73	214.89	33.16	灰白色生物碎屑灰岩与生物礁灰岩互层
214.89	235.95	21.06	浅灰色生物礁灰岩,见珊瑚碎屑及藻黏结团块
235.95	259.20	23.25	灰白色及浅灰色生物碎屑灰岩
259.20	264.23	5.03	灰白色生物礁灰岩
264.23	288.41	24.18	灰白色生物碎屑灰岩,中部含灰泥较多
288.41	306.38	17.97	灰白色白云质生物礁灰岩
306.38	348.35	41.97	灰白色含灰泥生物碎屑灰岩,局部含灰泥
348.35	367.05	18.70	土黄色生物碎屑灰岩
367.05	373.69	6.64	浅灰白色生物碎屑灰岩
373.69	413.34	39.65	浅灰白色白云质生物礁灰岩夹薄层生物碎屑灰岩
413.34	423.90	10.56	灰白色生物碎屑灰岩
423.90	431.60	7.70	灰白色白云质生物礁灰岩
431.60	435.80	4.20	白色生物碎屑白云岩
435.80	457.53	21.73	灰白色含生屑生物礁云岩
457.53	462.95	5.42	灰白色白云质生物碎屑灰岩
462.95	470.90	7.95	灰白色白云质生物礁灰岩
470.90	545.86	74.96	浅灰白色含藻珊瑚礁云岩与生物礁云岩不等厚互层
545.86	555.59	9.73	灰白色白云质珊瑚礁云岩
555.59	576.50	20.91	浅灰白色珊瑚礁云岩
576.50	578.79	2.29	灰白色生物碎屑灰岩
578.79	583.37	4.58	浅灰白色泥灰岩,中部见一薄层黄褐色泥灰岩

续表 2-2

顶深(m)	底深(m)	层厚(m)	岩性
583.37	600.17	16.80	灰白色含灰泥生物碎屑灰岩
600.17	601.77	1.60	灰白色泥灰岩
601.77	614.16	12.39	浅灰色含灰泥生物碎屑灰岩与生物碎屑灰岩
614.16	630.80	16.64	灰白色与浅灰色白云质生物礁灰岩
630.80	632.83	2.03	灰白色生物碎屑灰岩
632.83	633.85	1.02	浅灰白色生物碎屑灰岩
633.85	636.96	3.11	浅灰色白云质生物礁灰岩
636.96	742.06	105.10	灰白色含灰泥生物碎屑灰岩夹两薄层生物礁灰岩
742.06	748.50	6.44	浅土黄色白云质藻灰岩与生物碎屑灰岩
748.50	758.40	9.90	灰色含藻珊瑚礁灰岩
758.40	762.00	3.60	土黄色藻云岩,见溶蚀空洞
762.00	766.00	4.00	灰白色白云质生物碎屑灰岩
766.00	776.47	10.47	土黄色生物礁云岩
776.47	788.07	11.60	土黄色含藻生物礁灰岩
788.07	803.79	15.72	灰白色与浅灰色生物礁灰岩互层
803.79	817.77	13.98	浅土黄色生物礁灰岩
817.77	823.70	5.93	灰色生物碎屑灰岩,顶部见一层灰白色生物礁灰岩
823.70	840.87	17.17	土黄色生物碎屑灰岩
840.87	843.12	2.25	灰白色含生物碎屑泥灰岩
843.12	848.37	5.25	浅土黄色含灰泥生物碎屑灰岩生物礁灰岩互层
848.37	896.47	48.10	灰白色含灰泥生物碎屑灰岩与生物碎屑灰岩
896.47	898.28	1.81	灰白色珊瑚礁灰岩
898.28	903.40	5.12	灰白色生物碎屑灰岩
903.40	908.49	5.09	灰白色珊瑚礁灰岩
908.49	924.20	15.71	灰白色生物碎屑灰岩,底部含灰泥较多
924.20	928.62	4.42	灰白色灰泥
928.62	938.66	10.04	灰白色含灰泥生物碎屑灰岩
938.66	941.50	2.84	灰白色珊瑚礁云岩
941.50	971.76	30.26	灰白色生物碎屑灰岩,上部含较多灰泥
971.76	976.86	5.10	灰白色灰质生物礁云岩
976.86	985.86	9.00	灰白色生物碎屑灰岩
985.86	994.46	8.60	灰白色钙质生物礁云岩
994.46	1000.95	6.49	灰白色生物碎屑灰岩,中部夹一层同色生物礁云岩
1000.95	1004.40	3.45	灰白色生物礁云岩
1004.40	1014.80	10.40	灰白色生物碎屑灰岩

续表 2-2

顶深(m)	底深(m)	层厚(m)	岩性
1014.80	1019.80	5.00	灰白色灰泥
1019.80	1026.26	6.46	灰白色含灰泥生物碎屑灰岩,顶部见一层泥晶灰岩
1026.26	1031.44	5.18	灰白色灰泥
1031.44	1032.46	1.02	灰白色生物礁灰岩
1032.46	1034.25	1.79	灰白色白云质生物碎屑灰岩
1034.25	1036.58	2.33	灰白色灰质生物礁云岩
1036.58	1044.13	7.55	灰白色生物碎屑砂
1044.13	1078.42	34.29	浅肉红色生物礁云岩,见大量溶蚀孔洞
1078.42	1092.42	14.00	灰白色生物礁云岩
1092.42	1104.22	11.80	肉红色生物礁云岩,溶蚀孔洞发育
1104.22	1129.82	25.60	灰白色生物礁云岩夹薄层生物碎屑灰岩
1129.82	1135.42	5.60	灰黄色生物礁云岩
1135.42	1173.42	38.00	灰白色生物礁云岩,夹少量生物碎屑白云岩
1173.42	1179.67	6.25	土黄色珊瑚礁云岩
1179.67	1182.32	2.65	浅土黄色灰岩
1182.32	1184.17	1.85	灰白色生物碎屑灰岩
1184.17	1188.32	4.15	土黄色灰质生物礁云岩
1188.32	1193.52	5.20	灰白色生物礁灰岩
1193.52	1195.52	2.00	灰白色含角砾生物碎屑灰岩
1195.52	1196.92	1.40	灰白色含角砾珊瑚礁灰岩
1196.92	1198.52	1.60	灰黑色角砾状灰岩
1198.52	1200.00	1.48	灰白色含角砾生物碎屑灰岩
1200.00	1203.22	3.22	灰色角砾状灰岩
1203.22	1205.84	2.62	灰白色生物碎屑灰岩
1205.84	1210.12	4.28	珊瑚礁灰岩
1210.12	1216.62	6.50	浅灰绿色角砾状灰岩
1216.62	1217.72	1.10	灰绿色泥岩
1217.72	1219.52	1.80	灰绿色泥质细砂岩
1219.52	1223.62	4.10	黑灰色角砾状灰岩
1223.62	1224.12	0.50	黑色泥灰岩
1224.12	1228.92	4.80	浅灰绿色角砾状灰岩,局部含红褐色泥质充填
1228.92	1236.00	7.08	红褐色角砾状灰岩,见大量红褐色泥质充填
1236.00	1250.30	14.30	浅肉红色角砾状灰岩,见红褐色泥质充填及珊瑚化石
1250.30	1253.30	3.00	浅肉红色珊瑚礁灰岩,具明显溶蚀特征
1253.30	1255.92	2.62	浅肉红色生物碎屑灰岩
1255.92	1257.52	1.60	肉红色生物礁云岩
1257.52	1262.80	5.28	黑色角闪斜长片麻岩
1262.80	1268.02	5.22	肉红色花岗岩

图 2-1 西科 1 井环境磁学与地球化学综合地层柱状图

2.1.3 岩性地层特征

综合岩性、古生物、古地磁、沉积层序及地球化学特征认为西科1井生物礁主要为中新世以来的沉积，并据此建立了该井的综合年代地层格架(表 2-3)，现将其简述如下。

1. 乐东组岩性特征(0～214.89m)

古地磁的研究表明 0～200m 可识别出 3 个正极性时段和 3 个负极性时段，其中 N1 与 C1n 对比，68.1m 约 0.78Ma；N2 与 Jaramillo 对比，76.7m 约 0.99Ma；N3 与 C2n 对比，200m 约 1.95Ma，与古生物揭示的年代地层格架完全吻合。结合岩性在 214.89m 处存在明显变化，界面之上为红藻黏结礁灰岩，界面之下为泥晶生屑灰岩，并可见风化暴露特征(图 2-2)，推测为乐东组的底界，其界面年龄约 2.0Ma，并且在该界面出现非磁滞剩磁 ARM，CaO 和 MgO 比值及 Mn、Sc、Sr、Li、U、B 等元素含量均存在明显变化，也表明该界面为一个重要的地质事件所形成的界面。

乐东组为一套灰白色、土黄色的生物礁灰岩和生屑灰岩互层，以灰白色生物礁灰岩为主，局部夹含泥生屑灰岩薄层。在乐东组顶部，发育一套生物碎屑砂，主要呈松散状，加盐酸强烈起泡。乐东组上部以生物礁灰岩为主，生物格架结构发育，珊瑚化石形态完整。同时，上部生物礁灰岩溶蚀孔洞更发育，孔隙度相对更高，大部分为 20%～30%，局部高达 40%。乐东组下部，生物碎屑灰岩相对上部发育，但单层厚仍较薄，多在 1m 以下。生物礁灰岩中仍可见珊瑚碎屑及其较完整化石。乐东组下部孔洞发育，整体达 10%～25%，局部可达 30%。此外，乐东组发育多套薄层黄褐色、土黄色含铁质氧化物的生物礁灰岩和生物碎屑灰岩层，代表了多次风化暴露面特征，指示了不同层序单元的顶界面。

2. 莺歌海组岩性特征(214.89～374.95m)

根据古生物鉴定，307m 为有孔虫 *Dentoglobigerina altispira* 的末现深度，据 GTS2012 该种末现事件的地质年龄约 3.47Ma；349m 为有孔虫 *Sphaeroidinella dehiscens* 的初现深度，据 GTS2012 该种初现事件的地质年龄约 5.2Ma，由于该井浮游有孔虫较少，该初现事件可能并非真正意义上的初现位置，同时钙质超微的分析表明 330.97m 为 *Sphenolithus abies/neoabies* 的末现深度，据 GTS2012 该种末现事件的地质年龄约 3.54Ma，与有孔虫吻合较好。古地磁的分析表明，若 N4 与 C2An.3n 对比，288m 约 3.2Ma；N5 与 C3An.1n 对比，377m 约 6.0Ma。结合 374.95m 存在一个明显的风化暴露界面(图 2-3)，界面之上为海侵形成的灰白色生物碎屑灰岩，界面之下为土黄色生物礁云岩，见溶蚀孔洞，推测为莺歌海组底界，其界面年龄约为 5.3Ma，大致与上新统和中新统之间的界面相当。同时该界面非磁滞剩磁 ARM，CaO 和 MgO 比值及 Th、Sc、B、Sr、Li、Mn 等元素含量也存在明显变化(图 2-1)。

莺歌海组内部 288.43m 还存在一个明显的界面，该界面具典型的剥蚀暴露特征(图 2-4)，界面之上发育灰白色生物碎屑灰岩；界面之下发育淡黄色红藻黏结礁云岩，见明显风化溶蚀现象，推测为莺歌海组一段(莺一段)和二段(莺二段)之间的界面，古生物和古地磁分析表明其地质年龄约 3.2Ma。

根据以上界面特征分析，莺歌海组可划分上、下二段。莺歌海组一段(214.89～288.43m)主要发育灰白色生物礁灰岩和生物碎屑灰岩，局部夹薄层灰白—浅土黄色、灰白色生物礁灰岩和生物碎屑灰岩，底部为一套厚约 10m 的含灰泥的生物碎屑灰岩和生物礁灰岩。本段灰岩中生物化石发育，可见保存较完整的珊瑚和双壳类生物化石。莺歌海组上段上部岩芯完整，溶蚀孔洞发育，大部分为 10%～25%，局部可高达 30%，下部岩芯破碎。

莺歌海组二段(288.43～374.95m)主要发育灰白色、灰黄色、土黄色的生物礁灰岩和生物碎屑灰岩，局部发育含灰泥的生物礁灰岩。300m 附近发育一套厚度约 50cm、结构松散的灰泥层，加酸强烈起泡。本段顶部和底部均出现弱白云岩化作用，其中顶部岩芯中还发育有黄色的铁质氧化物。莺歌海组

表 2-3 西科 1 井地层格架及特征综述

地层系统					分层方案 (m) Ma	岩性	分层依据和界面特征			磁性地层	元素分析	层序划分
系	统	组	段				有孔虫	钙质超微化石	其他化石			
第四系	全新统	乐东组			25.21	顶部以生物碎屑灰岩为主，中下部以生物礁灰岩为主夹生物碎屑灰岩	P Globigerinoides obliquus 215m, ≥1.3Ma	LO Reticulofenestra minutula, 214.3m 接近NN18带顶	内脊沙珊瑚, 161.69m,第四纪	N1与C1n对比, 68.1m约0.78Ma; N2与Jaramillo对比, 76.7m约0.99Ma; N3与C2n对比, 200m约1.95Ma; 非磁滞剩磁(ARM)高频变化, 底界之下突然降低	珊瑚U/Th定年25.21m约0.13Ma、27.83m约0.16Ma、43.45m约0.19Ma; 碳同位素对比; 底部界面Mn、Sc、Sr向上有增高特征; Li、U、B有降低特征	分3个三级层序, 内部层序界面分别98.19m和36.69m
					0.13							
					43.15							
					0.19							
					76.7							
					0.99							
					214.89							
				一段	2.0	顶部泥晶生物碎屑灰岩，藻黏结礁灰岩，下部发育生物碎屑灰岩			364m苔藓虫初现, 330~200m, 丰富	N4与C2An.3n对比, 288m约3.2Ma; ARM低频变化, 界之下突然增大	底部界面Th、Sc、Sr向上有增高特征; Li、Mn、B有降低特征	分为2个三级层序, 内部层序界面约259.5m
					231.86							
					2.6							
					288.43							
新近系	上新统	莺歌海组		二段	3.2	上部见土黄色藻黏结礁灰岩, 中、下部红藻黏结礁云岩, 偶夹红藻礁灰岩以生物碎屑灰岩为主	LO Dentoglobigerina altispira 307m, 约3.47Ma FO Sphaeroidinella dehiscens 349m, 约5.2Ma	LO Sphenolithus abies/neoabies, 330.97m,约3.54Ma		N5与C3A.1n对比, 6.0Ma; ARM顶部降低, 中下部逐渐升高, 底界之下突然降低	底部界面Th、Sc、B、Sr向上有增高特征; Li、Mn有降低特征	分为1个三级层序, 以320m为最大海泛面分为2个体系域
					374.95							
	中新统	黄流组		一段	5.3	顶部红藻黏结礁云岩, 中、下部红藻黏结礁云岩, 偶夹粉晶云岩层, 底部见风化壳				N7与C3Bn对比, 470m约7.2Ma; ARM低频变化, 底界之下突然降低	底部界面Mn、Sc、Sr向上有增大特征; Li、Th有降低特征	分为1个三级层序, 以416m为最大海泛面分为2个体系域
					470.1							
				二段	7.2	主要为红藻黏结礁云岩, 上部见生物礁灰岩			507.60~626.76m奇石藻, 属中—晚中新世	N12与C5n.2n对比, 573m约11Ma; ARM低偏高频变化, 底界之下突然增高	底部界面Sr向上有B突然特征; Li、Th、Sc、B有降低特征	分为1个三级层序, 以496.5m为最大海泛面分为2个体系域
					576.5							
		梅山组		一段	11.6	顶部生物碎屑灰岩, 上部泥晶灰岩, 偶夹生物碎屑灰岩, 下部生物礁灰岩及灰云岩	LO大多数Miogypsina和Nephrolepidina, 577m	LO Cyclicargolithus floridanus, 599.53m, 约11.85Ma	799m 淡珊瑚始新世—现今, 803.17m陀螺珊瑚始新世—现今	N13与C5An.1n对比, 622m约12.2Ma; ARM高偏低变化	底部界面Sr向上有突然增高特征; Li、Th、Sc、B有降低特征	分为1个三级层序, 以614.15m为最大海泛面分为2个体系域
					758.4							
				二段	13.6?	底部以灰泥生物碎屑灰岩为主, 中部偏生物碎屑云岩, 上部以珊瑚灰岩及生物碎屑灰岩为主		P Phenolithus moriformis, 928.42m, 早始新世—晚中新世		若N16与C5ACn对比, 13.65Ma	底部界面之上Sr突然增大特征; U出现峰值, Mn、Th有显著降低	分为2个三级层序, 以931.16m为界
					1032.46							
		三亚组		一段	16.0	厚层灰白色砾屑灰岩夹少量生物碎屑灰岩				若N24和N25与C5Cn对比, 约16.75Ma; 若N31和N32与C6n对比, 1149m约19.72Ma	底部界面之上Mn、Th、U、Sr约有降低特征	分为1个三级层序, 以1233.70m为内部一次层序界面, 推测年龄约22Ma
					1179.69							
				二段	21.0	含大量珊瑚和上部岩心灰云岩及生物碎屑灰岩					底部界面无数据	
					1257.52							
前古近系			基底		23.0 未见底	花岗片麻岩及角闪岩				$^{207}Pb/^{235}U$测年≥85.1Ma		古生物事件地质年龄据"The Geologic Time Scale 2012"

下段的顶部和底部岩芯较完整，溶蚀孔洞发育，一般为20%～30%，最大溶蚀孔直径可达3cm。中部岩芯破碎，呈破碎-松散状。

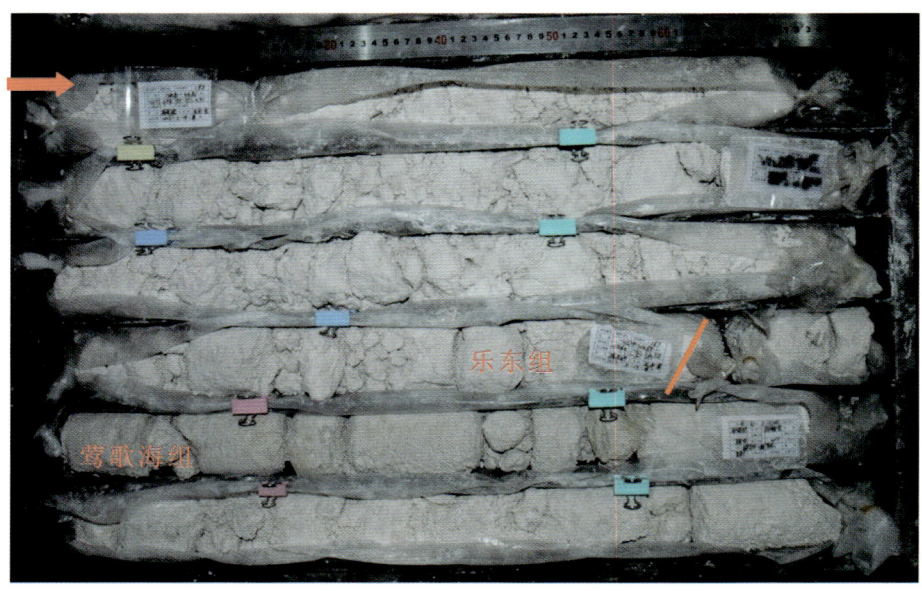

图2-2 乐东组底界之下风化暴露特征

图2-3 莺歌海组底界界面特征

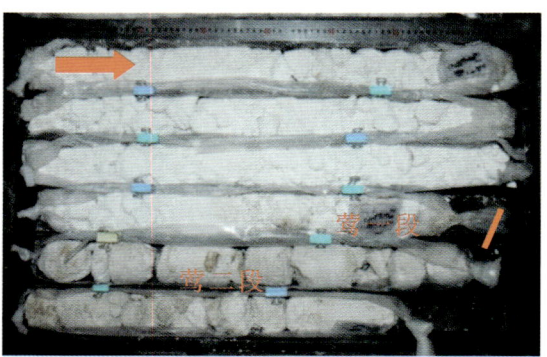

图2-4 莺一段与莺二段界面特征

3. 黄流组岩性特征（374.95～576.5m）

莺歌海组之下至576.5m井段浮游有孔虫及钙质超微化石稀少，因此缺少具有年代地层意义的标志化石，但是在599.53m发现钙质超微 *Cyclicargolithus floridanus* 的末现事件，据GTS2012该种末现事件的地质年龄约11.85Ma，据此我们认为该深度已经位于上中新统黄流组之下，而上中新统黄流组的底界应与该界面接近。莺歌海组之下至576.5m井段古地磁分析结果较好，对比表明若N7与C3Bn对比，470m约7.2Ma；N12与C5n.2n对比，573m约11Ma，同时结合非磁滞剩磁ARM、CaO、MgO含量及Li、B、Mn、Th、U、Sc、Sr等元素均在576.5m存在明显的跃变特征（图2-1），推测黄流组底界为576.5m，地质年龄约11.6Ma，由于该界面岩性存在明显突变（图2-5）（其上为灰色红藻黏结礁云岩；其下为生物碎屑灰岩）推测576.5m处为一个暴露面，可能存在一定程度的暴露剥蚀。

黄流组内部470.1m处还发育一个明显的风化暴露面（图2-6），界面之上发育灰白色红藻黏结礁灰岩；界面之下发育淡黄色红藻黏结礁云岩，见明显风化溶蚀现象，推测为黄流组一段（黄一段）和二段

(黄二段)之间界面,据古地磁研究推测其地质年龄约 7.2Ma。依次将黄流组划分为一段和二段。

黄一段(374.95～470.1m)发育灰白色生物礁白云岩、生物礁灰岩、生物碎屑灰岩、白云质生物礁灰岩、含白垩生物碎屑灰岩。在 386.9m 和 444.76m 各发育两套灰泥,加酸强烈起泡。本段顶部发育一套生物礁白云岩,加酸弱起泡,生物格架发育,其顶部含铁质氧化物,颜色偏黄。黄流组上段,珊瑚和双壳化石可见。岩芯整体而言,上段较破碎,孔洞相对不发育;下段岩芯较完整,可见溶蚀孔洞发育,一般在 20%～30%。

黄二段(470.1～576.5m)发育灰白色、土黄色白云岩化生物礁灰岩、白云质礁灰岩、生物礁白云岩、生物礁灰岩、生物碎屑灰岩。476～491m 附近发育三套厚度分别不超过 40cm 的薄层、呈松散状的灰泥,遇酸强烈起泡。生物化石相对不发育,以珊瑚和双壳类为主,在 502m 附近可见生物礁灰岩的中发育的珊瑚及藻类黏结结构。本段岩芯相对较完整,溶蚀孔洞发育不均一,一般为 10%～30%,局部孔洞不发育。此外,在 489m 附近,可见部分溶蚀孔洞被后期形成的白云石所充填。

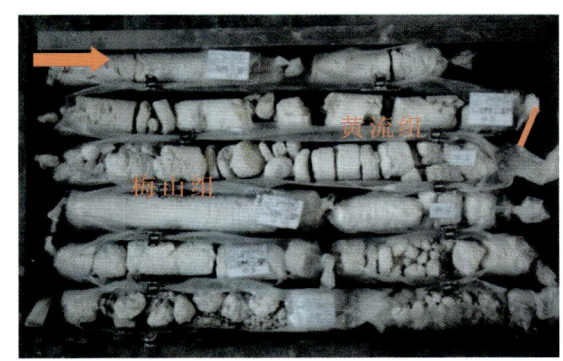

图 2-5　黄流组底界界面特征

图 2-6　黄一段与黄二段界面特征

4. 梅山组岩性特征(576.5～1032.46m)

西科 1 井中中新统梅山组具有时代意义的化石稀少,因此确定其底界主要依靠古地磁的研究,因缺少古生物的限制,接黄流组之下将 N13 与 C5An.1n 对比;N14 与 C5An.2n;N15 与 C5ABn 对比,N16 与 C5ACn 对比,这样 758m 约为 13.65Ma。其下由于古地磁变化频繁对比困难,我们倾向于将厚达 40 多米的正极性带 N24、N25 与持续时间较长的 C5Cn 对比,这样 1050m 约 16.75Ma,而中中新统梅山组的底界约 16Ma,与该界面接近。考虑到 1032.46m 处 CaO、MgO 含量及 Th、Sc、B、Sr 等元素均存在明显的变化(图 2-1),岩性上界面之下也可见明显的暴露特征(图 2-7),因此推测梅山组底界位于 1032.46m。

此外,在中中新统梅山组内部 758.4m 处还可见一个影响厚度达 50 余米的暴露特征(图 2-8),该界面之上发育灰白色生物碎屑灰岩;界面之下发育浅红色生物礁云岩,见明显溶蚀孔洞,推测为梅山组一段(梅一段)和二段(梅二段)之间界线,据古地磁的研究推测其地质年龄约 13.65Ma。

梅一段(576.5～758.4m)发育有灰白色、灰色、土黄色生物礁灰岩、生物碎屑灰岩、白云岩化生物礁灰岩/生物碎屑灰岩、白云质生物藻灰岩、含珊瑚藻礁云岩、含藻珊瑚礁灰岩。在 600m、611m、729m 和 733m 处分别发育 4 层泥灰岩,其中 611m 处附近的泥灰岩厚度最大,可达 2.8m。此外,在 729.2m 发育一层厚度约 60cm 的固结程度一般、砂质感强烈、加酸强烈起泡的泥灰岩。本段生物礁灰岩发育,骨架结构和黏结结构均可见,其中化石以珊瑚、双壳类为主,单个双壳类化石直径可达 3cm。740m 附近见藻类和腹足类化石。岩芯普遍较完整,溶蚀孔洞发育,局部可高达 50%,单个溶蚀孔直径可达 5cm。

梅二段(758.4～1032.46m)发育灰白色、米白色、土黄色和白色生物碎屑灰岩、珊瑚礁灰岩、含灰泥生物碎屑灰岩、灰泥质生物碎屑灰岩、生物礁云岩、云质礁灰岩和泥晶灰岩,其中以灰白色含灰泥生物碎屑灰岩和灰白色生物碎屑灰岩为主。顶部和接近底部位置均发育淡褐黄色的氧化条带。本段生物碎屑灰岩岩芯相对破碎段比例较大,一般颗粒较细,孔洞不发育,局部孔洞可达20%以上。生物礁灰岩或者生物礁云岩岩芯均较完整,溶蚀孔洞发育,一般为10%~20%,局部高达30%。本段中部的一个重要特征为灰泥含量相对较高,岩芯破碎段有滑感。生物礁灰岩和生物礁云岩、云质礁灰岩中珊瑚和双壳化石发育。

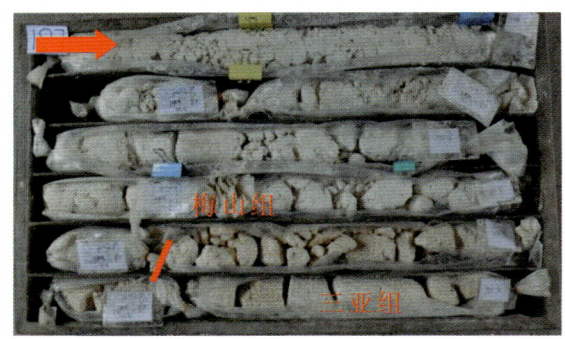

图2-7 梅山组底界界面特征

图2-8 梅一段与梅二段界面特征

5. 三亚组岩性特征(1032.46~1257.52m)

西科1井早中新世三亚组浮游有孔虫及钙质超微化石同样稀少,缺少具有年代地层意义的标志化石,因此古地磁的对比对地层年代的确定至关重要。西科1井1070m以下古地磁取样较多,测试效果较好,其中比较典型的为1118~1150m厚达30余米的正极性带,因此将其与早中新世持续时间达1Ma的C6n正极性带对比较为合理,这样向上推,N27~N30与C5En对比,N26与C5Dn对比,整体也相对协调,向下推N33与C6An.1对比,N34~N36与C6An.2对比(图2-7),因此认为1149m约19.72Ma;1070m约21.3Ma。据此认为三亚组底界,即基底花岗岩之上碳酸盐岩生物礁开始生长的地质年龄约23.0Ma。

此外,在三亚组内部还有2个重要的暴露面,其一为1179.69m,界面之上为大套土黄色厚层生物礁云岩,界面之下为生物碎屑灰岩、生物礁灰岩夹少量生物礁云岩(图2-9),界面处Mn、Th、Sc、B、Sr等元素均存在明显变化(图2-1),据古地磁推测其年龄约21Ma,与三亚组一段和二段的界面相当;其二为1224.12m,该处界面之上为灰—深灰色砾屑灰岩,界面之下为土黄—棕红色溶塌角砾岩,角砾间可见土黄色泥质充填(图2-10),据古地磁推测其年龄约22Ma,可能为三亚组二段内部的一个准层序组界面。

图2-9 三亚组一段与二段界面特征

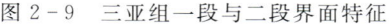

图2-10 三亚组二段内层序界面特征

三亚组一段(1032.46～1179.69m)发育灰白色、米黄色、土黄色和橘红色的生物礁云岩、生物碎屑云岩、灰质生物礁灰岩、云质生物碎屑灰岩。顶部发育一层厚度约8m,结构松散,颗粒感很强的生物碎屑砂。生物礁云岩局部发育氧化条带而呈橘红色和灰白色夹肉红色,呈厚层状夹于灰白色生物礁云岩和生物碎屑云岩中。溶蚀孔隙发育,一般为10%～30%,局部可达40%以上。在溶蚀孔洞发育位置一般发育表面成黄色、结晶程度较好的晶体。珊瑚化石较发育,偶见双壳化石。

三亚组二段(1179.69～1257.52m)发育灰白色、灰黑色、灰绿色、红褐色、黑灰色的生物碎屑灰岩、滑塌角砾岩、含角砾的珊瑚礁灰岩、含角砾的生物碎屑灰岩、灰质礁云岩。生物碎屑灰岩以灰白色为主,滑塌角砾岩的颜色较复杂。在上部发育(含角砾)生物碎屑灰岩、(含角砾)灰质礁云岩。自1197m左右开始,主要发育灰黑色、灰绿色、红褐色滑塌角砾岩,夹生屑灰岩和礁灰岩。滑塌角砾岩的角砾含量最高可达70%以上,单个砾石粒径可超过6cm,一般为次圆状到棱角状,分选很差。滑塌角砾岩段底部为红褐色滑塌角砾岩,其中溶蚀孔隙较发育的部位发育的方解石晶体呈晶簇状。底部发育灰白—肉红色生物礁灰岩、生物碎屑灰岩和生物礁云岩,其中肉红色多为氧化物条带发育所致。溶蚀孔隙发育极不均一,局部高达35%以上。化石以珊瑚化石和双壳化石为主,局部可见藻类缠绕珊瑚结构。

6. 前古近系基底(1257.52～1268.02m)

西科1井钻遇基底10.5m,下部为肉红色二长花岗岩,上部为灰—深灰色角闪斜长片麻岩,$^{207}Pb/^{235}U$测年结果表明其年龄为85.1～152.5Ma(图2-11),因此为燕山期构造运动的产物。

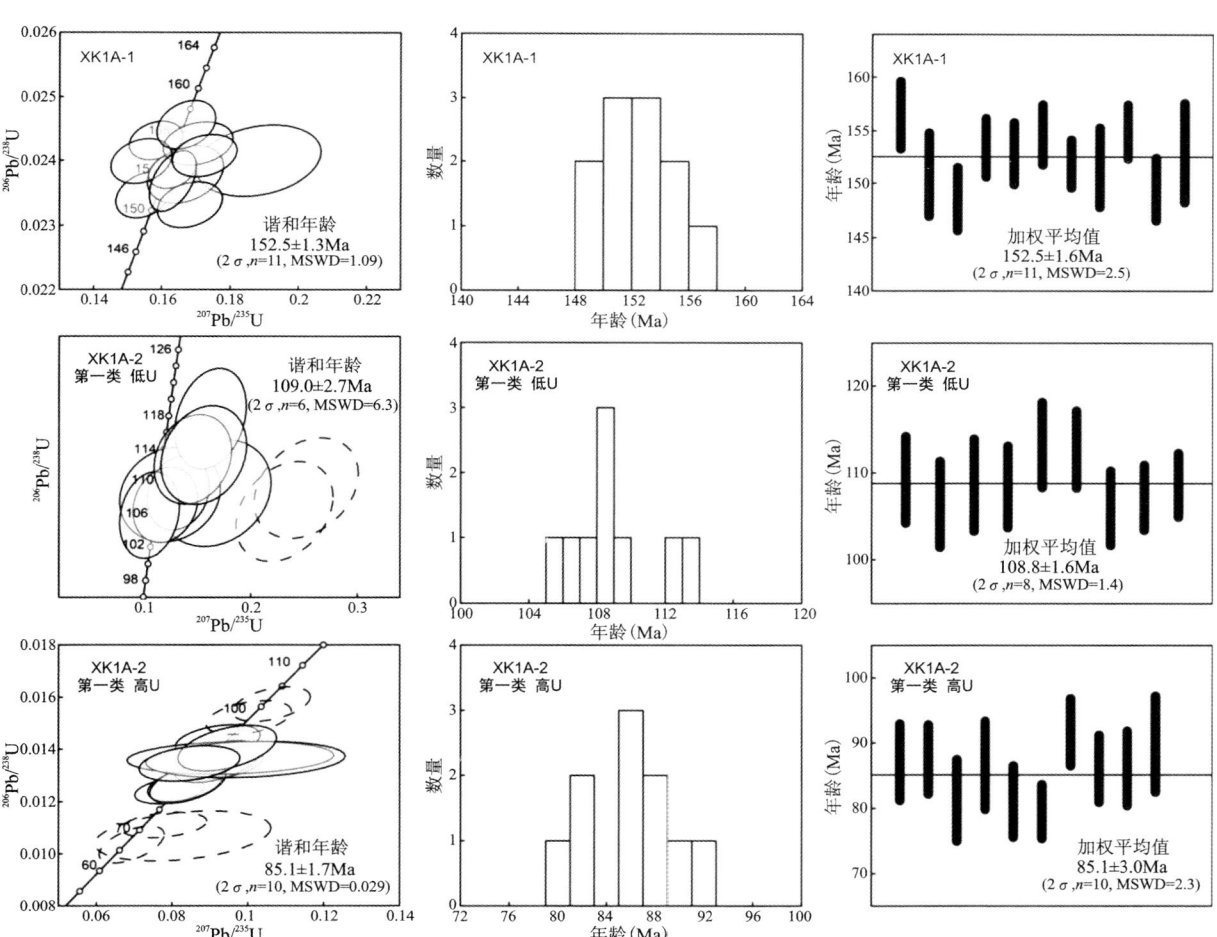

图2-11 西科1井基底$^{207}Pb/^{235}U$测年数据

前古近系基底主要发育灰黑色、灰白色闪长岩和灰黑色加肉红色二长花岗岩。顶部角闪斜长片麻岩矿物以角闪石、斜长石为主，可见石英、黑云母，可见裂缝较多，被石英脉和其他未知矿物脉充填，有些裂缝内的矿物被氧化成黄褐色，结晶程度较好，1261.12m 含 25cm 的基性捕虏体，见矿物脉。底部二长花岗岩含斜长石、钾长石、黑云母、石英、角闪石，局部钾长石较多，显肉红色。岩芯完整，可见裂缝发育，裂缝里充填方解石脉和石膏脉，滴酸强烈起泡。结晶程度好，钾长石达厘米级，黑云母最大 0.8cm，顶部与片麻岩分界截然。

2.2 生物地层

2.2.1 研究对象和分析方法

由于西科 1 井受成岩作用的影响，岩芯样品中有孔虫的分离比较困难，实体化石的分析结果往往不代表有孔虫化石的总面貌，因此需要与岩芯薄片综合研究。西科 1 井 0～1258m 井段所分析的岩芯样品 423 件，平均间距 3m，处理方法采用标准微体古生物方法，碎样至 4mm 左右，浸泡数天待岩屑充分分散，使用 0.063mm 孔径不锈钢筛冲洗，烘干后利用双目显微镜进行鉴定和半定量统计。岩芯薄片由中海油湛江分公司提供，共计 2191 片，平均间隔约 0.5m，利用 Scope.A1.生物显微镜进行照相、鉴定以及半定量统计。

同时，对上部 0～50m 井段采用碳氧同位素方法，结合珊瑚 U-Th 定年方法进行详细地层划分，采用碳同位素地层学对西科 1 井进行地层划分是该地区的首次尝试。

2.2.2 有孔虫生物地层

西科 1 井共鉴定有孔虫 71 属，初步鉴定 69 种和未定种，其中底栖有孔虫 48 属 37 种和未定种，浮游有孔虫 23 属 32 种和未定种。根据鉴定结果，西科 1 井有孔虫动物群以底栖大有孔虫占优势，其次为底栖小有孔虫，浮游有孔虫最少，地层分布也比较局限。有孔虫的主要地层分布如下：

0～52m：少至大量有孔虫，主要是底栖类型，还发育零星浮游有孔虫。

52～210m：仅见零星有孔虫，主要是底栖类型。

210～373m：常见有孔虫，以大型底栖类为主，同时还发育少量浮游有孔虫。

376～577m：重结晶礁云岩，很少可鉴定有孔虫。

577～791m：见少量有孔虫，主要是底栖类型。

791～1008m：常见至大量有孔虫，主要是底栖大有孔虫。

1008～1180m：重结晶礁云岩，仅个别层位出现可鉴定有孔虫。

1180～1257m：常见有孔虫，见少量小粟虫等小有孔虫。

西科 1 井浮游有孔虫含量很低（小于 3%），主要集中出现于 210～373m 井段，在 0～52m 井段也有零星出现，以 *Globigerina*，*Globigerinoide*，*Orbulina* 和 *Globorotalia* 4 类为主，重要属种的界面如下（FO 代表首现面，LO 代表末现面）：

26m，FO *Globorotalia truncatulinoides*（标准界面年龄约 2.0Ma）。

237m，LO *Globigerinoides obliquus*（标准界面年龄约 2.5Ma）。

225m，LO *Dentoglobigerina altispira* group（标准界面年龄约 3.5Ma）。

333m，FO *Pulleniatina* spp.（标准界面年龄约 6.5Ma）。

347m，FO *Globorotalia tumida*（标准界面年龄约 5.6Ma）。

349m，FO *Sphaeroidina dehiscens*（标准界面年龄约 5.2Ma）。

828m，FO *Praeorbulina*（标准界面年龄约 16.27Ma）。

西科 1 井底栖有孔虫以大型底栖类为主，在全井段分布较广，自上而下可以划分为 5 个组合：

0～26m：*Calcarina-Amphistegina* 组合。

26～235m：*Amphistegina-Heterostegina* 组合。

236～356m：*Operculina-Cycloclypeus* 组合。

577～1016m：*Nephrolepidina-Miogypsina* 组合。

1180～1256m：*Spiroclypeus-Austrotrillina* 组合。

重要底栖有孔虫的界面如下（FO 代表首现面，LO 代表末现面）：

212m，LO *Nephrolepidina*（标准界面位于中中新世早期塞拉瓦莱阶晚期）。

213m，LO *Miogypsina*（标准界面为中中新世晚期塞拉瓦莱阶）。

222m，LO *Flosculinella*（标准界面位于中中新世早期塞拉瓦莱阶晚期）。

212m，LO *Austrotrillina*（标准界面位于中中新世兰盖阶—塞拉瓦莱阶界线）。

778m，LO *Miogypsinoides*（标准界面位于早中新世晚期波尔多阶）。

820m，LO *Miogypsinodella*（标准界面位于早中新世晚期波尔多阶）。

844m，LO *Katacyclypeus*（标准界面位于中中新世早期塞拉瓦莱阶早期）。

885m，LO *Lepidosemicyclina*（标准界面为早-中中新世界线）。

1180m，LO *Spiroclypeus*（标准界面位于早中新世晚期波尔多阶）。

1183m，FO *Miogypsina*（标准界面为早中新世阿基坦阶—波尔多阶界线）。

西沙群岛西科 1 井钙质有孔虫重要属种总结如下。

堆房虫科 Acervulinidae Schultze，1854；石膏虫属 *Gypsina* Carter，1877——产出时代主要是中中新世—第四纪。它们的主要特征是：壳比较大，多呈半球形固着于其他物体的表面生长。房室圆形至长方形或多角形，被少数大孔刺穿，房室直径约 5μm，相邻两层房室交错排列，上部壳壁微向外拱，具有不规则的房室群形成的瘤状突起，靠近这些瘤的中部，在外形上是多角形的。壳壁由结晶方解石组成，无孔，壳壁表面网格状，网眼直径约 120μm，网格内表面具隔壁孔。无口孔。

球垩虫属 *Sphaerogypsina* Galloway，1933——产出时代主要是中中新世—第四纪。它们的主要特征是：壳体大，与 *Gypsina* 相似，区别在于 *Sphaerogypsina* 为球形。

蜂巢虫科 Alveolinidae Ehrenberg，1839；蜂巢虫属 *Alveolinella* d'Orbigny，1826——产出时代主要是晚中新世—上新世。它们的主要特征是：壳很小，壳球形至椭球形。第一个旋圈不规则。相邻房室的小隔壁交错排列，具隔壁前通道和隔壁后通道。两排口孔，交错排列。

小花虫属 *Flosculinella* Schubert，1910——产出时代主要是早-中中新世。它们的主要特征是：壳球形至椭球形，房室围绕长轴旋卷生长，每一个房室分割成两层，下层为一列主小房室，上层为一列排列紧密而更小的顶室。副隔壁连续，呈一直线排列，微球型世代及显球型世代的最初房室旋卷均不规则。

博唐小花虫 *Flosculinella bontangensis*（Rutten）——产出时代主要是西沙群岛西科 1 井中中新世梅山组。它们的主要特征是：壳椭球形至纺锤形，8～10 圈，壳长 1.1～1.4mm，壳宽 0.8～1.0mm，最初 2～3 圈旋卷不规则，主小房室及顶室呈圆形管状，排列整齐。

双盖虫科 Amphisteginidae Cushman，1927；双盖虫属 *Amphistegina* d'Orbigny，1826——产出时代主要是早中新世—第四纪。它们的主要特征是：壳凸镜形，一般为两侧不对称双凸，低螺旋旋转。壳壁厚。房室多，叠片状，低而宽，在边缘强烈向后弯曲，发育类似 *Nummulites* 的翼延伸。背面隔壁简单，缝合线放射状，镰刀形，在中心凸起处出现波动。腹面隔壁被深的、叠瓦状的结构分开，形成次生叶，围绕中心突起发育次生小壳室。所有房室内部具有边缘形成的齿板，从口孔面至前一隔壁的中部几乎完全分割房室。

马达加斯加双盖虫 *Amphistegina madagascariensis*（d'Orbigny），1826——产出时代主要是早中

新世—第四纪。它们的主要特征是：壳体透镜形，较大，表面光滑，背腹不等凸，脐盾厚大，壳壁厚，房室大，呈胯状，向脐端呈翼状展延，房室之间以小叶突和副叶相互叠覆。背侧隔壁简单，弧形，放射状排列。

放射双盖虫 *Amphistegina radiata*(Fichtel et Moll)，1798——产出时代主要是早中新世—第四纪。它们的主要特征是：壳体透镜形，较小，表面光滑，背腹近等凸，脐盾小，壳壁较薄，房室小而多，呈胯状，向脐端呈翼状展延，房室之间以小叶突和副叶相互叠覆。背侧隔壁简单，"7"形折线，弯折处位于背侧中部。

勒松双盖虫 *Amphistegina lessonii* d'Orbigny，1826——产出时代主要是早中新世—第四纪。它们的主要特征是：壳体透镜形，较小，表面光滑，背腹近等凸，脐盾小，壳壁较薄，房室小而多，呈胯状，向脐端呈翼状展延，房室之间以小叶突和副叶相互叠覆。

异常虫科 *Anomalinidae* Cushman，1927；似异常虫属 *Anomalinoides* Brotzen，1942——产出时代主要是早中新世—上新世。它们的主要特征是：壳圆盘形，房室螺旋式至平旋式排列。背侧露旋，腹侧包旋。壳壁钙质，具粗孔。缘内口孔位于壳缘处，呈弯缝状，自缝合线向背侧延伸至倒数 1～3 个房室的内缘，发育窄唇。

似面包虫属 *Cibicidoides* Thalmann，1939——产出时代主要是中中新世—第四纪。它们的主要特征是：壳凸镜形，壳缘圆钝。房室低螺旋式排列，背侧见所有房室，腹侧仅见终室。壳壁钙质，透明，背侧发育较多微孔、粗。背侧缝合线放射状，齐平或突起。口孔弧形，位于壳缘，具微凸的唇。

南三房虫科 *Austrotrillinidae* Loeblich et Tappan，1986；南三房虫属 *Austrotrillina* Parr，1942——产出时代主要是早新世—中中新世。它们的主要特征是：壳呈拉长的卵圆形，轴切面呈椭圆形，横切面呈圆三角状，房室排列如五块虫式，外表可见 3～4 个房室。壳壁钙质，瓷状，内层为厚蜂巢层，外层薄，有细坑。房室内部不再分割，口孔末端，圆形，具齿。

典型南三房虫 *Austrotrillia howchini*(Schlumberger)，1893——产出时代主要是中中新世。它们的主要特征是：壳近圆形，6 圈，壳长 1.0mm，壳宽 0.95mm。

马刺虫科 *Calcarinidae* Schwager，1876；马刺虫属 *Calcarina* d'Orbigny，1826——产出时代主要是早中新世—第四纪。它们的主要特征是：壳大，透镜形，双凸，始终螺旋，房室多。壳壁钙质，房室顶壁和底壁为两层式，由薄的内层和厚的具粗孔的外层组成，壳壁表面覆盖节结。缝合线放射状，下凹，脐部多被附加的层状方解石隐盖，发育内隔壁通道，脐腔被小柱阻隔，具放射和侧向通道。发育 6～30 根粗壮的壳缘刺，表面具纵纹，末端分叉。壳口狭窄，锯齿形，位于内缘，形态上相同于内室孔。

面包虫科 *Cibicididae* Cushman，1927；面包虫属 *Cibicides* de Montfort，1808——产出时代主要是中中新世—第四纪。它们的主要特征是：壳平凸，低螺旋式，背侧平到凹，露旋，腹侧凸到强烈突起，包旋。以背侧固着生长。口面锐角状。壳壁钙质，放射结构，双层，具微孔背侧粗，腹侧细，口面无。壳缘棱角状，具无孔的棱边。口孔低，内缘开口，具窄唇，沿缝合线延伸。

抱球虫科 *Globigerinidae* Carpenter, Parker, Jones, 1862；抱球虫属 *Globigerin* d'Orbigny，1839——产出时代主要是中中新世—第四纪。它们的主要特征是：壳低螺旋式。房室球形至卵圆形。壳壁钙质，具微孔，微细构造放射状，壳面光滑或具小坑、网纹、茸刺或细刺。缘内口孔位于脐部，少数种具微向脐外延伸的趋势，早期口孔洞开，近圆形。

似抱球虫属 *Globigerinoides* Cushman，1927——产出时代主要是中中新世—第四纪。它们的主要特征是：壳低螺旋式。房室球形至卵圆形。壳壁钙质，具微孔，微细构造放射状，壳面光滑或具小坑、网纹、茸刺或细刺。缘内口孔位于脐部，早期口孔洞开，近圆形。背侧沿缝合线具次生口孔。

红色似抱球虫 *Globigerinoides ruber*(d'Orbigny，1839)——产出时代主要是中中新世—第四纪。它们的主要特征是：房室低螺旋式排列，终室饰变并覆盖脐部，缝合线清晰，下凹。缘内口孔位于脐部。成年壳被饰变的终室覆盖。壳长等于壳宽 0.38～0.43mm，厚 0.33～0.48mm。

斜室似抱球虫 *Globigerinoides obliquus* Bolli，1957——产出时代主要是上新世。它们的主要特征是壳低螺旋式。早期房室球形，终室倾斜，壳缘圆、瓣状。末圈房室迅速增大，4 个。缝合线清晰，背侧呈放射状,微凹,腹侧深凹。壳壁钙质,壳面具凹坑。口孔高拱形,位于脐部。补充口孔位于背侧缝合线。

方球虫属 *Globoquadrina* Finlay,1947——产出时代主要是上新世。它们的主要特征是:壳螺旋式,双凸或平凸,具脐。房室近斜方形。缝合线放射状,下凹。缘内口孔位于脐部,具窄边状到似齿状的遮缘(脐齿),脐部洞开标本的后生房室未遮盖先生房室的口孔,使后生房室脐部仍洞开。

高旋方球虫 *Dentoglobigerina altispira* (Cushman, Jarvis,1936)——产出时代主要是上新世。它们的主要特征是:壳中等到高螺旋式。壳体扁平,腹视近似正方形。房室排列紧密,迅速增长、膨胀,形态多样。脐部宽,深凹。口孔具齿。壳径 0.65～0.67mm。

普林虫属 *Pulleniatina* Cushman,1927——产出时代主要是上新世—第四纪。它们的主要特征是:壳球形,低螺旋式到扭旋式,早期与 *Globigerina* 相似,具洞开的脐,后期房室完全包裹早期旋圈,包旋式排列。缘内口孔,幼年期位于脐部,宽弧形;成年期位于终室的基部,为脐外口孔,宽弧形,较低,其上缘具加厚的唇,由于后期房室扭旋的结果,口孔位移,不与较早的脐部直通。

先圆球虫属 *Praeorbulina* Olsson,1964——产出时代主要是中中新世—上新世。它们的主要特征是:壳亚球形至球形,早期壳圈低螺旋,3～4 室;终室迅速增长、膨胀,包裹部分先生壳圈。缝合线下凹,弯曲;背面缝合线具多个缝状或圆形补充口孔。壁孔粗。口孔位于早期壳体的脐部。

小球形虫属 *Sphaeroidinella* Cushman,1927——产出时代主要是晚中新世。它们的主要特征是:壳早期螺旋式,终壳圈由 2～3 个房室组成,强烈超覆,包裹早期壳圈。房室边缘具凸缘,部分遮盖弧形口孔。壳壁钙质,具微孔。幼壳微孔极大,紧密排列,使壳面呈网状;后期房室稍不规则,沿缝合线呈破裂状或围绕房室基部具扇形凸缘,由无孔的壳质组成,终室表面具次生堆积,光滑似玻璃状。幼壳具缘内口孔,位于脐部,与 *Globigerina* 相似,但晚期因终室包裹而被遮盖;终室两侧具一个或多个次生缝合线口孔,常被与缝合线平行但悬垂其上的凸缘部分遮盖,有时相邻房室沿缝合线明显裂开而呈果裂状,在相对房室的凸缘之间具宽的洞开区,缝合线裂缝上具横越的小泡,部分遮盖口孔区,小泡壁光滑。

果裂小球形虫 *Sphaeroidinella dehiscens* (Parker, Jones,1865)——产出时代主要是晚中新世。它们的主要特征是:壳早期螺旋式排列,房室球形至卵形,末圈具 3 个房室,包覆早期壳圈。末圈房室相互分离呈果裂状,各房室内缘略向上翘,呈波状羽纹饰边。壳壁钙质,具刺状突起微孔,排列呈网格状。壳外壁具次生堆积,光滑,似玻璃状。口孔位于终室基部内缘,隐藏于房室之间的裂隙中。壳大小 0.56～1.01mm。

圆幅虫科 Globorotaliidae Cushman,1927;圆幅虫属 *Globorotalia* Cushman,1927——产出时代主要是中中新世—第四纪。它们的主要特征是:壳螺旋式,双凸或平凸,壳缘具棱边。房室斜方形,带棱角。缝合线加厚、下凹或突起。壳壁钙质,微孔,但棱脊和缘周无微孔,壳面光滑,具网纹和茸刺。缘内口孔月牙形,自脐部延伸至脐外,具唇,唇常变宽呈抹刀形或三角形。

截锥圆幅虫 *Globorotalia truncatulinoides* (d'Orbigny,1839)——产出时代主要是第四纪。它们的主要特征是:壳高螺旋式,平凸。壳壁钙质,壳面光滑。脐部宽,稍下凹。壳缘圆。口孔位于终室基部,缝状,具宽唇。

膨胀圆幅虫 *Globorotalia tumida* (Brady,1877)——产出时代主要是上新世。它们的主要特征是:壳低螺旋式,与 *Globorotalia menardii* 相似,但是该种螺旋高度稍高,壳壁稍厚。壳壁钙质,壳面光滑。最后两圈扭旋。壳缘较宽。缝合线在背侧镶边,腹面深凹。口孔弧形,自脐部延伸至壳缘,具唇。

同孔虫科 Homotrematidae Cushman,1927;散孔虫属 *Sporadotrema* Hickson,1911——产出时代主要是早中新世。它们的主要特征是:壳固着生长,幼年期壳旋卷,随后呈圆筒形枝状生长,垂直切面房室大,在枝的边缘,以大的张开的通道相连接,枝的中心部分被不规则状向上螺旋的管所占,内隔壁无孔,壳壁钙质,表面有不规则分布的粗糙穿孔。

圆筒形散孔虫 *Sporadotrema cylindrical* (Carter),1880——产出时代主要是早中新世。它们的主要特征是:壳圆筒形枝状,枝长 1.98mm,枝宽 1.26mm,壳壁厚,壳面有众多的孔,使得壳壁在垂直切面呈枝状分叉,隔壁厚,无孔,向上拱起。

鳞环虫科 Lepidocyclinidae Scheffen,1932;肾鳞虫属 *Nephrolepidina* Douville,1911——产出时代主要是中新世。它们的主要特征是:壳透镜形、圆盘形,三层式,成年个体中层室小房室弧形,幼年个体呈两端较尖的抹刀形。显球型胚壳由一个小的初房和一个肾形次室组成,初室约一半被次室围绕,初房与次室之间被薄壁分隔,薄壁中间具孔,胚壳被一厚壁包裹。

马丁肾鳞虫 *Nephrolepidina martini* (Schlumberger),1900——产出时代主要是中新世。它们的主要特征是:壳厚凸镜形,中层薄,厚度均一,在中层切面呈鱼鳞状排列。侧室层房室呈叠瓦状,排列整齐。胚壳有厚壁包围,初室小,圆形,大部分被次室围绕。

马卡尼肾鳞虫 *Nephrolepidina morgani* (Lemoine et Douville)——产出时代主要是中新世。它们的主要特征是:个体小,中心柱大,两个胚室几乎等大,赤道房室的赤道切面呈菱形。最初报道于西班牙的波尔多阶,后在日本中新统下部地层。

苏门答腊肾鳞虫 *Nephrolepidina sumatrensis* (Brady),1875——产出时代主要是中新世。它们的主要特征是:壳凸镜形,中层中心薄,向边缘增厚,侧室叠瓦状,排列紧密而整齐,未见柱构造,胚壳双室,初房圆形,次室包围初室的一半。

小粟虫科 Miliolidae Ehrenberg,1839;双玦虫属 *Pyrgo* Defrance,1824——产出时代主要是早中新世—第四纪。它们的主要特征是:壳卵圆形,初房球形。微球型个体早期五玦虫式,之后为三玦虫式,最终为双玦虫式绕旋。显球型个体始终是双玦虫式绕旋。外观仅见最后两个房室。壳壁钙质,无孔。口孔位于终室末端,圆形或椭圆形,具有单或叉齿。

五玦虫属 *Quinqueloculina* d'Orbigny,1826——产出时代主要是早中新世—第四纪。它们的主要特征是:壳绕旋,顺序生成的房室夹角144°,相邻房室夹角72°,外观多视面可见4个房室,少视面可见3个房室。壳壁钙质,无孔。口孔位于终室末端,具棒状或"T"形齿。

三玦虫属 *Triloculina* d'Orbigny,1826——产出时代主要是早中新世—第四纪。它们的主要特征是:壳侧室近椭圆形。初房球形,每个旋圈由两个房室组成。微球型胚壳房室排列呈五玦虫式,然后变为两个相继生长房室的绕旋平面相交成120°。显球型壳无五玦虫式阶段。

中亚虫科 Miogypsinidae Vaughan,1928;中亚虫属 *Miogypsina* Sacco,1893——产出时代主要是中新世。它们的主要特征是:壳形在垂直切面及中层切面均呈近三角形至亚圆形,房室由中层室及侧室组成,胚壳位于壳体顶端,壳壁钙质有空。

中鳞环虫属 *Miolepidocyclina* Silvestri,1907——产出时代主要是中新世。它们的主要特征是:特征与 *Miogypsina* 相似,区别在于中鳞环虫的胚壳并非位于壳顶,而是靠近壳顶,胚壳与壳顶之间存在中间房室。

拟中亚虫属 *Miogypsinoides* Yabe,Hanzawa,1928——产出时代主要是中新世。它们的主要特征是:壳形和壳体构造与 *Miogypsina* 相似,区别在于中鳞环虫无侧室,覆盖在中层两侧的侧层由厚的致密层组成。

货币虫科 Nummulitidae de Blainville,1825;圆盾虫属 *Cycloclypeus* Carpenter,1856——产出时代主要是早中新世—上新世。它们的主要特征是:壳大,扁圆形。胚壳双室,由球形初室及肾形次室组成,早期房室平旋,后期呈环形,房室再分割成众多的小房室。在壳体两侧覆盖薄层状致密层。

印太圆盾虫 *Cycloclypeus indopacificus* Tan,1930;*Cycloclypeus communis* var. *indopacificus* Tan,1930;*Cycloclypeus* (*Cycloclypeus*) *indopacificus* var. *indopacificus* Tan,1932——产出时代主要是早中新世—上新世。它们的主要特征是:壳圆盘形,具明显脐凸,缘边宽,胚壳具两个房室,前幼年期有一不分隔房室,幼年期具6~7个隔壁,壳壁厚,层片状,具许多小柱。壳径2.5~3.0mm,壳厚0.5~1.0mm。

盖虫属 *Operculina* d'Orbigny,1826——产出时代主要是早中新世—第四纪。它们的主要特征是:壳扁平,两侧对称,平旋,具边缘壳,壳壁钙质,有孔,缝状孔位于隔壁底部。

旋盾虫属 *Spiroclypeus* Douville,1905——产出时代主要是早中新世。它们的主要特征是:壳凸镜状至圆盘状,平旋包旋,三层式,中层壳圈迅速增大,房室多,早期壳圈不分成小房室,其后壳圈有许多次级隔壁分隔成小房室,侧室发育,具小柱,壳壁钙质具细孔,中心区具凸疣。

希金斯旋盾虫 *Spiroclypeus higginsi* Cole,1939——产出时代主要是早中新世。它们的主要特征是:壳小,凸镜状,凸缘窄,此处保存不完整,中层室分隔为小房室,侧室薄,每侧见5～7层,侧壁厚,小柱多。壳径1.89～2.7mm,壳厚0.64～1.16mm。

扁卷虫科 Planorbulinidae Schwager,1877;小扁卷虫属 *Planorbulinella* Cushman,1927——产出时代主要是早中新世—第四纪。它们的主要特征是:壳圆盘形,幼年时期低螺旋式生长,成年后呈环圈式生长,以背侧固着。相邻壳圈的房室交错排列。壳壁钙质,具粗孔,多层。隔壁2层。壳口多,位于壳内缘,一般1或2个,卵形到半月形。

环圈虫科 Soritidae Ehrenberg,1839;双环圈虫属 *Amphisorus* Ehrenberg,1839——产出时代主要是中中新世—第四纪。它们的主要特征是:壳圆盘形,双凹。显球型胚壳由球状初房和环绕初房的管状房室组成,之后壳室多而小,呈半环圈式排列,末圈房室排列成环状。双层,交错排列。壳口位于壳缘,两排交错排列于壳缘缝合线的凹槽中。

枝口虫属 *Dendritina* d'Orbigny,1826——产出时代主要是中中新世—第四纪。它们的主要特征是:壳侧视卵圆形。房室平旋式,近包旋或全包旋。壳壁钙质无孔,壳面光滑或具纵纹。口孔树枝形,位于口面。

马刀虫属 *Peneroplis* de Montfort,1808——产出时代主要是中中新世—第四纪。它们的主要特征是:壳扁,平旋,有时晚期展开不卷。房室宽、低,不再细分。壳壁陶瓷质。口孔位于终室末端口面一条微凹的沟内排列。

环圈虫属 *Sorites* Ehrenberg,1839——产出时代主要是早中新世—第四纪。它们的主要特征是:壳薄圆饼状,由单层房室组成,初房球形,之后为一管状第二房室,以后房室呈马刀虫(*Peneroplis*)式排列,呈环形,并分割成若干小室,相邻环的小室交错排列,并有通道相连,同一环的小室也有环形通道相连。壁钙质无孔,口孔在壳缘呈单列小孔。

轮虫科 Rotaliidae Ehrenberg,1839;卷转虫属 *Ammonia* Brünnich,1772——产出时代主要是早中新世—第四纪。它们的主要特征是:壳双凹,低螺旋式,3～4圈,缝合线在背侧微弯,加厚,在腹侧下凹。隔壁双层。壳壁钙质,纤维方解石放射状排列,具细孔。背侧表面光滑,缝合线发育不规则的颗粒。幼年个体脐部具开口的脐裂缝和脐塞,成年个体脐塞分裂成许多相连的柱和突起。脐塞向内延伸至初房,无脐通道。口孔弧形,位于内缘。

2.2.3 西科1井生物地层划分

受到珊瑚礁地层的复杂性、成岩作用以及地质构造的影响,仅利用有孔虫进行礁相地层的划分较为困难,因为大多数浮游有孔虫定年种都是生存于远洋环境而不是珊瑚礁环境,这些界面只代表最适合它们生长的那段时间,并且成岩作用影响比较弱的那段地层。底栖有孔虫多数为区域性种,受环境影响比较大,当环境发生变化,组合面貌就会有显著的改变,因此,要进行地层划分需要充分综合有孔虫、超微化石、岩性和地震界面资料。

1. 第四系乐东组(0～214.89m)

根据古生物鉴定结果,西科1井18.3～21.6m,*Gephyrocapsa caribbeanica* 和 *G. oceanica* 较为丰富,且以上两种均为第四纪常见钙质超微化石。26.74m可见有孔虫 *Globorotalia truncatulinoides*,该种分布于第四系N22带。在161.19m发现仅分布于第四纪的内沙珊瑚 *Endopsammia*。214.29m开始出现 *Reticulofenestra minutula* 和 *Calcidiscus macintyrei*,以上两种均末现于NN18带顶面附近,其末现年龄分别为1.78Ma和1.6Ma,与更新统杰拉阶顶界接近。并且在212.53m处还可见部分底栖钙藻在该界面之上灭绝,古地磁研究成果也表明196.5m不晚于1.95Ma;层序地层研究表明214.89m处存在明显的暴露标志,界面之下为红藻黏结礁灰岩,可见风化暴露特征,界面之上为泥晶生屑灰岩,具海侵特征。据此认为西科1井0~214.89m可划归为第四系乐东组,推测其界面年龄约为2.0Ma,而 *Reticulofenestra minutula* 和 *Calcidiscus macintyrei* 在本井的分布上限虽与真正末现面界面有一定差距,但已极为接近。

2. 第四系—上新统莺歌海组(214.89~374.95m)

西科1井237.15m为有孔虫 *Globigerinoides obliquus* 的末现面,该属种的末现年龄约为2.5Ma。而在该界面附近的231.86m即存在一个明显的岩性界面,界面之上发育灰白色生物礁灰岩、界面之下发育浅灰色生物碎屑灰岩,且底栖有孔虫 *Calcarina - Amphistegina* 组合底界也与该界面接近,同时,地球化学、环境磁学等多项参数在该界面处也存在明显突变,据此认为231.86m可作为第四系与新近系的界线。

西科1井327.59m为 *Globorotalia plesiotumida* 的末现面,该化石分布于N17—N19带,其末现面地质年龄约为3.77Ma(Gradstein et al,2012);330.39m为 *Pulleniatina primalis* 的末现面,该化石也分布于N17—N19带,其末现面地质年龄约为3.66Ma(Gradstein et al,2012)。330.97m发现钙质超微化石 *Sphenolithus abies* 和 *Sphenolithus neoabies*,上述2个化石种的末现面标志NN15带的顶界,年龄值为3.54Ma。由上可知,不论是浮游有孔虫还是钙质超微均表明327.59~330.97m十分接近于皮亚琴察阶(Piacenzian)与赞克勒阶(Zanclean)的界线。

有孔虫 *Sphaeroidinella dehiscens* 首现面年龄为5.53Ma,西科1井该种的最大分布深度为349.15m;*Globorotalia tumida* 的首现面年龄为5.57Ma,西科1井该种分布于327.59~347.45m,其最大分布深度与 *Sphaeroidinella dehiscens* 非常接近。虽然上述两个属种的末现地质年龄与国际年代地层表上新世和晚中新世界线年龄5.333Ma比较接近,但由于 *Sphaeroidinella dehiscens* 仅在一个样品中有发现,*Globorotalia tumida* 也仅在3个样品中有发现,因此,其在该井的初始出现位置并不能确定为该种的初现面。虽然如此,以上两个属种的发现表明349.15m以上的地层时代应不早于5.53Ma。

根据岩芯观察及薄片鉴定成果,349.15~374.15m为一套相对稳定的生物碎屑灰岩,而374.15m以下为一套白云质生物礁灰岩,顶部可见风化侵蚀特征。同时,374.15m附近钙藻面貌也发生明显的变化,最显著的特征为大量钙藻在该界面之上灭绝,特别是 *Lithophyllum kuboiensis*,*Mesophyllum chichibuensis*,*M. yuyashimaensis* 等末现于中新世末期的钙藻同时灭绝,表明该界面与中新统的顶界接近。此外,底栖有孔虫组合特征在该界面上、下也发生了显著的变化,其上底栖有孔虫丰富,浮游有孔虫发育;其下底栖与浮游有孔虫均不发育。据此认为374.15m为一个重要的生物及环境变化界面,可作为上新统和中新统的界面,推测界面年龄约为5.3Ma,而214.89~374.95m可划归为莺歌海组。

3. 上中新统黄流组(374.95~576.5m)

西科1井568.64m岩芯手标本中发现 *Enallopsammia*,该属的分布时代为中新世至现代,结合前面的分析至少表明568.64m处应为中新世地层。同时,有孔虫的分析表明577.08m处存在一个明显的生物界面,该界面之上浮游及底栖有孔虫均不发育,界面之下底栖有孔虫丰富,特别是繁盛于中中新世的 *Nephrolepidina* 和 *Miogypsina* 等在该界面之下连续出现,表明该界面与上中新统底界接近。此外,西科1井380.42~934.63m井段为钙藻 *Corallina - Jania - Aethesoilithon* 组合带,但该带内680m附近为 *Lithophyllum pseudoamphiroa* 的末现位置,而该化石的分布时代为早-中中新世,因此680m应已进入中中新统。

根据岩芯观察及薄片鉴定成果,西科1井在576.5m处存在一个明显的不整合面,该界面之上以大套厚层珊瑚礁云岩为主,界面之下以含灰泥生物碎屑灰岩及泥晶灰岩为主,界面附近可见淡黄色氧化斑点或条带,镜下可见发育较多铸模孔。结合之下的地层在599.53m发现末现于中中新统顶部的钙质超微化石 *Cyclicargolithus floridanus*,认为576.5m可作为上中新统的底界,推测其界面年龄约为11.6Ma,而374.95～576.5m可划归为上中新统黄流组。

4. 中中新统梅山组(576.5～1032.46m)

根据国际地层表,上中新统与中中新统界线年龄为11.63Ma,西科1井599.53m发现钙质超微化石 *Cyclicargolithus floridanus* 的末现面年龄为11.85Ma(Gradstein et al,2012),表明其已进入中中新统NN6带。浮游有孔虫 *Praeorbulina* 在西科1井的最低分布位置为828.63m,而该有孔虫的首现面位于N8带底界(Boudagher-Fadel,1999),界面年龄为16.27Ma,与国际年代地层表(2016)中中新世的底界年龄(15.97Ma)比较接近,虽然828.63m不一定为 *Praeorbulina* 的真正初现面,但该种的发现表明该处地质时代不早于中中新世。底栖钙藻 *Mesophyllum iraqense* 带分布于西科1井936.26～1159.28m井段,如前所述,该化石带对应的地质时代为中中新世早期—早中新世晚期,据此认为1159.28m应已进入下中新统。

西科1井在1032.46m发育一个全井段最大的沉积间断面,在该界面之下为棕黄色生物礁云岩,岩芯上溶蚀孔洞发育,影响深度约50m,界面之上为海侵形成的含灰泥生物碎屑灰岩及泥晶灰岩。同时底栖有孔虫在1032.46m附近也存在明显的界面,其下底栖有孔虫不发育,之上底栖有孔虫数量丰富。据此认为1032.46m为重要的生物及环境突变界面,可作为上新统和中新统的界线,推测界面年龄约为16Ma,而576.5～1032.46m可划归为中中新统梅山组。

5. 下中新统三亚组(1032.46～1257.52m)

西科1井1016.10～1180.15m主要为白云岩,有孔虫化石缺乏,但1180.75～1256.28m发现大量 *Spiroclypeus*,该种为早中新世典型底栖有孔虫,绝灭于底栖有孔虫Te 5带的顶界,该界面位于早中新世晚期,因此,1180.75～1256.28m的地层时代应不晚于早中新世。同时,该井1162.95～1263.65m井段为钙藻 *Lithophyllum kuboiensis - Lithophyllum Tenuicrustum* 组合带,该组合带内常见的 *Lithophyllum kuboiensis*,*Corallina elliptica* 和 *Jania kuboiensis* 等也均为中新世常见属种,也表明该段地层为中新统沉积。此外,西科1井1233.62m发现绝灭于NN4带的钙质超微化石 *Helicosphaera euphratis*,该种一般分布于NP18—NN4带,其末现面地质年龄约为15.16Ma,这也无疑地表明该段地层至少已进入下中新统。

根据岩芯观察结果,西科1井1257.52m存在明显的不整合面,界面之上为肉红色生物礁云岩,界面之下为角闪斜长片麻岩及花岗岩,锆石U-Th测年表明其地质年龄大于85.1Ma。据此认为1257.52m为基底不整合面,其下为白垩纪侵入岩及变质岩基底,其上为新近系生物礁、滩沉积,而1032.46～1257.52m可划归下中新统三亚组。

2.3 元素地层

自然界中元素的分布分配现象是一系列地质地球化学作用演化的结果。任何一种地质作用或环境变化均涉及沉积地层元素地球化学特征的改变,主要体现在元素的迁移、转化、聚集和含量分布上。正是基于此,地球化学特征作为地质作用的"指纹"被用于研究诸如物源、动力、过程、环境等,再现昔日地质作用。生物礁的发育对海水的物理化学条件反应灵敏,因此生物礁碳酸盐岩的元素地球化学特征记录着相关的海水环境信息。西科1井岩芯样品元素地层分析,为划分沉积地层,恢复沉积环境演化提供了依据,主要包括常量元素地球化学分析、微量元素地球化学分析和稀土元素地球化学分析。

2.3.1 常量元素

常量元素,是指那些在岩石中含量大于1%的元素,这些元素能形成自己独立的矿物相,主要是受岩石的矿物组成控制。西科1井岩芯样品常量组分分析表明,组成岩芯碳酸盐岩的造岩氧化物以CaO和MgO为主,二者含量之和普遍超过50%。其次是SiO_2、Na_2O、K_2O、Al_2O_3和P_2O_5,在岩芯中的平均含量都在1%上下。其他组分如Fe_2O_3、TiO_2和MnO含量甚微,岩芯上部部分层段甚至未检出Fe_2O_3。若将生物礁碳酸盐岩的CaO和MgO分别换算成$CaCO_3$和$MgCO_3$,则二者之和超过90%,加之其他碳酸盐组分(如$FeCO_3$和$MnCO_3$等),碳酸盐组分总量则可达95%以上,说明西科1井岩芯碳酸盐岩基本是由碳酸盐矿物组成,未受陆源碎屑物质混染。在钻井岩芯底部1216.00~1258.40m层段,CaO和MgO等碳酸盐组分的含量相对下降,而以SiO_2、Al_2O_3、TiO_2和Fe_2O_3为代表的陆源组分含量显著上升,尤其在井深1216.8m和1219m处,CaO含量仅为2.07%和0.62%,而SiO_2、Al_2O_3、TiO_2和Fe_2O_3含量较高,与泥(页)岩的常量组分较为接近(Turekian & Wedepohl,1961),表明该时期的碳酸盐沉积建造受到了陆源物质的显著影响。岩芯现场观察表明,该层段主要以滑塌角砾岩、滨海相砂岩及泥岩为主,夹有生物礁灰(云)岩,代表西沙古隆起当时还未完全淹没,仍作为源区为周边海域提供沉积碎屑物。

CaO含量介于0.62%~55.43%之间,平均为46.51%。MgO含量介于0.35%~21.29%之间,平均为5.64%。MgO和CaO呈显著负相关(图2-12),且分别与白云石和方解石富集层段具有很好的对应关系,即白云岩层的MgO含量较高,至少在4%以上,CaO含量相对较低,一般低于35%;灰岩层的MgO含量很低,一般在1%以下,CaO含量一般超过50%。在岩芯顶部0~36m层段MgO的高含量是高镁方解石存在的反映,而非白云石化作用的结果,而36m以深层段不含高镁方解石矿物,MgO含量的高低则取决于白云石含量的多少,即MgO和白云石含量呈正相关关系。在所有的白云岩层段,MgO含量都出现峰值或高含量,说明MgO组分含量的高低在一定程度上反映了白云岩化作用的强弱。相邻的西琛1井和西永2井的MgO和CaO含量变化特征与西科1井相似,表明西沙不同岛礁的发育及成岩环境总体相近。

岩芯中Na_2O根据其含量变化自下而上可以分为5段:1段(井深0~212.3m)Na_2O含量介于0.03%~0.90%之间;2段(井深212.3~747.8m)Na_2O较1段有了显著提高,介于0.60%~1.39%之间;3段(井深747.8~1216.62m)Na_2O含量为全岩芯最低值,介于0.001%~0.41%之间;4段(井深1216.62~1219m)Na_2O含量骤增,介于0.62%~1.21%之间,此层段为泥岩和泥质细砂岩层;5段(井深1219~1258.4m)Na_2O含量介于0.01%~0.35%之间。P_2O_5总体可分为3段:1段(井深0~212.3m)P_2O_5含量较低,介于0.08%~0.25%之间;2段(井深212.3~747.8m)P_2O_5含量显著提高,介于0.17%~0.49%之间;3段(井深747.8~1258.4m)P_2O_5含量为全岩芯中最低值,介于0.02%~0.07%之间。

SiO_2、Al_2O_3和TiO_2含量以747.8m和1211m为界可分为3段:1段(井深0~747.8m)SiO_2、Al_2O_3和TiO_2含量较高,分别为0.18%~9.34%、0.42%~1.64%和0.002%~0.090%,其中岩芯顶部(井深0~25m)常量组分含量波动范围较大;2段(井深747.8~1211m)SiO_2、Al_2O_3和TiO_2含量总体较1段降低且波动明显,分别介于0.02%~3.95%、0.01%~0.55%和0.0001%~0.069%之间;3段(井深1211~1258.4m)SiO_2、Al_2O_3和TiO_2含量显著升高,分别为1.17%~63.59%、0.15%~20.51%和0.010%~1.070%,该层段主要为滑塌角砾岩加泥岩、泥质细砂岩,表明此时期西科1井钻井处沉积水深较深,沉积环境以礁前垮塌相为主,虽然角砾以碳酸盐岩屑为主,但陆源物质的加入使SiO_2、Al_2O_3和TiO_2含量显著升高。

K_2O自上而下也可分为3段:1段(井深0~747.8m)K_2O含量相对较高,介于0.29%~0.57%之间;2段(井深747.8~1211m)K_2O含量显著降低,仅为0.003%~0.10%;3段(井深1211~1258.4m)K_2O含量较2段显著升高,介于0.08%~3.32%之间,高含量的原因在于陆源物质的混入。MnO以

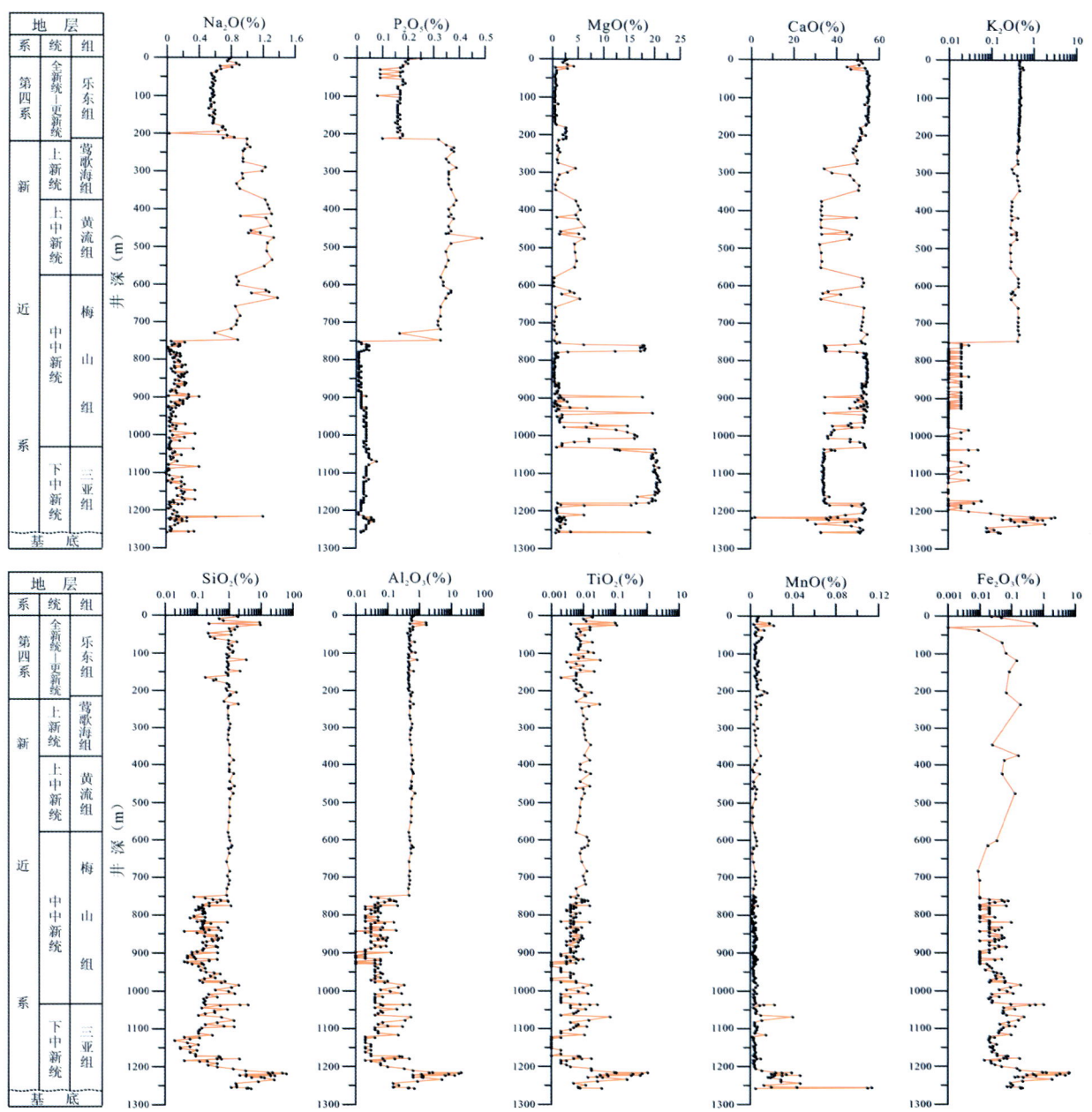

图 2-12　西科 1 井岩芯常量组分的(％)纵向变化

1211m 为界可分为 2 段：1211m 以浅的地层中含量总体变化不大，个别层段含量较高，介于 0.001％～0.022％之间；1211m 以深层段由于陆源物质的混入使其含量较高，介于 0.005％～0.110％之间。Fe_2O_3 只在 751.8m 以浅地层中的个别层段偶现，含量介于 0.001％～0.625％之间，而 751.8～1211m 层段含量介于 0.010％～1.050％之间，1211m 以深地层中含量介于 0.070％～0.100％之间。

由西科 1 井常量组分纵向分布特征可以作如下推测：在早中新世早期，伴随着南海中央海盆的扩张，西沙隆起发生海侵，生物礁在基底水下高部位或隆起斜坡部位开始发育。西科 1 井底部岩芯的岩性主要为滑塌角砾岩夹泥岩、细砂岩和生物礁灰(云)岩，表明该时期沉积水深的剧烈变化导致了沉积环境的不断转变。西沙石岛生物礁是在距今 23Ma(井深 1257m)的早中新世变质岩基底上开始发育，生物礁的发育标志着原来的陆地环境向海洋环境的转变。早中新世早期以 SiO_2、Al_2O_3、TiO_2 和 MnO 等为代表的典型陆源组分含量的显著升高,说明早期成礁环境应为岸礁。伴随着海侵的规模和范围的加大,西沙隆起逐渐全部没于水下,由于周缘盆地凹陷的阻隔作用,陆源物质此时对西科1井生物礁影响极小,成礁环境也逐渐由岸礁向岛礁环境演化,沉积建造主要以生物礁灰(云)岩和生物碎屑灰(云)岩为主,常量组分中 CaO 和 MgO 占主要比重,而 SiO_2、Al_2O_3、TiO_2 和 MnO 等陆源组分含量较低。

2.3.2 微量元素

微量元素是指那些在岩石中含量小于1‰的元素,这些元素不作为体系中任何相的主要组成而存在。在各种地质过程中,微量元素对环境物理化学条件等的变化比常量元素更加敏感。西科1井岩芯样品微量元素分析结果(表2-4)表明,西科1井岩芯样品中微量元素含量有两个突出的特点:一是变化范围较大(可超过100倍);二是除 Sr 和 Co 外的大多数微量元素含量较低,中中新统—第四系样品的微量元素含量一般低于全球第四纪碳酸盐岩平均值(Turekian & Wedepohl,1961),也远低于上地壳平均值(Taylor & McLennan,1985)。下中新统样品由于陆源物质的混入使其微量元素含量升高,尤其是主要来自于碎屑物质的 Nb、Hf、Th 和 Zr 等高场强元素的含量上升明显。在经北美页岩(NASC,Gromet et al,1984)标准化的微量元素蛛网图(图2-13)上,西科1井第四系(井深0~214.89m)、上新统(井深214.89~374.95m)、上中新统(井深374.95~576.5m)、中中新统(井深576.5~1032.46m)及下中新统(井深1032.46~1257.02m)地层的碳酸盐岩样品元素含量虽有差异,但变化趋势基本一致,总体上与全球第四纪碳酸盐岩平均值的分布趋势相似,体现出相近的地球化学特征。岩芯碳酸盐岩中 Sr 和 Co 元素相对稍微富集,而其他多数微量元素相对亏损,其中变价元素 V 和 Th 等元素明显亏损。

表 2-4 西科 1 井微量元素含量变化范围与平均值(10^{-6})

地层		V	Cr	Co	Rb	Sr	Zr	Nb	Hf	Th
第四系 (井深 0~214.89m)	最小值	0.03	0.78	0.19	0.03	414	0.06	0.001	0.001	0.01
	最大值	20.92	22.45	0.89	11.72	7457	12.34	2.272	0.326	1.49
	平均值	3.81	6.39	0.38	1.21	2002	3.7	0.187	0.093	0.21
上新统 (井深 214.89~ 374.95m)	最小值	1.02	1.4	0.13	0.23	200	0.3	0.012	0.005	0.05
	最大值	22.54	14.72	0.46	2.34	1572	4.74	0.261	0.113	0.39
	平均值	5.09	7.77	0.21	0.62	526	1.16	0.060	0.033	0.17
上中新统 (井深 374.95~ 576.5m)	最小值	0.35	2.11	0.49	3.12	166	0.41	0.005	0.005	0.05
	最大值	25.33	33.31	29.19	14.67	694	12.69	2.080	0.364	1.49
	平均值	3.30	12.62	1.40	4.89	226	1.44	0.249	0.039	0.20
中中新统 (井深 576.5~ 1032.46m)	最小值	0.29	2.39	0.14	0.26	44	0.12	0.001	0.001	0.002
	最大值	46.18	52.08	2.33	14.24	702	14.12	3.173	0.389	0.900
	平均值	7.06	17.29	0.71	4.96	298	1.26	0.099	0.029	0.164
下中新统 (井深 1032.46~ 1257.52m)	最小值	2.01	2.79	0.29	0.30	41	0.875	0.043	0.007	0.073
	最大值	154.32	117.04	16.76	120.09	666	93.859	24.231	2.954	33.912
	平均值	32.91	28.86	2.50	29.60	307	11.385	3.091	0.403	5.891
全球第四纪碳酸盐岩		20.00	11.00	0.10	3.00	610	19.00	0.30	0.30	1.70
上地壳		60.00	35.00	10.00	112.00	350	190.00	25.00	5.80	10.70

全球第四纪碳酸盐岩数据引自 Turekian & Wedepohl(1961);上地壳数据引自 Taylor & McLennan(1985)。

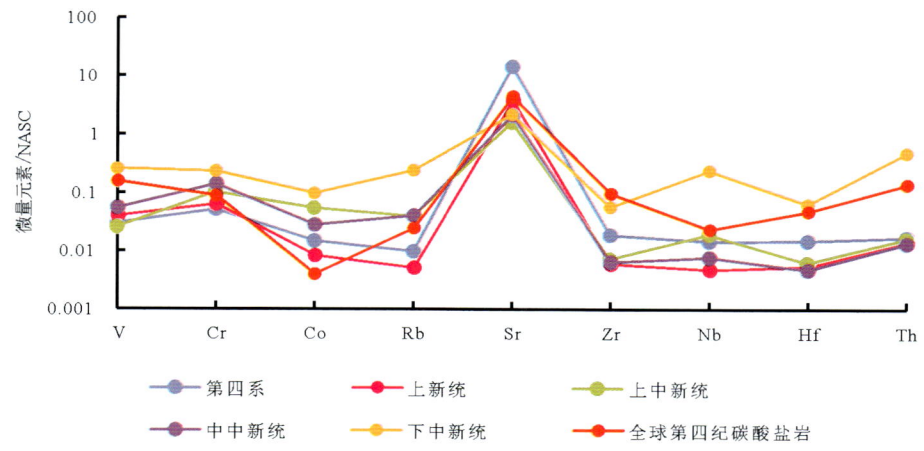

图 2-13 微量元素组分与全球第四纪碳酸盐岩微量元素组分比较

大多数变价微量元素属于氧化还原敏感性微量元素（RSE，如 V、Cr、U 和 Th 等），它们对氧化还原环境反应灵敏。通常情况下，RSE 在还原环境下以难溶化合物形式富集，而在氧化环境下则以溶解态的高价离子迁移，因此 RSE 含量高值指示还原环境，反之则反映氧化环境（许淑梅等，2007）。西科 1 井岩芯大多数微量元素（特别是变价元素）含量较低（图 2-14），除了生物礁碳酸盐岩本身微量元素含量不高的因素外，还可能与岛礁发育过程中主要处于氧化环境有关。因为生物礁的发育需要在水深适中、氧气和光照充足的条件下，温度较高的富氧环境不利于 RSE 元素的富集，加之水体清澈和陆源物质极少，因此碳酸盐岩中 RSE 含量总体较低。而岩芯中 RSE 元素含量的骤升和大幅波动应该是氧化/还原环境交替变化的反应，可能与沉积水深的变化相关。因此，生物礁碳酸盐岩的 RSE 含量在纵向上的差异在一定程度上可反映沉积水深的变化。井深 1216～1234.92m 的 RSE 含量较高（图 2-14 中灰色区域），为全岩芯中最高值，岩芯资料表明该层段岩性以滑塌角砾岩、粉砂质泥岩为主，说明该时期沉积水深较深，破碎的生物礁块体沿斜坡被搬运至此堆积，在水动力相对较弱的偏还原环境下形成泥岩、泥质

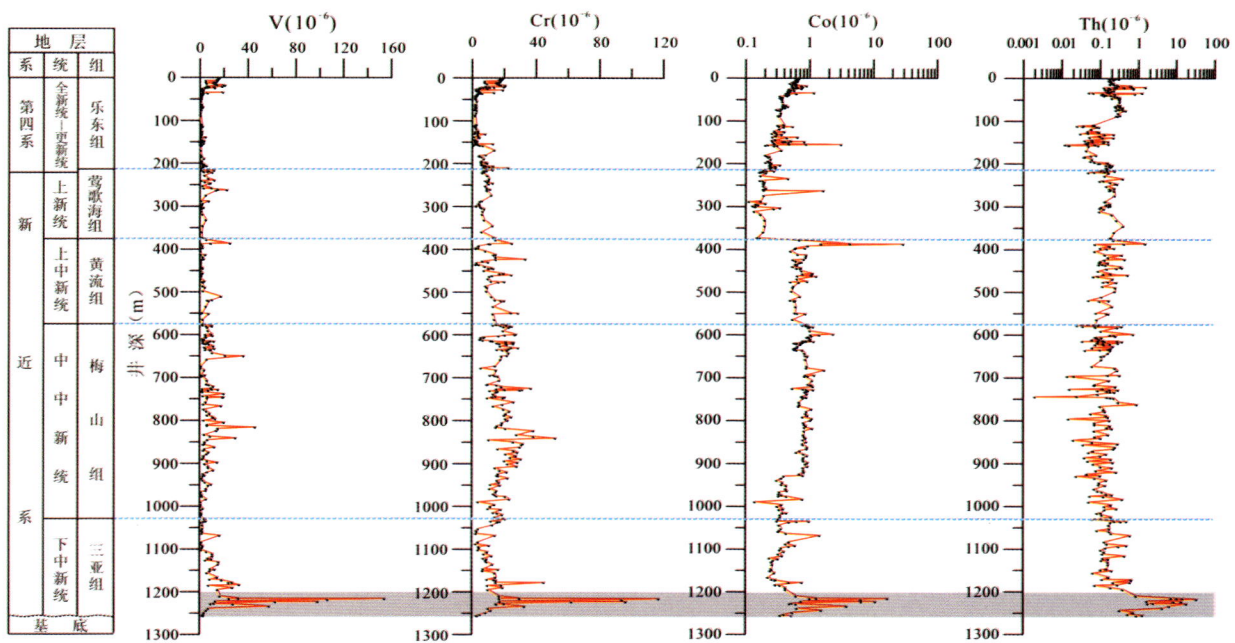

图 2-14 西科 1 井氧化还原敏感性元素（RSE）的纵向分布

细砂岩或滑塌角砾岩,利于 RSE 的富集。

大多数微量元素的含量在多个地层界线处发生显著变化(图 2-15),说明微量元素作为"地质指纹"对环境条件的改变反应灵敏,因此可用于沉积地层的划分和对比。需要指出的是,大多数微量元素在井深 36m 附近含量发生明显变化(图 2-14、图 2-15),结合岩芯矿物学特征可以认为,井深 36m 附近是一重要的地层界面或环境突变界面。

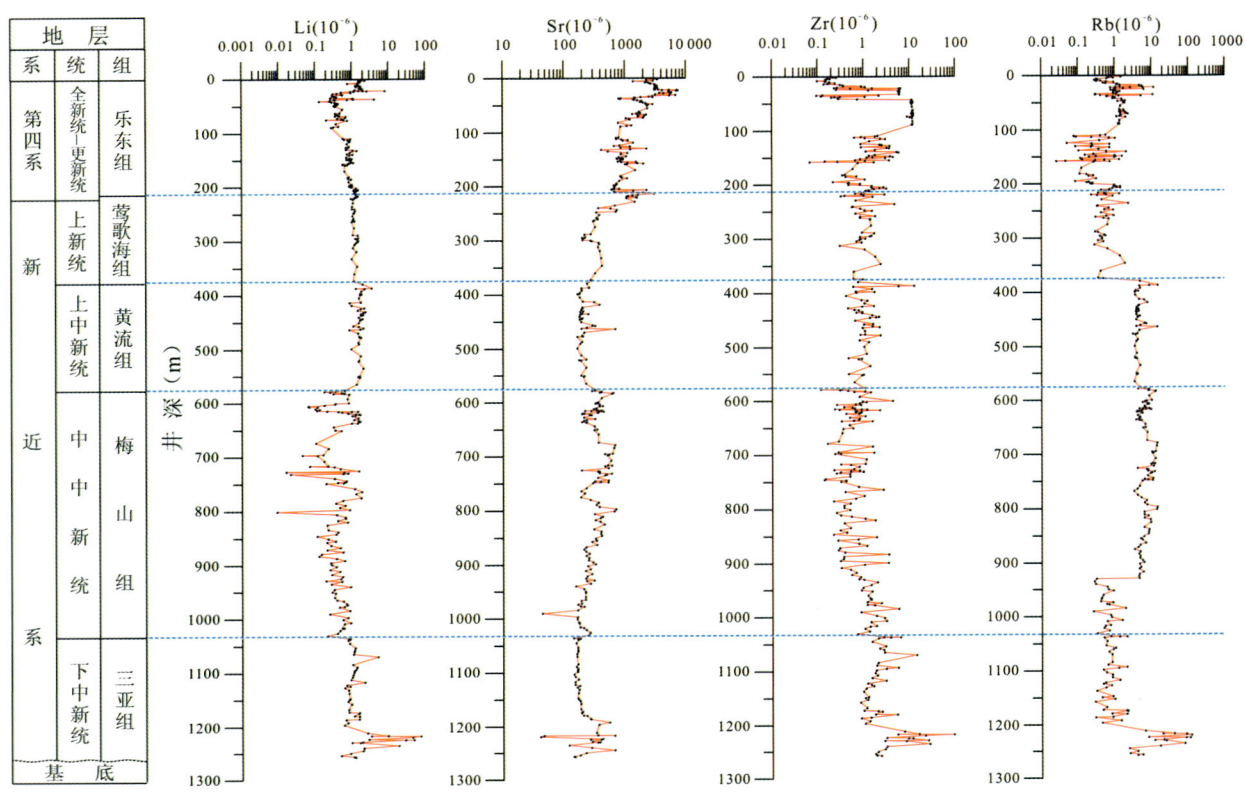

图 2-15 西科 1 井微量元素的纵向分布

综合图 2-14、图 2-15 和图 5-1(见后)可以看出,微量元素含量变化与矿物组成并无显著相关性,一方面说明白云岩化作用并没有造成微量元素含量的明显变化,另外通过微量元素尤其是 RSE 元素来指示成岩环境是可靠的。

2.3.3 稀土元素

稀土元素是一组特殊的微量元素,在微量元素地球化学研究中占有非常重要的地位。由于所有稀土元素均形成稳定的三价阳离子,且离子半径相近,因此它们具有非常相似的物理特性和化学特性,在任何地质体中都倾向于成组出现。利用稀土元素的组成可以清楚地示踪地球化学分异作用和指示各类岩石成因。西科 1 井岩芯样品 REE 分析结果(表 2-5)表明,与泥岩和页岩等其他沉积岩相比,岩芯样品 REE 含量总体较低。岩芯第四系上部和下中新统底部稀土总量(ΣREE)、轻稀土总量(ΣLREE)、轻重稀土比值(LREE/HREE)和 δCe 等特征值相对较高,但二者又有差异。第四系上部 REE 特征参数的高值主要是该层段(井深 0~89.3m)Ce 的含量异常高,最高可达 113.17×10^{-6},平均值为 47.13×10^{-6},远高于其下部地层(Ce 的含量介于 $0.12 \times 10^{-6} \sim 3.19 \times 10^{-6}$ 之间,平均值为 1.36×10^{-6})。下中新统底部由于陆源物质的混入使 REE 特征参数普遍较高,同时也说明生物礁碳酸盐岩中 REE 含量较低，但即使是陆源物质混入也会引起REE含量及特征参数的显著变化。在上新统、上中新统和中中新统中，ΣREE、LREE/HREE比值、δEu和δCe等REE特征值变化相对较小。

表 2-5 西科 1 井 REE 参数变化范围与平均值

地层		ΣREE (10^{-6})	ΣLREE (10^{-6})	ΣHREE (10^{-6})	LREE/HREE	δEu	δCe
第四系 (井深 0~214.89m)	最小值	0.76	0.49	0.28	1.76	0.03	0.34
	最大值	74.09	72.48	3.25	72.40	0.29	37.88
	平均值	20.35	19.23	1.11	18.22	0.11	8.15
上新统 (井深 214.89~ 374.95m)	最小值	2.10	1.61	0.39	2.47	0.03	0.42
	最大值	5.76	4.48	1.32	6.46	0.12	0.78
	平均值	3.57	2.86	0.72	4.11	0.08	0.55
上中新统 (井深 374.95~ 576.5m)	最小值	1.50	1.26	0.24	3.39	0.41	0.31
	最大值	15.91	13.83	2.12	6.97	0.73	1.65
	平均值	3.60	2.99	0.61	4.96	0.55	0.77
中中新统 (井深 576.5~ 1032.46m)	最小值	0.91	0.63	0.24	2.14	0.38	0.01
	最大值	8.13	6.53	1.60	5.10	1.36	0.71
	平均值	3.36	2.64	0.72	3.65	0.59	0.34
下中新统 (井深 1032.46~ 1257.52m)	最小值	2.43	2.00	0.43	3.120	0.38	0.37
	最大值	165.01	153.44	13.06	20.889	2.07	1.42
	平均值	20.34	18.34	2.00	6.763	1.00	0.61
页岩		207.20	188.00	19.20	9.79	0.47	0.41
上地壳		157.07	144.10	12.97	11.11	0.75	0.89

样品采用 PAAS(Taylor & McLennan,1985)标准化；页岩数据引自 Turekian & Wedepohl(1961)；上地壳数据引自 Taylor & McLennan(1985)；各异常值计算公式为：$\delta Eu=[Eu/(0.5Sm+0.5Gd)]_N$；$\delta Ce=[Ce/(0.5La+0.5Pr)]_N$。

类似于微量元素含量的分布，REE特征参数在岩芯中的分布(图 2-16)同样表现出在井深36m附近有突变面，而且REE特征参数在岩芯中的分布似乎与矿物组成(见后图 5-1)无明显相关性。

岩芯样品PAAS标准化的REE配分模式总体表现为轻微的左倾特征，重稀土相对轻稀土略显富集，Eu和Ce异常较为明显，其基本形态与海水(Kawabe et al,1998)和珊瑚(王中刚等,1989)配分模式特征较为相近(图 2-17)，表明西科1井生物礁碳酸盐岩的稀土元素主要继承于古海水，珊瑚是其主要的造礁生物之一。下中新统下部由于陆源物质的混入，使其REE配分模式表现为轻微的右倾特征。第四系顶部Ce异常富集，δCe为正异常，推测可能是岛礁上部长期暴露风化、处于氧化条件下并且有淡水参与的体现。上部碳酸盐岩中的Ce易经过淡水淋滤，通过渗流性较好的碳酸盐岩中的孔隙在其下部富集，在氧化条件下可以形成富Ce矿物(如氟碳铈矿——$CeFCO_3$ 等)。

在岩芯样品中Eu具有负异常—无异常(δEu平均值介于0.08~1之间)，进一步说明偏氧化环境的存在。在氧化环境中Eu呈Eu^{3+}状态存在，很难置换Ca^{2+}而进入碳酸盐矿物晶格，并且高价的Eu^{3+}很容易被流体萃取带走。值得注意的是，岩芯下部(井深约950m以深)的δEu在1附近波动，部分样品显著大于1(最高可达2.07)，说明碳酸盐岩成岩环境温度可能高于上部地层，但不排除成岩过程中可能遭受某种热作用，使Eu^{3+}在相对偏还原的埋藏环境下被还原为Eu^{2+}，后者与Ca^{2+}具有相近的半径而进入矿物中，出现Eu的正异常(Bau,1991；Haas et al,1995)。

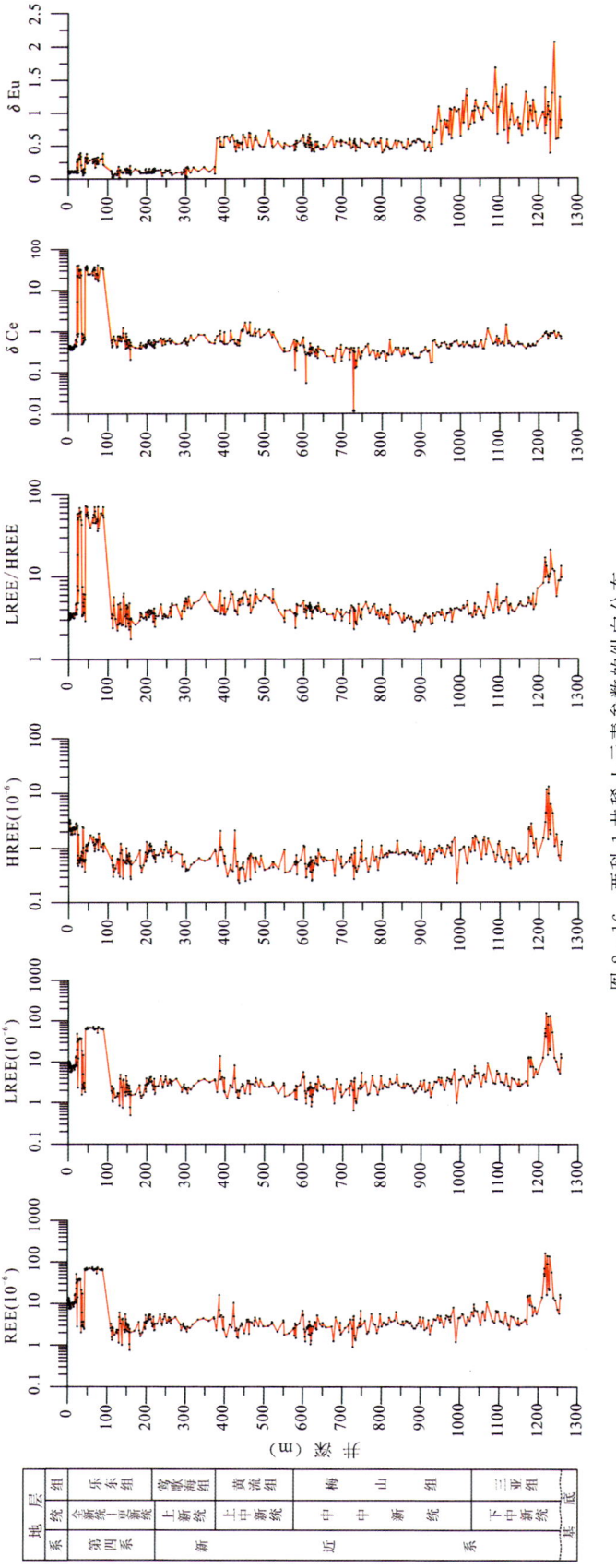

图 2-16 西科 1 井稀土元素参数的纵向分布

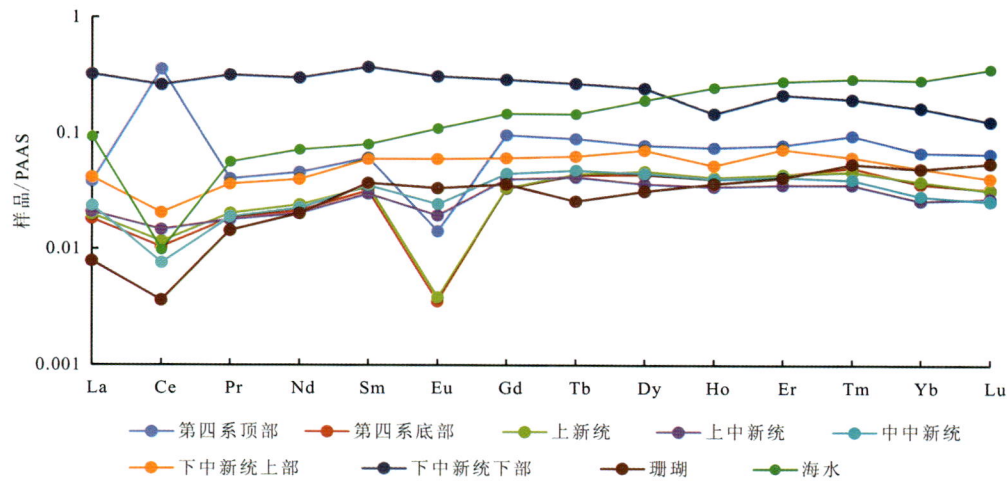

图 2-17 西科 1 井岩芯 REE 经 PAAS 标准化配分模式（10^6）

[珊瑚数据引自王中刚（1989）；海水数据引自 Kawabe（1998），已扩大 10^6 倍]

2.3.4 小结

（1）西科 1 井岩芯常量组分总体以 CaO 和 MgO 为主，二者呈显著负相关性，与白云岩层的分布具有较好的对应关系。其他组分含量相对较低。岩芯底部 1216.00～1258.40m 层段由于陆源物质的混入致使以 SiO_2、Al_2O_3、TiO_2 和 MnO 等为代表的典型陆源组分含量显著上升。伴随着海侵的规模和范围的加大，西科 1 井成礁环境逐渐由岸礁向岛礁环境演化，沉积建造主要以生物礁灰（云）岩和生物碎屑灰（云）岩为主，常量组分中 CaO 和 MgO 占主要比重，而 SiO_2、Al_2O_3、TiO_2 和 MnO 等陆源组分含量较低。除个别时期生物礁发生暴露而终止发育外，从早中新世中期至今是西科 1 井生物礁发育的主要时期。

（2）岩芯大多数微量元素（特别是变价元素）含量较低，除了生物礁碳酸盐岩本身微量元素含量不高的因素外，还可能与岛礁发育过程中主要处于氧化环境有关。而 RSE 元素含量的骤升和大幅波动应该是氧化/还原环境交替变化的反应，可能与沉积水深的变化相关。井深 1216～1234.92m 的 RSE 高含量主要由于在水动力相对较弱的偏还原环境下形成的泥岩、泥质细砂岩或滑塌角砾岩对其富集所致。大多数微量元素的含量在多个地层界线处发生显著变化，且与矿物组成并无显著相关性，一方面说明白云岩化作用并没有造成微量元素含量的明显变化，另外通过微量元素尤其是 RSE 元素来指示成岩环境是可靠的。

（3）岩芯样品的 REE 含量总体较低。岩芯第四系上部和下中新统底部 ∑REE、∑LREE、LREE/HREE 和 δCe 等特征值相对较高。前者主要是岩芯上部（井深 0～89.3m）存在 Ce 异常富集，这可能与岛礁上部长期暴露风化、在有淡水参与的氧化条件下形成富 Ce 矿物相关，后者主要是水动力相对较弱的偏还原环境下形成的泥岩或滑塌角砾岩对其富集所致。REE 特征参数在岩芯中的分布同样表现出在井深 36m 附近有突变面，而且 REE 特征参数在岩芯中的分布似乎与矿物组成无明显相关性。

3 磁性地层学

3.1 概述

近年来,我国的中、新生代陆相地层的磁性地层年代学研究不断取得重要进展(如 Zhu et al,2001;Deng et al,2013),成为建立我国陆相盆地长尺度年代地层框架的重要手段。然而,过去已开展的南海相关研究中,古地磁学研究主要用于重建南海周边新生代以来的构造演化历史。如陈忠等(1987)提出,古新世—早渐新世期间,华南微板块向南漂移了约 9.5 个纬度;渐新世中期—早中新世,它则向北漂移了约 8 个纬度。这一漂移对南海的第二期 SN 向扩张起了重要控制作用。Fuller et al(1991)综合了南海周边地区(包括菲律宾、婆罗洲、马来群岛等)的新生代古地磁数据,恢复了各次级板块的运动和旋转历史。金钟等(2004)依据南海海盆海山的古地磁特征分析了各子海盆的新生代构造演化。

相对于南海构造古地磁学研究,该地区的磁性地层年代学研究一直十分匮乏。李文勤等(1989)研究了南海中部两支重力钻样品:KSO1,长 710cm,揭示出松山-布容地磁极性倒转、Jaramillo 正极性亚时和 Olduvai 正极性亚时;KSO2,长 40cm,推测年代为 8~5Ma。赵泉鸿和汪品先(1999)指出,当时最成功的古地磁工作是南沙海区的 17957 站(长度 14m),记录了松山-布容地磁极性倒转、Jaramillo 正极性亚时和 Cobb Mountain 正极性事件。该站后来也是 ODP184 航次 1143 站的一个取样点。ODP184 南海航次的执行,共获得 6 个站位 17 支高质量的沉积物岩芯,其中 12 支完成了磁极性地层学研究。这 12 支岩芯均记录了松山-布容地磁极性倒转,多数记录了 Jaramillo 正极性亚时,但仅有一支记录了高斯-松山地磁极性倒转(Wang et al,2000),总体结果不甚理想。最近,Wu et al(2014)对 1148 站的样品进行了重新测试与整理,结合生物地层学和岩石地层学资料制约,构建了 1148 站 23Ma 以来的磁性地层年代框架,从而提供了更多年代学制约。然而,这些研究远远未能满足建立南海海盆沉积的区域地层年代学框架的需求。因此,在南海地区开展详细的磁性地层学工作,是研究区域构造演化、盆地沉积与充填过程与环境演变的重要基础,也是现阶段研究的薄弱环节。

在过去的研究中,由于生物礁相沉积的磁性较弱,古地磁结果往往不甚理想,地层的年代框架主要由生物地层学方法确定。然而,由于生物礁相沉积环境中保存的、可用于构建生物地层年代的化石较少,且已有的礁相沉积地层的年代构架较为粗略,多数仅能大致约束组的年代,无法为大区域的地层、构造、沉积、环境事件的对比提供精细的年代制约。近年来,由于岩石磁学和古地磁学理论和分析测试技术的不断完善与提高,对于保存较为理想的礁相沉积的磁性地层学研究已有了一些成功例子(Montaggioni et al,2009;Lund et al,2010)。

本节将以西科 1 井岩芯为对象,开展详细的岩石磁学和古地磁学研究。首先,通过详细的岩石磁学和磁性扫描研究,确定西科 1 井礁相沉积中的载磁矿物的特征与类型,进而分析南海生物礁沉积的剩磁获得机制。然后,对岩芯保存状况较好、适合古地磁学研究的若干层段开展详细的磁性地层学研究,建立钻孔的磁极性序列。最后,结合已有的区域地层年代学资料,尝试建立西科 1 井岩芯的磁性地层年代学框架,为建立高分辨率的环境磁学序列、恢复西沙海域新近纪以来的环境变化提供年代学基础。

3.2 岩石磁学

岩石磁学是古地磁学中一个十分活跃的分支学科,它利用岩石磁学参数反映的磁性矿物的含量、粒度和成分等信息。

3.2.1 磁滞回线

磁滞回线用来描述铁磁性物质磁化强度与外加磁场的关系:对一个开始未磁化的铁磁性物质进行磁化,当施加的磁场很弱时,铁磁性物质的磁化强度缓慢增加,去掉外加磁场以后铁磁性物质磁化强度恢复到零。但是当施加的磁场增加到某一临界值时,样品的磁化特征将发生变化,磁化强度不再像在弱磁场下回到原点,而是出现一种称为磁滞的现象。通过外加磁场沿某一方向的端点值到反方向上的另一端点值然后再返回来,可以得到一条完整的磁滞回线。

磁滞回线的测试利用 MicroMag 3900 型振动样品磁力仪完成,最大外加磁场为 ± 1.0T。结果表明(图 3-1),在所选的 160 份样品中,150 份样品均表现为强噪音叠加下的非正常磁滞回线,仅有 10 份样品获得了较为稳定且平滑、闭合的磁滞回线;同时,这 10 份获得磁滞特征的样品,在钻孔内呈随机分布,未能观察到与沉积相存在明显的相关关系。因此,之后的岩石磁学分析将主要利用这 10 份样品进行。结果表明,这 10 份样品的磁滞特征没有明显差异,所有礁相沉积物的磁滞回线均在 0.2~0.3T 闭合,说明西沙群岛西科 1 井礁相沉积物中磁性矿物是以低矫顽力的磁性组分为主。

由磁滞回线推导出来的 ΔM 和 $d\Delta M/dB$ 曲线(图 3-1e、f)可以用来区分不同磁组分的矫顽力谱,仅对剩磁载体反应灵敏,不反映超顺磁组分,因此可以用来区分多种因素导致的磁滞回线变形特征(He et al,2012)。西沙群岛西科 1 井礁相沉积样品的 $d\Delta M/dB$ 曲线的峰值位于 10~20mT 和 50~80mT 之间。这一结果进一步说明了西沙群岛礁相沉积物中低矫顽力的磁性组分占有主导地位。

3.2.2 等温剩磁(IRM)

等温剩磁(IRM)是常温下将样品置于磁场下,样品沿磁场方向被磁化所获得的剩磁。样品随外场逐渐增大获得的等温剩磁曲线称为等温剩磁获得曲线(IRM acquisition curve),IRM 获得曲线的形状与样品中磁性矿物的类型密切相关。通常情况下亚铁磁性矿物(磁铁矿和磁赤铁矿)在外加磁场 300mT 时便达到饱和,而反铁磁性矿物饱和磁场一般很大,赤铁矿在外加磁场达到 1T 时都可能不饱和,而针铁矿在磁场强度达到 7T 时不能饱和(France,Oldfield,2000)。本研究采用 MicroMag 3900 型振动样品磁力仪测量 IRM 获得曲线(最大外加磁场为 1.0T)(图 3-1g)。

结果显示,所选的 10 份样品虽然来自不同的沉积相,但其 IRM 获得曲线及其反向场退磁曲线并无显著差异,这说明成分较为单一的低矫顽力组分(主要是磁铁矿)主导了样品的磁性特征,未观测到明显的高矫顽力磁性组分的存在,这与磁滞回线及其推导出来的 ΔM 和 $d\Delta M/dB$ 曲线所揭示出的含有较粗颗粒磁铁矿的特征一致(图 3-1f)。Day 氏图(Dunlop,2002)指示了西科 1 井礁相沉积物中磁铁矿的平均粒度较粗,为较大的准单畴(PSD)至近似多畴(MD-like)颗粒(图 3-1h)。

沉积物中的磁性矿物通常是多种成分和粒度的组合,研究者因此利用数学方法将具有不同矫顽力特征的磁性矿物组分区分开来(Egli,2003)。这里,我们利用 Matlab 7.1 对西科 1 井样品的 IRM 获得曲线进行矫顽力分解(图 3-1i)。这种方法可以有效揭示沉积物中不同矫顽力的磁性矿物组分(He et al,2012;Yi et al,2014)。结果表明,所选的 10 份样品均呈现单一矫顽力分量的特征,其峰值位于 20~70mT,代表磁铁矿的信号。这一结果与 $d\Delta M/dB$ 曲线的结果基本一致,反映了西沙群岛礁相沉积物中的磁性矿物主要为低矫顽力的磁铁矿。

如图3-1所示,磁滞回线最大外加磁场均为±1.0T,并已经过顺磁校正。代表性样品的IRM获得曲线(g)、Day氏图(h)和矫顽力谱分析(i)。

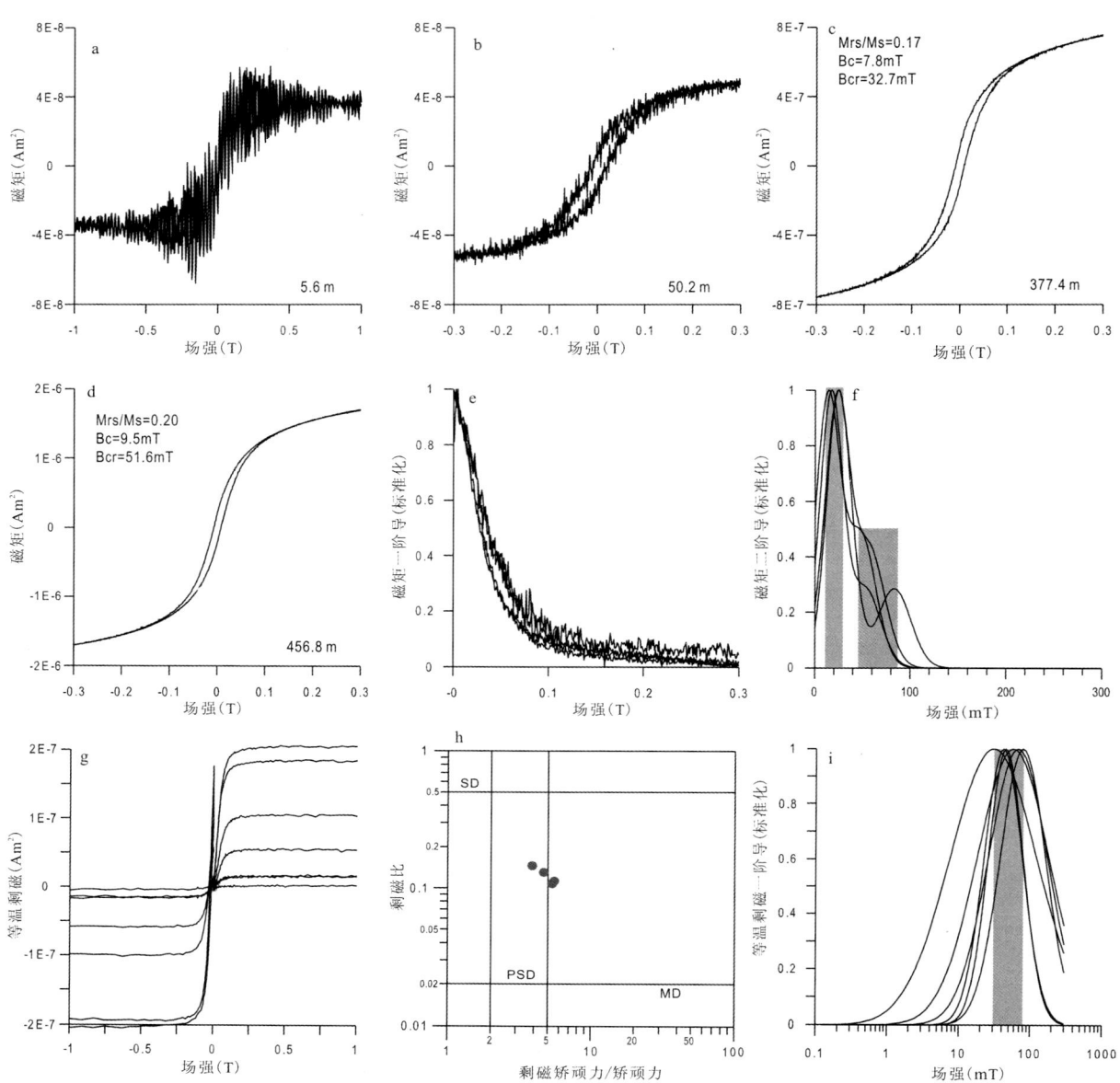

图3-1 西科1井代表性样品的磁滞回线(a～d)、ΔM曲线(e)和dΔM/dB曲线(f)
SD. 单畴;PSD. 准单畴;MD. 多畴

3.2.3 样品表面磁性扫描

在明确西沙群岛礁相沉积物中的磁性矿物主要为准单畴至近似多畴的磁铁矿之后,我们希望能够进一步了解这些磁性颗粒在沉积物中的赋存状态。然而,仍是由于磁性矿物含量过低,所选的10份样品无法进行常规的热磁分析(如χ-T曲线和J-T曲线)。此外,对数百件岩石薄片的镜下鉴定也未发现明显的陆源碎屑。因此,为进一步查明这些含量极低的磁性矿物在沉积物中的赋存状态,并由此推断可能的剩磁获得机制,我们选用磁性相对较强的3个样品,制成约3mm厚的光片,在捷克布拉格查理大学(Charles University in Prague)进行高精度磁性扫描,以揭示磁性颗粒在生物礁相沉积物中的赋存状态。

由于西沙礁相沉积物的剩磁强度非常弱,同时由于环境噪音的影响,直接进行剩磁扫描无法得到有效的结果。因此,我们首先利用英制 MMPM10 型脉冲磁力仪上述对3份光片进行人工磁化,外加场强为3T。然后,利用美制 YSE 高精度磁性扫描系统,对3份样品表面进行饱和场强下的二维剩磁扫描(图3-2)。该仪器的磁性探头灵敏度为 $0.01\mu T$,探头与样品的空隙小于 0.1mm,操控台的空间分辨率(测试步长)为 $200\mu m$。结果表明,3份样品的剩磁二维特征基本一致,样品的大多数位置的剩磁数值均接近仪器的背景值,磁性颗粒仅在样品的个别位置出现,呈现出明显的点状分布。

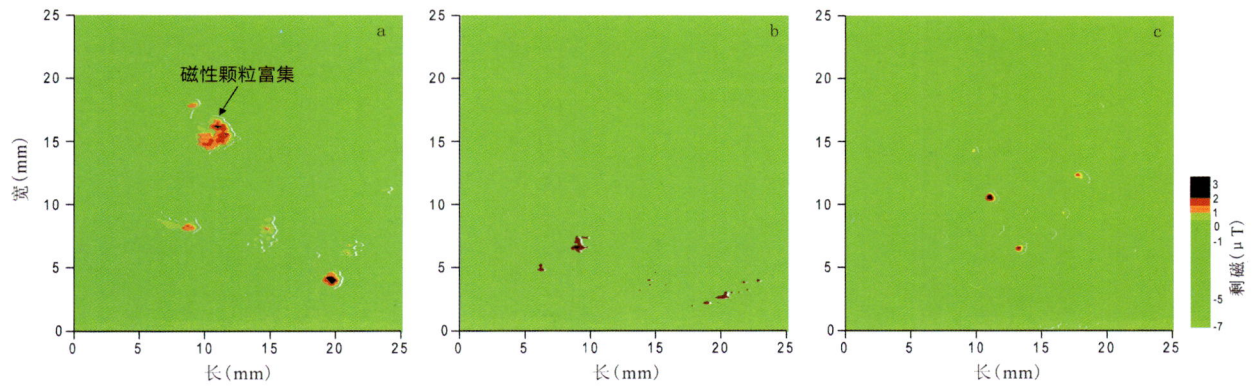

图 3-2　西科 1 井样品表面磁性扫描结果(a. 624.6m; b. 37.5m; c. 508.9m)

3.2.4　磁性矿物组成与剩磁机制探讨

综合分析磁滞回线、等温剩磁获得曲线及其反向场退磁曲线、矫顽力谱分析等多参数的岩石磁学特征和表面磁性扫描,结果表明,西沙群岛西科1井礁相沉积物的磁性矿物主要是粒度较大的准单畴至近似多畴的磁铁矿颗粒。由于显微镜下未发现陆源碎屑矿物的存在,而岩石磁学的结果又未指示这些颗粒较粗的磁铁矿呈现明显的生物成因特征,结合样品的磁化率和天然剩磁较低的性质,我们认为西沙群岛生物礁相沉积物中的磁铁矿颗粒主要来源于陆源碎屑,且含量很低。磁性扫描的结果显示这些磁铁矿颗粒仅在样品的个别位置富集,也说明了磁铁矿的含量极低。

Lund et al(2010)对 IODP 310 航次在南太平洋塔希提岛钻取的碳酸盐岩沉积进行了详细的岩石磁学研究,他们认为,该碳酸盐岩沉积中的磁信号大部分与微生物岩(类叠层石)有关,并推测磁信号来源于生物过程对陆源碎屑磁性颗粒的捕获。西科1井远离东亚大陆和中南半岛等陆源碎屑供给区,生物礁相沉积物几乎全为珊瑚礁体或珊瑚礁碎屑堆积而成,且未发现微生物岩(类叠层石)。尽管如此,两项研究中所获得岩石磁学特征十分接近,我们因此推测西沙群岛生物礁相沉积中的微小颗粒磁铁矿主要来源于海水中悬浮的极少量陆源物质,在生物生长过程中通过珊瑚体或其他寄生生物对海水中少量陆源物质的吸附或捕获保存在生物礁相沉积中,进而记录了当时的地磁场信号。明确这样一种剩磁获得机制,为进一步构建钻孔的磁极性序列和环境磁学序列并进行区域地层对比创造了条件。

3.3 古地磁学

地球磁场自形成以来一直处于变化中，既有千年尺度有规律的周期性的长期变化，又有几千年至百万年尺度的地磁场极性倒转变化。了解地磁场的变化规律，就可以从记录在不同时代岩石单元中的磁性特征，推测其形成时代。磁性地层学（Magnetic Stratigraphy or Magnetostratigraphy）就是利用地层中记录的古地磁场极性倒转序列来进行地层划分和对比的一门学科。它是古地磁学、岩石磁学和地层学的交叉学科，也是古地磁学在地质学中的应用领域之一。

3.3.1 取样

进行实验测试地层的古地磁极性，首先需要合理采集地层中相应的古地磁样品。对于钻孔岩芯样品，在岩芯在获取和处理过程中，无法获得准确的现代磁场正北方向，因此主要需要靠倾角来分析古磁场情况。由于西科1井孔的沉积物整体较为松散且无法确定岩芯的真实方向，对古地磁样品的采集主要集中在岩芯固结程度较高的层位，采用钻进方式取样。共获得样品的大小为(2~3)cm(高)×2cm(直径)718份，水平方式钻入剖开的岩芯，在样品表面标注岩芯的上下方向和取样深度即可准备测试。

3.3.2 实验与步骤

退磁是从样品的地磁信息中消除低稳定性剩磁组分，最终得到能代表地层沉积时期内的古地磁场情况的特征剩磁的过程。退磁技术的基本原理就是稳定性越差，颗粒越容易获得次生磁化。有效分离不同剩磁组分的实验室技术有多种，常用的是交变磁场退磁和热退磁。交变磁场退磁的根据是稳定性较差的剩磁组分必然具有相对低的剩磁矫顽力；而热退磁的根据则是稳定性较差的剩磁组分具有相对较低的阻挡温度，通过逐步清除稳定性较差的剩磁组分，从而最终获得沉积过程中的古地磁信息。根据前期预研究的相关成果，由于碳酸盐岩-生物礁地层样品的磁性较弱，进行热退磁时，容易受到炉内剩余磁场的影响，因此本项研究古地磁的测试，采用交变退磁仪进行。交变退磁过程中，样品被放置在一个圆筒状屏蔽桶内的线圈之间，在线圈之间施加一个指定峰值的交流磁场，随着这一交流磁场的衰减，所有矫顽力小于交流磁场峰值的磁矩将会沿所施加的交流磁场的方向重新排列。在3个相互正交的方向上重复上述过程，最终逐渐使样品获取特征剩磁方向及强度信息。

根据3次取样的情况以及本实验室仪器装备情况，西科1井生物礁沉积的古地磁实验设计的具体步骤为：0(NRM)、5mT、10mT、15mT、20mT、25mT、30mT、35mT、40mT、45mT、50mT、60mT、70mT、80mT；仪器为2G-760低温超导磁力仪（背景值，10^{-11} Am^2）和2G-Rapid新一代低温超导磁力仪（背景值，10^{-12} Am^2）。

3.3.3 数据处理

古地磁实验退磁的标准流程是用退磁设备对样品进行一系列退磁，在每一步退磁之后测量样品的剩磁。退磁过程中，剩余磁化强度矢量将不断的变化，直至最稳定组分被分离出来，之后剩磁矢量将沿直线衰减并最终趋于坐标原点。这最稳定的剩磁分量即特征剩磁。退磁数据是一个三维问题，难以表示在平面上，因此通常将退磁矢量转化到两类二维平面上投影，其中之一为水平面，另一个为垂直平面。通过每个样品的正交矢量投影图计算出各个样品的磁倾角和磁偏角，最终得到剖面的磁极性柱，通过与标准极性柱的对比，从而得到地层的古地磁年代。

本研究具体采用 Randolph J Enkin 开发的 PGMSC(V4.2)数据处理软件，利用主成分分析法进行特征剩磁方向的计算。特征剩磁方向经过原点的线性拟合方式（Kirschvink，1980）获得，每次拟合利用不少于 4 个连续数据点进行，且最大角偏差小于 15°。

3.3.4 结果

系统的交变退磁结果表明，大部分样品的退磁曲线均呈较好的线性趋向原点，且剩磁衰减主要发生在 20～60mT 之间，到 70～80mT 时，样品的剩磁强度衰减至天然剩磁的 5%～10%，这说明低矫顽力磁性矿物（主要是磁铁矿）是主要的剩磁载体。因此，我们选用 20～60mT 的区间剩磁分量，利用"最小二乘法拟合"方法（Kirschvink，1980）进行直线段拟合，且所采用的退磁步骤不少于 4 个，同时要求拟合的误差，即最大角偏差（MAD）小于 15°。最终获得了具有稳定特征剩磁的 385 块样品（约占总样品数的 49%），成功率与常规陆相地层相关研究基本相当。

在此基础上，辨识出 35 个正极性时段和 34 个负极性时段，其中正极性时段为：N1(0～65m)、N2(77～80m)、N3(192～200m)、N4(289～291m)、N5(377～381m)、N6(435～446m)、N7(471～478m)、N8(485～486m)、N9(493～503m)、N10(519～528m)、N11(540～553m)、N12(558～573m)、N13(618～622m)、N14(631～638m)、N15(742～747m)、N16(759～760m)、N17(761～763m)、N18(768～771m)、N19(777～778m)、N20(780～790m)、N21(791～792m)、N22(817～818m)、N23(897～899m)、N24(971～990m)、N25(1004～1005m)、N26(1038～1050m)、N27(1077～1089m)、N28(1097～1102)、N29(1103～1110m)、N30(1119～1122m)、N31(1123～1150m)、N32(1152～1154m)、N33(1155～1156m)、N34(1157～1158m)、N35(1160～1170m)。

3.3.5 与国际磁极性年表对比

在未发现明显的火山灰层的情况下，虽然受到样品保存与取芯条件的制约，在现阶段的研究中，古地磁学研究是能为西沙群岛的生物礁相沉积提供更多独立的年龄控制点的有效方法。由于受到取样的限制，西科 1 井很多层位未能获得古地磁结果，这给磁极性序列的对比带来了很大的不确定性。为了更好地与地磁极性年表 ATNTS2012（Hilgen et al，2012）进行对比，参考了古生物鉴定的一些结果。该结果显示，乐东组属于 *Tarantian*—卡拉布里雅阶（1.81～0.01Ma）、黄流组属于晚中新世墨西拿阶—托尔托纳阶（11.63～5.33Ma）、三亚组属于早中新世波尔多阶—阿基坦阶（23.03～15.97Ma）。在这一基础上，西科 1 井 3 个具有完整古地磁结果的特征时段的对比方案汇总（图 3-3）：E1—E3、F1—F3、G1—G3 分别为乐东组、黄流组和三亚组的磁极性序列对比。E3、F3、G3 引自 Hilgen et al(2012)，D 和 F2 中的灰色柱为数据空白区间。

(1) 乐东组：正极性区间 N1—N3 分别对应于正极性时 C1n（布容正极性时，0.78～0Ma）、C1r.1n（加拉米洛，1.07～0.99Ma）、C2n(Olduvai，1.95～1.78Ma)。

(2) 黄流组：正极性区间 N6—N12 可对应正极性时 C3An.2n - C5n.2n。具体地，正极性区间 N6 对应于 C3An.2n(6.73～6.44Ma)、N7—N9 至 C3Bn - C4n.2n(8.11～7.14Ma)、N10 至 C4An(9.11～8.77Ma)正极性时，以及 N11—N12 至 C4Ar.2n - C5n.2n(11.06～9.65Ma)。

(3) 三亚组：正极性区间 N27—N32 可对应正极性时 C5Dn - C6An。具体地，正极性区间 N27 对应于 C5Dn(17.53～17.24Ma)、N28 至 C5En(18.52～18.06Ma)、N29 至 C6n(19.72～18.75Ma)，以及 N32 至 C6An.2n(20.71～20.44Ma)。

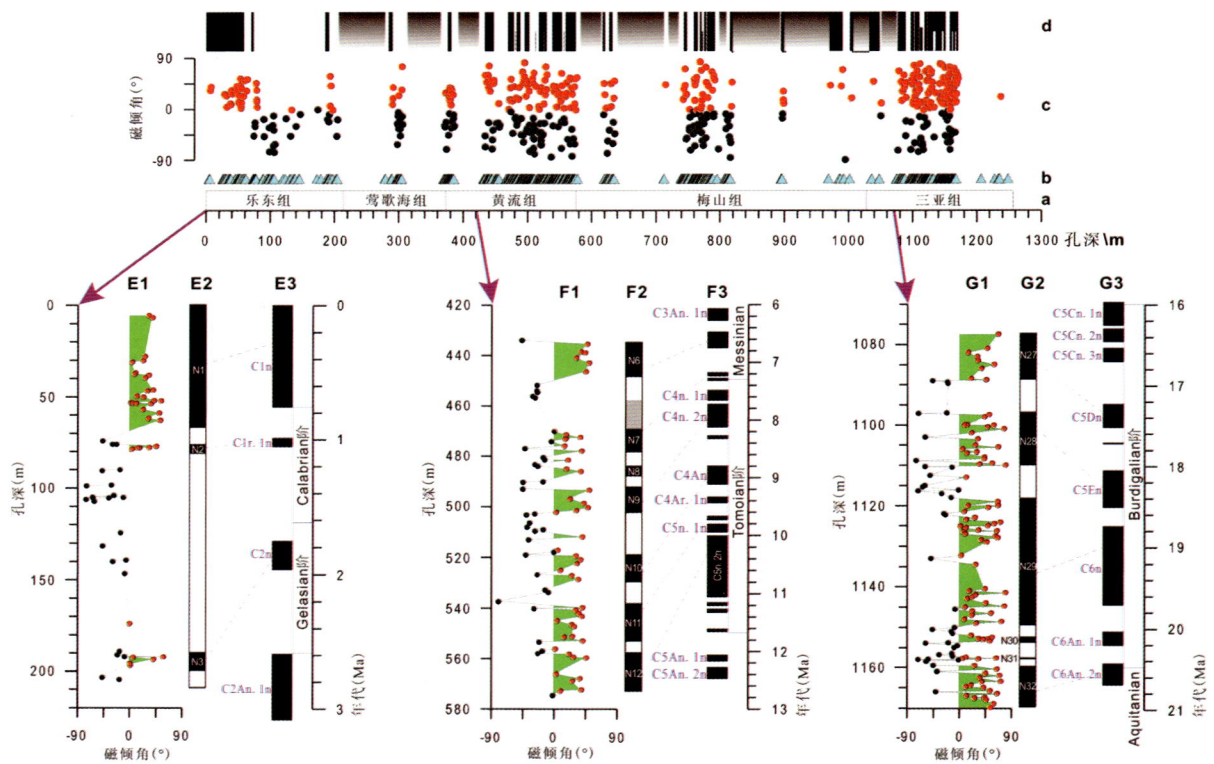

图3-3 岩石地层单元(a)、古地磁取样位置(b)、特征剩磁磁倾角(c)、磁极性柱(d)

3.4 小结

本章对生物礁沉积进行了详细的岩石磁学、磁性扫描与古地磁学研究。结果显示，西科1井生物礁相沉积中的载磁矿物主要是磁铁矿。我们推测，这些磁铁矿的微小颗粒主要来自海水中含有的陆源物质，在生物生长过程中通过珊瑚体或其他寄生生物对海水的过滤与吸附作用保存在生物礁沉积中。进一步的古地磁研究可辨识出多个正极性时段和负极性时段，并与国际地磁极性年表ATNTS2012进行了初步对比，在更新统—全新统永乐组、上新统莺歌海组、上中新统黄流组内部以及下中新统三亚组内部获得了多个可靠的年龄控制点。虽然这一对比方案存在一定不确定性，但是在现阶段资料相对匮乏的情况下，我们认为古地磁学研究能为西沙群岛中新世以来的生物礁沉积提供更多可靠的年龄控制点，并为今后的区域地层对比提供了磁性地层年代学依据。

4 同位素地层学

4.1 南海 ODP 站位碳氧同位素及意义

1998年,中国作为"参与成员"加入ODP计划(大洋钻探计划)。就在加入后的第2年,根据中国科学院院士、同济大学海洋与地球科学学院汪品先教授等中国科学家的建议和设计,我国赢得了1999年春在南海实施ODP184航次、并担任研究主力的机会。1999年春,大洋钻探船"JOIDES决心号"驶入南海,执行大洋钻探第184航次的钻探任务,实现了中国海区深海科学钻探零的突破。从2～4月的钻探,184航次在南海南北6个深水站位钻井17口,取芯5500m,取得了大批高质量深海岩芯和观测数据(图1-1),再经过航次后3年多的实验分析,使得南海的深海基础研究一举进入国际前沿,成为我国海洋科学的一项重大进展(汪品先等,2003b)。南海大洋钻探,是以我国科学家为主体的一次大型国际科研行动。无论是建议书的提出和井位设计,184航次的执行与航次后的实验分析,中国科学家都起了主要作用,这在中国地质科学历史上是一件开创性的工作(刘东生,2003)。

由于地球运行轨道的几何变化引起的气候周期性变化,是当前地球科学的研究热点之一,最早是在深海沉积的研究中发现和证实的。我国大陆东部中生代晚期以来一直没有获得很好的海相记录,相应的古气候和古环境研究一直以陆相地层为主。南海大洋钻探的成功,建立起了西太平洋区理想的深海地层剖面。这些海洋记录不仅为古海洋学的研究增加了新的古气气候周期性变化的论证,而且创造了在DSDP和ODP计划执行以来的一个深海与大陆沉积及记录的信息、气候、生物等系统相互对比补充的新记录,即我国的深海记录和大陆黄土记录的可比性。这些海洋记录与我国陆地上的风尘堆积序列一起,为我国古环境研究中陆地与深海研究的结合提供了重要基础和新的渠道。ODP184航次是一次"地质大发现"性质的深海钻探活动(刘东生,2003)。

1143站位于南海南部大陆边缘盆地,北纬9°21.72′、东经113°17.11′,水深2772m处(图1-1)。共钻井3口,合成深度为510mcd(以下简称m),揭示了约12Ma来的历史。本次分析取上部190.85m井段(Wang et al,2000;Wang et al,2001),时间跨度约5Ma。早上新世—全新世层段钙质化石丰富(Cheng et al,2004a)。样品经烘干、筛洗之后,从每个样品粒径大于0.154mm的粗组分中挑取底栖有孔虫进行同位素分析。

1147孔和1148孔位于南海北部东沙海区,1147孔(北纬18°50.11′、东经116°33.28′,水深3246m)钻井3口,1148孔(北纬18°50.17′、东经116°33.94′,水深3294m)钻井2口(图1-1),共同合成了下渐新统—全新统的连续剖面(Wang et al,2000;Jian et al,2001;Cheng et al,2004b)。

样品的室内处理方法和过程如下:沉积物样品置于烘箱在60℃温度下干燥后,用自来水浸泡,然后在孔径63μm的筛子上冲洗,冲洗剩下的砂样放在温度不超过60℃的温度状态下烘干后,从大于150μm的粒级中挑取保存好的、新鲜未污染的个体若干;加无水酒精(浓度为≥99.7%)、在振荡频率为40kHz的超声波清洗器(Branson 200)中清洗,根据化石状况处理5~10s,倒去浊液后,将样品置于约60℃的烘箱中烘烤10多小时;尔后放入碳酸盐制备装置(Kiel Ⅳ)的样品瓶中,在70℃温度下经磷酸溶解后放出CO_2,在稳定同位素比质谱仪(MAT252)上分析其中的氧、碳同位素比值($\delta^{18}O$ 和 $\delta^{13}C$)。分析是在同济大学国家重点实验室完成的;分析精度是通过同时测量中国国家标样(GBW04405)来检测的,1999—2000年分析检测的标准偏差是:$\delta^{13}C$ 0.04‰,$\delta^{18}O$ 0.07‰。与国际PDB尺度的衔接是通过国际标样NBS19进行的。

因有孔虫不同属种之间的同位素值存在差异,用于本次同位素研究的底栖有孔虫同位素值都已按照Shackleton等的方法(Shackleton et al,1995)进行了数值转换。

根据生物地层事件界面以及1143孔氧同位素数据与Shackleton(Shackleton, unpubl. data at delphi. esc. cam. ac. uk/coredata/v677846. html)汇编的6Ma $\delta^{18}O$ 曲线比对,找出了与其约5Ma(190.77m)相对应的191期氧同位素波动(Tian et al,2002)。依据有孔虫 $\delta^{18}O$ 曲线的变化趋势,1143孔 $\delta^{18}O$ 记录可分为三大阶段:①0.9Ma以来显示100ka周期,并呈强振幅波动;②3.3~0.9Ma阶段以 $\delta^{18}O$ 值阶梯状增长为特征,呈现为3个台地;③5~3.3Ma时期, $\delta^{18}O$ 值相对稳定、波动幅度比较小。在第二阶段中,3.1~2.5Ma期间变化最快、坡度最陡。浮游有孔虫 $\delta^{18}O$ 记录中,3.3~0.9Ma阶段也有3个台地;而其中最早3.3~2.5Ma这个台地的 $\delta^{18}O$ 值相对稳定,变化比底栖有孔虫的 $\delta^{18}O$ 要小(图4-1)。1143孔 $\delta^{18}O$ 记载了以下几项古海洋学事件:①总的变冷趋势;②3.1~2.5Ma期间南海底层水温下降,反映北半球冰川作用增强;③4.8~4.5Ma和4.4~3.5Ma期间南海南部表层海水曾两度升温;④5~3.3Ma为底层水的暖水期。

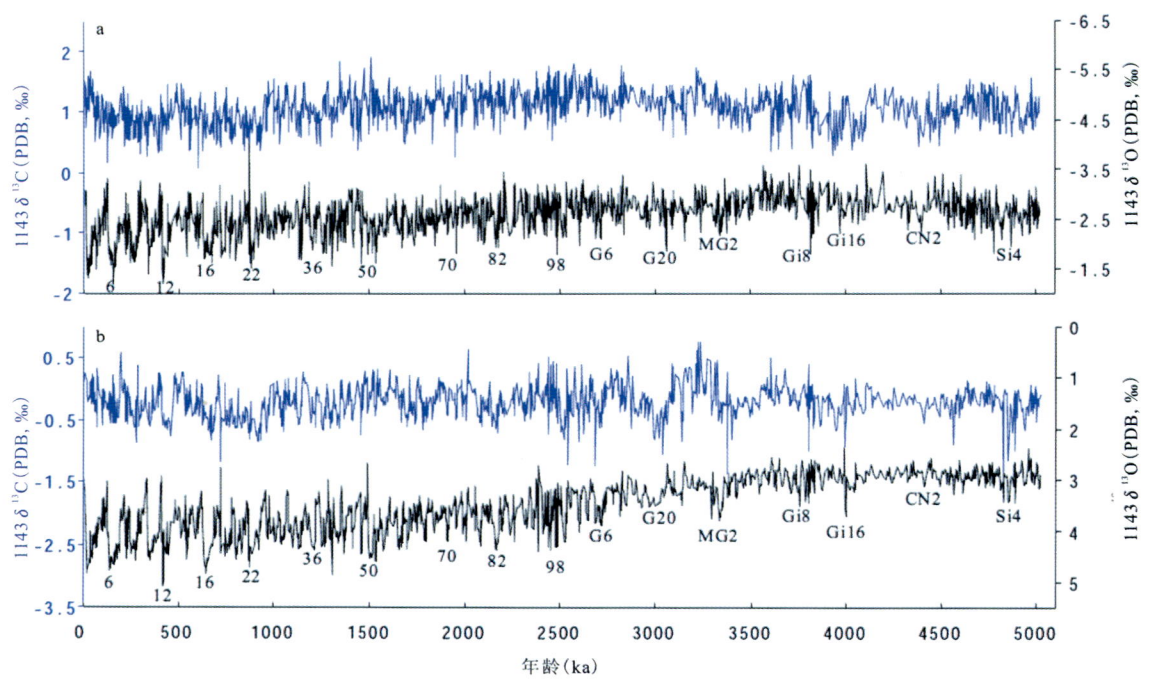

图4-1 1143孔稳定同位素分布图(Cheng et al,2004a)
a. 浮游有孔虫;b. 底栖有孔虫

1147孔和1148孔上部837.11m的年龄框架依靠生物地层学和古地磁地层学方法(约32.7Ma以来)(Wang et al,2000)。受成岩作用影响,因钙质化石高度矿化,476.68m以下层段(32.7~26.5Ma)同位素数据不能用作古气候标志(Zhao et al,2001a)。而476.68m以上层段的氧碳同位素数值则反映了约26.5Ma以来南海北部古海洋学变迁(图4-2)。该区底栖有孔虫的氧同位素记录可以分成三大段:3.2~0Ma、13.6~3.2Ma和26.5~13.6Ma,这些数值呈阶梯状变化反映了26.5Ma以来总体的、尤其以3.2Ma以来最为明显的变冷趋势(图4-2)。这种阶梯状变冷,如Lear et al(2000)所说,可能相当于数次大的冰盖扩张。浮游和底栖有孔虫的碳同位素记录均反映出下降的总趋势(Zhao et al,2001b),但在24.4～22.7Ma和17.9～16.0Ma两阶段的¹³C值明显上升。后阶段的增长被称作"蒙特里碳正位移"。浮游和底栖有孔虫氧同位素¹⁸O记录的明显差异反映了新近纪期间表层海水温度和/或盐度的区域性变化。

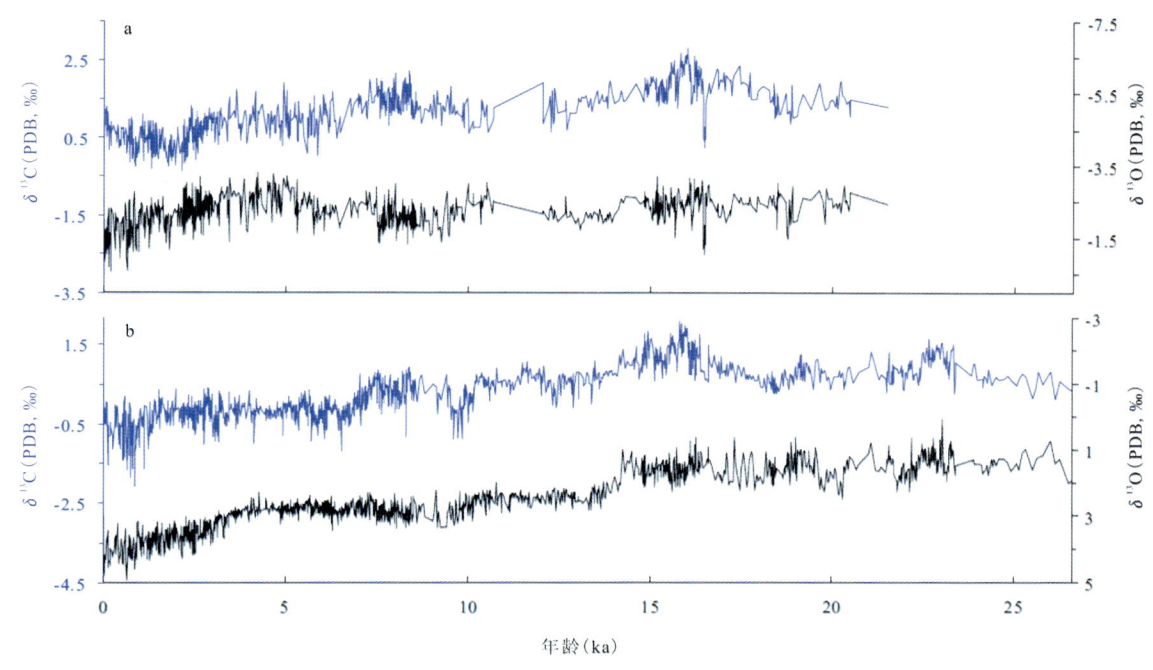

图4-2 ODP1147—1148孔稳定同位素分布图(Cheng et al,2004b)
a. 浮游有孔虫；b. 底栖有孔虫

ODP184航次研究所得的这些稳定同位素数据，为研究新近纪南海表层和深层海水（温度、盐度和营养等）的演化，为研究南海的氧同位素地层学、建立氧同位素年龄框架，提供了不可多得的依据。

赵泉鸿等(2001b)研究了南海北部新近纪以来氧同位素地层学，通过对南海北部ODP184航次1148站底栖有孔虫的同位素分析，获得了24Ma以来连续的、平均分辨率为21ka的$\delta^{18}O$曲线。这是迄今全球晚新生代最连续、最完整和分辨率最高的$\delta^{18}O$曲线。总体上呈梯状递增的$\delta^{18}O$曲线清楚地记录了晚新生代以来5次变重和3次变轻事件及2个稳定期，反映了全球气候逐渐变冷过程的变化。其中发生在17.2～14.5Ma的变轻事件及14.5～13.6Ma和3.0～2.4Ma的两个变重事件最为显著，都可以进行全球性对比。13.6～10.2Ma和6.0～3.0Ma两个时期$\delta^{18}O$变动平稳和振幅最小，代表南海晚新生底层水变化最小的稳定时期，1148站的氧同位素记录为西太平洋和我国海相地层的全球性对比提供了最佳的剖面。

有孔虫的氧碳同位素记录是晚新生代全球气候和大洋环流这一系列重要变化的见证。但是迄今为止，有关晚新生代同位素的研究以较短年代的记录为主，10Ma以上的长记录不多，而且分辨率也不高，尚未见中新世—第四纪完整的氧同位素记录。以往所取得的整个新生代氧同位素曲线实际上是由若干深海钻孔的氧同位素短记录拼合而成的。1148站是ODP184航次在南海钻探最深(850m)，揭穿时代最老(约32Ma)的站位。对沉积物样品中有孔虫壳体进行氧碳同位素分析，取得了从早中新世—第四纪连续完整的高分辨率的晚新生代同位素数据(图4-3)。这不仅在南海，在全球也是首次。为新近纪以来同位素地层学及古气候和古环境演变研究提供了难得的完整资料，也为南海与全球古海洋学对比研究打下了良好基础。

翦知湣等(2001)研究了南海北部近6Ma以来的氧同位素地层与事件，通过对ODP1148站位浮游和底栖有孔虫样品进行稳定同位素分析，揭示了南海北部近6Ma以来的古海洋学变化。底栖有孔虫

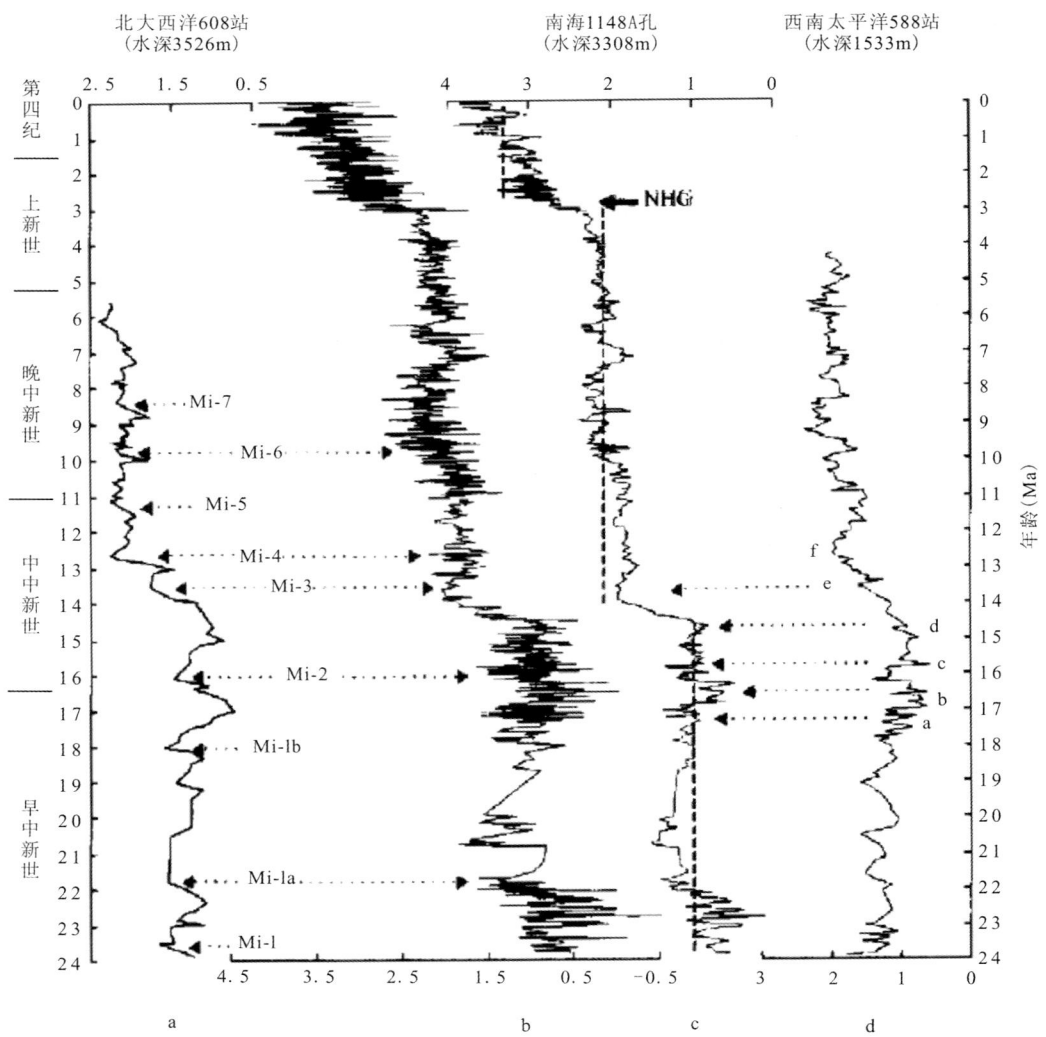

图 4-3 南海 ODP1148 站(b,c)与北大西洋 608 站(a)和西南太平洋 588 站(d)
晚新生代底栖有孔虫氧同位素地层对比(赵泉鸿等,2001b)

$\delta^{18}O$ 表明南海深层水在约 3.1Ma 之前受温暖的太平洋中层水影响较强,在 3.1~2.5Ma 之间显著降温,指示了北半球冰盖的形成而浮游有孔虫 $\delta^{18}O$ 反映的早、中上新世表层水的几次降温可能与南极冰盖波动有关,只有在 2.2~0.9Ma 之间不可逆转的阶梯状降温才可能是对北半球冰盖形成与增长的响应。

底栖有孔虫 C.wuellerstorfi 的 $\delta^{18}O$ 记录常被用来指示极地冰盖体积和底层水温的变化。南海北部 ODP1148 站位底栖有孔虫 $\delta^{18}O$ 的曲线呈现明显的阶段性(图 4-4),早、中上新世 6.0~3.1Ma 和中更新世革命以来 0.9~0Ma 为两个相对稳定的端元。其平均值分别为 2.12‰ 和 3.50‰,其间则发生了两次大的 $\delta^{18}O$ 变重:一次为 3.1~2.5Ma 之间的阶梯状逐渐变重,另一次为中更新世革命时期的突然变重。约 3.1Ma 之前,南海深层水 $\delta^{18}O$ 值波动不大(<0.9‰),也说明深层水温度相对稳定,与这一时期全球气候温暖相吻合。在 3.1~2.5Ma 之间,亦即氧同位素期 G22~100 之间,南海深层水 $\delta^{18}O$ 增大约 1.2‰,则表示北半球冰盖在这一时期形成。特别是距今约 2.7Ma 前,南海深层水 $\delta^{18}O$ 值变重到全新世水平,说明北半球冰盖在约 2.7Ma 就已经增大到现代水平(翦知湣,2001)。

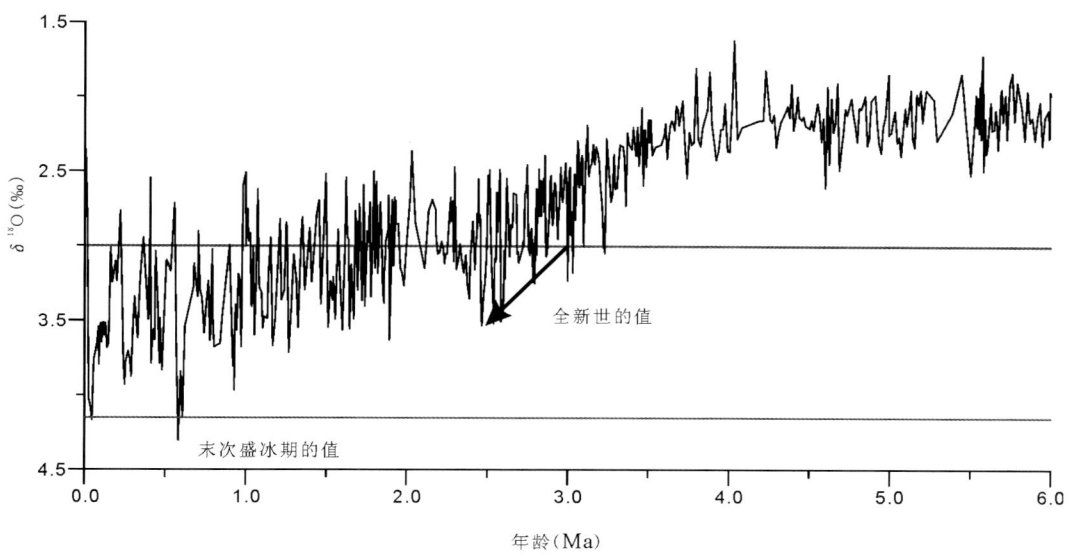

图 4-4 ODP1148 孔近 6Ma 来底栖有孔虫 $\delta^{18}O$ 的变化（翦知湣等，2001）

在中新世 24～5Ma ODP1148A 孔底栖有孔虫 Cibicidoides wuellerstorfi 和 C. kullenbergi 及 18～5Ma 浮游有孔虫 Globigerinoides sacculifer 两者的 $\delta^{13}C$ 曲线总体上同步波动，呈现由早—中期重值向晚期轻值的演化趋势；记录了早—中期 23.1～22.2Ma、17.3～13.6Ma 两次显著的正位移以及晚期 10.2～9.4Ma 和 6.9～6.2Ma 的两次负位移，这些位移都具全球意义，为南海与全球进行同位素地层学对比提供了基础，更是研究全球碳储库及其相关的气候变化的重要资料（赵泉鸿，2001a）。

汪品先等（2001）研究了第四纪冰期旋回转型在南沙深海的记录。南沙海区 ODP1143 孔上部 100m 的氧同位素分析，在中国海和西太平洋区首次提供了高分辨率第四纪气候旋回记录，同位素曲线详细展示了更新世的冰期旋回，由早期的 40ka 周期为主向晚期 100ka 周期为主的"转型"，证明两者之间有一个长达近 300ka 的过渡期，"中更新世革命"并非一次简单的突变。而且在 100ka 的冰期旋回中，低纬区热带表层水的变化在先，高纬区冰盖的反应在后。对比表明，北半球冰盖增大、冰期延长的原因不在冰盖本身，而在北半球高纬区之外，不是高纬区冰盖动力学变化的产物，而是与碳循环、大气 CO_2 有关的长期过程，其中低纬海区的变化先于高纬区，显示出低纬海区在全球气候周期长期变化中的重要性。特别是在 20Ma 沉积记录，ODP1148 站揭示出氧碳同位素呈现长周期变化，并通过对比证明为全大洋所共有，反映了全球气候及大洋碳储库的低频变化（图 4-5）。此类周期性也见于碳酸盐和热带风尘沉积，说明是由季风等低纬区过程所引起。无论 1143 井或其他大洋的第四纪记录，都表明碳同位素重值期（$\delta^{13}C_{max}$）所反映的大洋碳储库改组，发生在冰盖大扩张和冰期旋回变型（如"中更新世革命""中布容事件"）之前，证明了碳循环对于冰期变化的调控作用。可见第四纪冰期旋回应当是高纬与低纬过程，物理作用（冰盖）和生物地球化学作用（碳循环）相互结合下"双重驱动"的产物，不能只靠北半球高纬区响应轨道驱动的物理因素来解释。由于当前地球正处在又一次碳同位素重值期，理解大洋碳储库的周期演变及其气候影响实属当务之急。文中还对第四纪以前大洋碳、氧同位素的变化进行比较，发现在 0.4Ma 偏心率长周期上两者同步变化，随着北极冰盖的发育才失去耦合关系。

因此，1999 年 ODP184 航次取得的第一项成果，就是南海深海地层剖面的建立，以及在此基础上对新近纪以来气候周期演变的探讨：①建立起西太平洋区最佳深海地层剖面。在东沙附近建成全球唯一不经拼接的 23Ma 同位素连续剖面，在南沙海区建成全球分辨率最高的 4 个 5Ma 剖面之一（图 4-6），并获得分辨率高达 10 年等级的岩石物理剖面，第 1 次为亚太地区的环境演变获得了系统的高质量海洋记录。②在南海检测出中新世南极冰盖扩张，和晚上新世北极冰盖形成的一系列事件，为我国古环境事

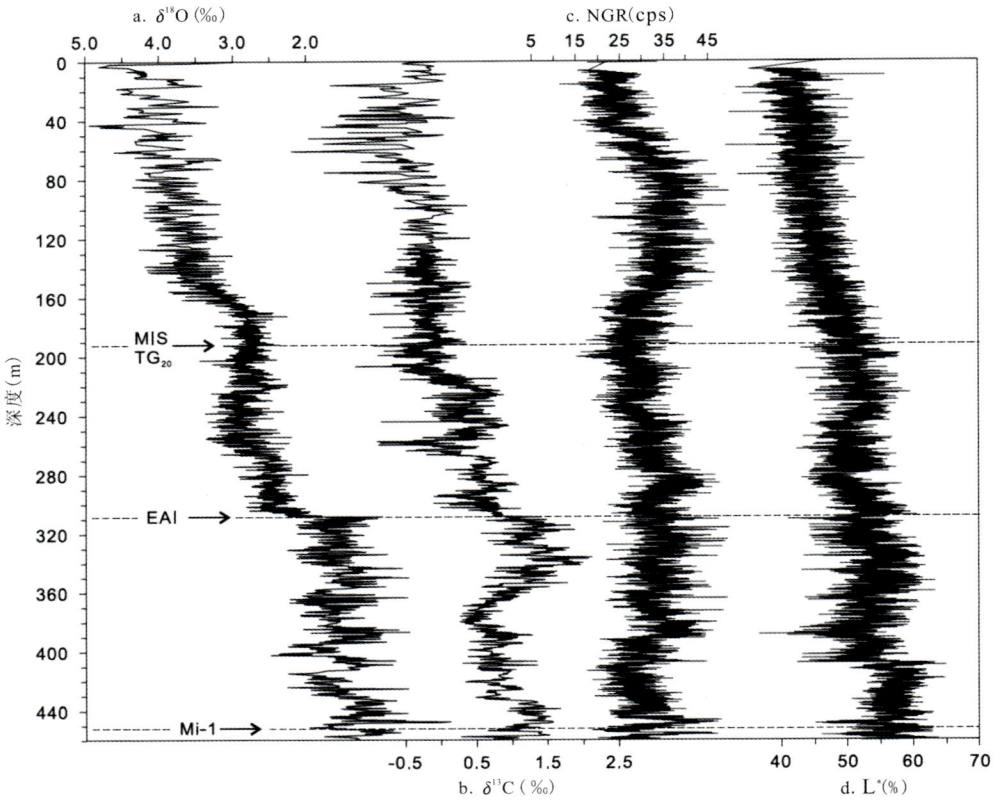

图 4-5 ODP1148 站揭示出氧碳同位素呈现长周期变化(Tian et al,2008)

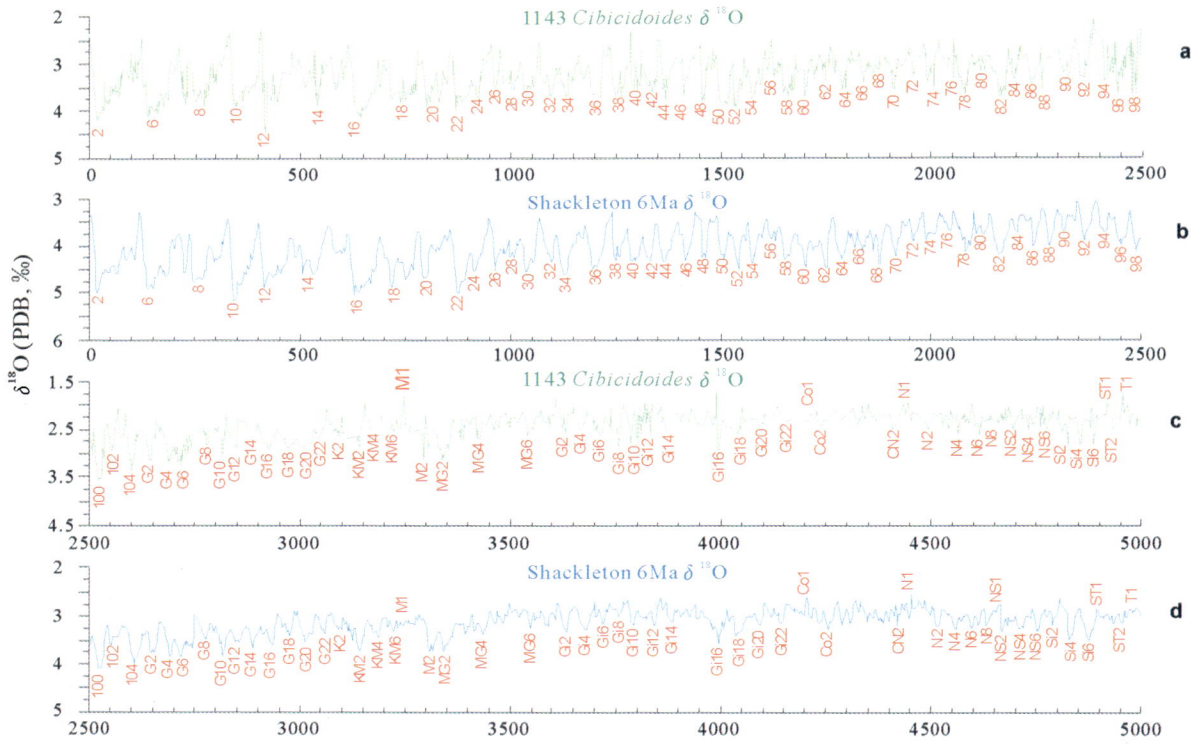

图 4-6 ODP1143 站底栖有孔虫 $\delta^{18}O$ 与 Shackleton 6Ma $\delta^{18}O$ 综合曲线比较(Tian et al,2002)

(2500～0ka:a. ODP1143 $\delta^{18}O$,b. $\delta^{18}O$ 综合曲线;5000～2500ka:c. ODP1143 $\delta^{18}O$,d. $\delta^{18}O$ 综合曲线)

件的国际接轨提供了依据；同时也发现南海特有的区域性事件，如早在约32Ma前海底扩张开始时深海已经存在，最大构造变化发生在晚渐新世（27～23Ma前）等。③利用南海晚新生代连续的氧同位素记录，第1次能够系统探讨轨道驱动气候周期的演变，发现2Ma、0.4Ma和0.1Ma偏心率周期的起伏，说明气候系统对轨道驱动的响应方式随着冰盖增长而改变，通常所指第四纪晚期的米兰科维奇周期，只是在北极冰盖增大后的特殊情况。

4.2 西科1井碳同位素地层学

由于古生物化石分布的不连续性以及沉积间断的存在，加之成岩作用的破坏，对该井进行准确详细地定年存在困难，我们尝试采用稳定同位素对比的方法，结合珊瑚U-Th定年的约束，对该井上部130m地层进行年龄标定。

氧同位素分析极易受到成岩作用影响，如南海ODP1148站在井深477m处有一个明显的长达2Ma的沉积间断。间断之下为渐新世沉积，发生一定的成岩作用，有孔虫等微体化石出现矿化结晶现象（房殿勇等，2002），造成氧同位素数据不能使用（汪品先等，2003；赵泉鸿等，2001）。众所周知，碳酸盐沉积物极易发生成岩作用，如从岩石薄片观察发现，在西科1井表层埋深仅0.03m的沉积颗粒接触部位即已经开始出现矿化结晶现象，随着埋藏深度增加，矿化结晶现象越发严重（图4-7）。

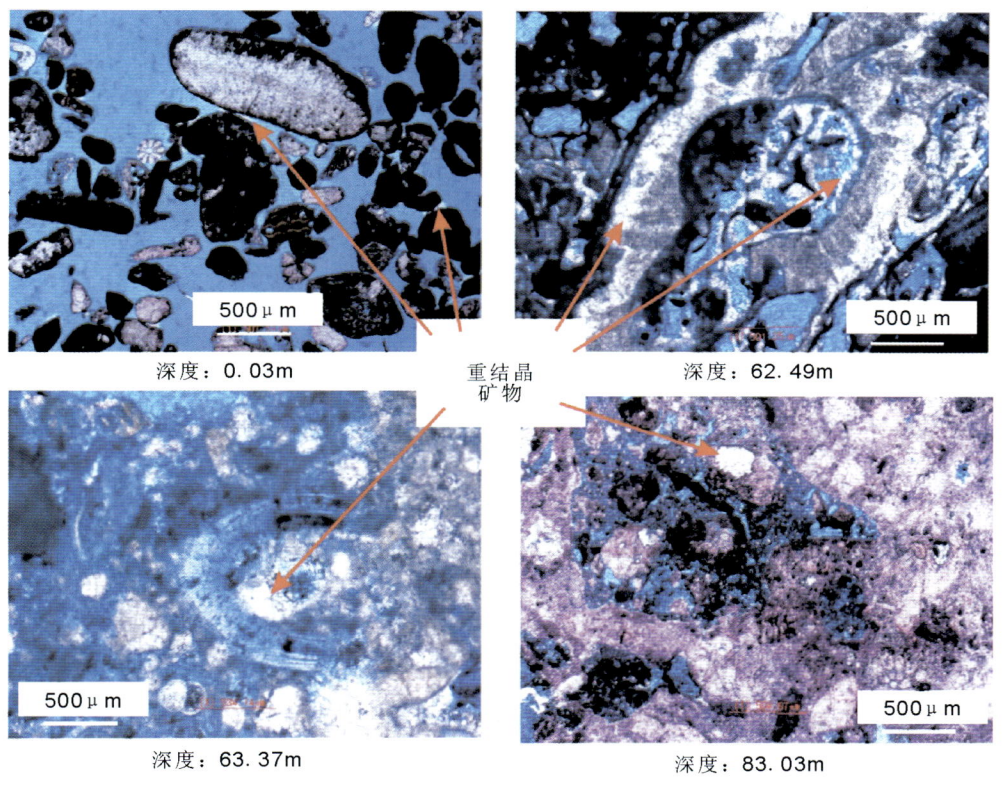

图4-7 西科1井碳酸盐沉积物在不同深度出现的矿化结晶现象

为了确定合适的分析样品，尽量排除成岩作用对样品造成的不利影响，我们首先进行了方法性实验，选取西科1井0～45m岩芯段约每20cm一个样品，挑选大底栖有孔虫 *Amphistegina* 和珊瑚碎屑样品同步进行氧碳同位素对比分析。结果显示两者虽存在数值上的差异，但是总趋势完全相同

(图4-8)。由于有孔虫样品分布不连续,考虑到稳定同位素数据必须具有连续性,在后续分析中我们以20cm为间距选取珊瑚碎屑样品进行氧碳同位素分析,同时开展了全岩元素分析,共分析样品564个。

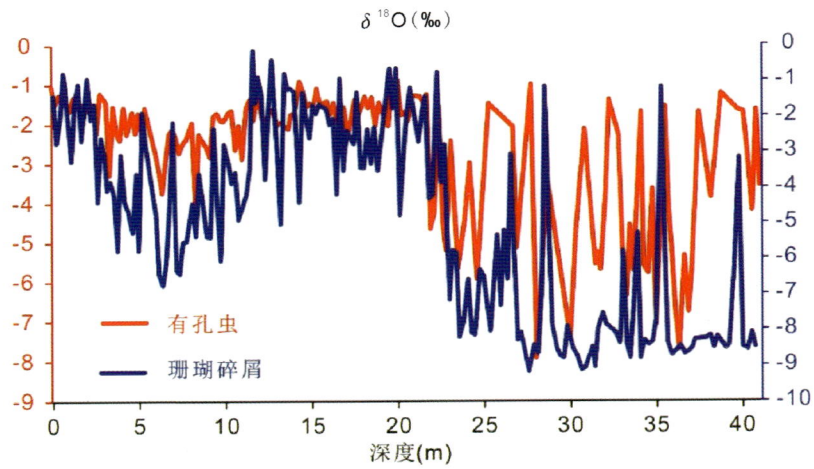

图4-8　大有孔虫 Amphistegina(红色)和珊瑚碎屑(深蓝色)样品氧同位素分析结果对比

从岩芯观察中发现,西科1井0～130m以珊瑚礁相为主,夹10余层生物砂屑沉积或短时风化淋滤面。特别是0～23.61m以生物砂屑沉积为主,夹少量薄层珊瑚礁相,与下伏大段珊瑚礁相沉积差异明显。在Ca、Mg及氧碳同位素含量变化曲线图上23.61m界线也明显存在,碳同位素突然从0.5‰变为−3.5‰,氧同位素从−2.5‰突变为−7.8‰(图4-9),MgO含量从4.55%降为0.58%,CaO含量则略有上升,从51.62%升为58.76%,均呈现所研究井段最大突变(图4-10,表4-1)。同时在36.25m等处均出现MgO含量升高而CaO含量降低的负相关关系(图中红色箭头标定处),其对应的沉积相均为沙滩亚相或珊瑚礁风化淋滤界面,应是淡水淋滤作用下白云岩化作用造成Mg替代Ca的结果。

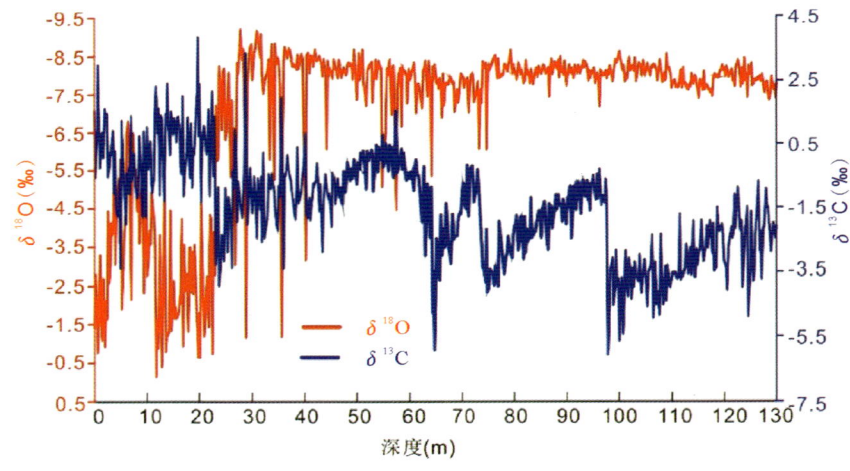

图4-9　西科1井0～130m氧碳同位素变化曲线

在0～23.61m的生物砂屑滩相沉积段,由于靠近地表,受大气淡水淋滤作用强烈,尽管埋深很浅,也出现明显的白云石化作用。在岩石薄片中可以明显观察到白云石矿化结晶现象(图4-7),这对样品的$\delta^{18}O$值产生不利影响。值得注意的是,图4-9显示$\delta^{18}O$在23.61m之下,除了在深度28.15m、36.25m等出现明显变重外,其他层段仅发生微小变化,基本稳定在−8.5‰左右,没有明显的周期性,数值偏轻,与正常海相环境 $\delta^{18}O$ 值相差较大;相反,$\delta^{13}C$ 则呈现出极好的周期性变化特征,在 $-5.5‰\sim$ $0.5‰$ 之间摆动。每一周期表现为由低值逐步缓慢增高,达到高值后突然降低到阶段性最低值的特点,并且这种变化并未与 CaO 和 MgO 反映的白云岩化同步,应是更大范围的控制因素造成的。

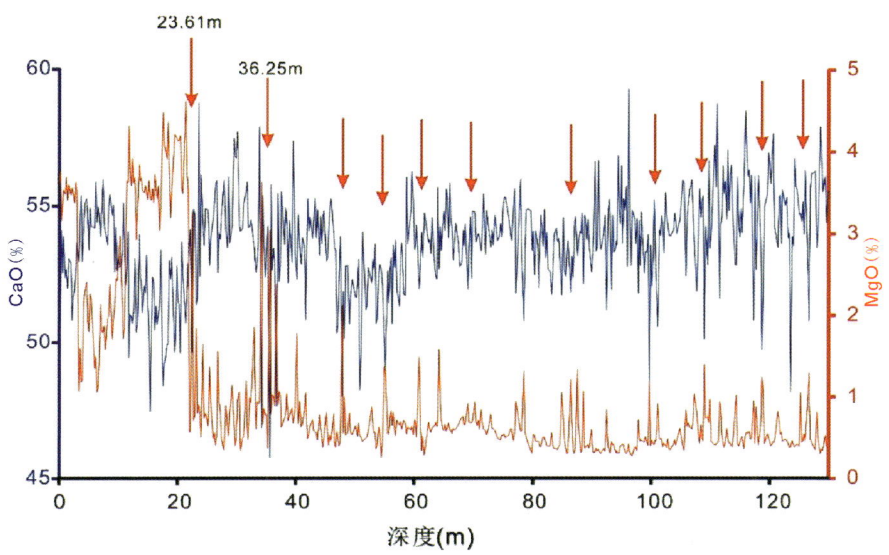

图 4-10　西科 1 井 CaO 及 MgO 含量变化曲线

表 4-1　西科 1 井珊瑚 Mg/Ca、B/Ca 数据

编号	站位	深度 (m)	Li/Ca (10^{-6})	B/Ca (10^{-6})	Mg/Ca (10^{-6})	Al/Ca (10^{-6})	Mn/Ca (10^{-6})	Sr/Ca (10^{-3})
1	西科 1 井	0.00	12.65	155.02	48.84	40.79	19.12	3.987
2	西科 1 井	0.20	21.79	324.46	52.02	38.84	12.64	6.310
3	西科 1 井	0.40	15.54	144.00	109.32	73.77	35.80	2.275
4	西科 1 井	0.60	18.97	230.21	106.02	85.82	40.00	3.205
5	西科 1 井	0.70	10.77	212.93	29.91	43.62	9.65	7.750
6	西科 1 井	1.05	9.87	176.03	38.11	50.45	17.95	3.974
7	西科 1 井	1.25	17.65	278.33	47.00	34.95	22.09	2.888
8	西科 1 井	1.45	26.08	335.33	120.48	70.32	90.43	2.672
9	西科 1 井	1.65	11.08	307.88	49.13	59.99	18.88	6.227
10	西科 1 井	2.00	11.86	192.49	77.82	79.83	36.31	3.406
11	西科 1 井	2.20	14.41	103.96	79.32	68.25	77.31	1.497
12	西科 1 井	2.40	20.23	255.77	101.43	58.65	31.84	3.144
13	西科 1 井	2.60	6.85	207.47	13.29	22.51	5.81	4.566
14	西科 1 井	2.80	14.76	276.46	84.98	70.08	26.18	4.912
15	西科 1 井	3.00	20.88	532.54	48.93	58.45	25.76	5.456
16	西科 1 井	3.15	10.01	170.54	45.63	117.72	16.27	2.342
17	西科 1 井	3.35	8.41	116.89	34.35	59.00	42.31	3.000

续表 4-1

编号	站位	深度 (m)	Li/Ca (10^{-6})	B/Ca (10^{-6})	Mg/Ca (10^{-6})	Al/Ca (10^{-6})	Mn/Ca (10^{-6})	Sr/Ca (10^{-3})
18	西科 1 井	3.55	10.01	102.88	32.65	79.62	18.52	2.250
19	西科 1 井	3.75	10.21	74.50	30.83	82.32	9.89	1.201
20	西科 1 井	3.95	5.17	167.75	23.75	51.36	61.80	4.339
21	西科 1 井	4.15	10.50	128.56	56.68	76.04	88.36	2.110
22	西科 1 井	4.35	7.44	186.28	23.92	38.91	10.13	4.685
23	西科 1 井	4.65	10.63	92.20	63.54	93.43	31.73	2.044
24	西科 1 井	4.85	11.37	214.74	31.72	77.69	8.72	3.823
25	西科 1 井	5.00	6.21	192.53	24.59	58.41	16.85	3.578
26	西科 1 井	5.20	7.15	54.51	32.25	92.33	9.18	1.560
27	西科 1 井	5.40	10.91	198.89	44.12	82.52	18.07	5.053
28	西科 1 井	6.00	6.74	40.67	39.45	151.89	39.39	0.772
29	西科 1 井	6.16	6.55	54.02	20.06	89.06	17.32	1.356
30	西科 1 井	6.40	6.71	44.12	22.14	108.02	17.41	0.772
31	西科 1 井	6.60	6.54	103.06	24.68	95.84	9.01	2.065
32	西科 1 井	6.80	7.32	133.45	31.83	61.25	11.94	3.001
33	西科 1 井	7.00	8.79	77.99	40.01	59.00	29.71	1.132
34	西科 1 井	7.20	6.52	34.60	42.92	69.02	13.38	0.948
35	西科 1 井	7.40	6.66	67.68	44.82	121.18	28.65	1.135
36	西科 1 井	7.60	7.65	72.97	51.79	90.47	24.07	1.069
37	西科 1 井	7.80	5.52	27.31	38.91	98.86	28.50	0.922
38	西科 1 井	8.15	11.49	303.44	34.71	35.41	23.77	4.518
39	西科 1 井	8.35	9.03	242.64	53.53	76.36	20.67	2.990
40	西科 1 井	8.55	9.90	70.41	59.27	85.66	21.31	0.890
41	西科 1 井	9.00	8.48	195.10	55.10	113.09	16.70	1.164
42	西科 1 井	9.20	10.24	67.36	39.72	85.84	29.31	1.983
43	西科 1 井	9.40	9.82	64.29	55.05	84.29	19.83	0.859
44	西科 1 井	9.60	9.58	185.79	43.68	83.22	20.57	3.312
45	西科 1 井	9.80	6.87	59.15	57.26	94.09	32.71	1.244
46	西科 1 井	10.00	11.46	179.85	48.75	66.95	18.23	3.208
47	西科 1 井	10.25	11.37	295.54	34.90	49.63	11.14	4.843
48	西科 1 井	10.45	12.93	161.32	64.49	123.47	20.68	2.462
49	西科 1 井	10.65	8.31	282.64	15.28	43.42	11.24	4.887
50	西科 1 井	10.85	6.05	136.43	24.26	53.82	12.36	3.946
51	西科 1 井	11.05	7.50	150.03	36.43	73.50	22.23	3.581

续表 4-1

编号	站位	深度 (m)	Li/Ca (10^{-6})	B/Ca (10^{-6})	Mg/Ca (10^{-6})	Al/Ca (10^{-6})	Mn/Ca (10^{-6})	Sr/Ca (10^{-3})
52	西科1井	11.30	13.67	221.87	46.74	83.75	29.21	3.715
53	西科1井	11.50	31.45	98.95	52.99	52.67	13.56	2.919
54	西科1井	11.70	21.11	158.09	154.91	58.08	33.53	2.023
55	西科1井	11.85	21.63	260.09	111.38	36.52	54.35	4.157
56	西科1井	12.00	15.11	211.51	77.85	29.37	16.07	3.764
57	西科1井	12.20	20.64	160.05	58.49	41.79	29.85	3.922
58	西科1井	12.40	15.81	241.81	88.15	80.47	40.03	3.234
59	西科1井	12.60	16.54	261.25	91.83	41.74	30.68	4.802
60	西科1井	12.80	11.99	335.19	61.14	43.31	17.81	6.796
61	西科1井	13.10	18.65	351.79	36.66	58.54	12.99	6.990
62	西科1井	13.30	7.90	264.52	32.67	65.25	16.96	5.918
63	西科1井	13.55	21.79	191.47	110.82	67.98	41.04	3.006
64	西科1井	13.75	23.86	193.36	107.53	49.40	32.83	2.673
65	西科1井	13.90	19.42	190.23	130.05	163.30	48.56	2.671
66	西科1井	14.10	17.13	124.03	85.31	59.31	51.30	1.841
67	西科1井	14.40	11.80	76.05	50.20	53.71	22.25	1.772
68	西科1井	14.60	20.36	205.16	126.05	264.21	57.47	3.537
69	西科1井	14.80	33.35	171.94	95.14	41.45	23.50	4.625
70	西科1井	15.00	16.49	131.64	113.00	49.74	39.55	1.636
71	西科1井	15.20	8.92	277.62	28.00	17.42	22.21	7.635
72	西科1井	15.40	17.20	256.64	81.05	59.55	33.60	4.084
73	西科1井	15.60	14.54	182.72	118.04	52.89	38.24	3.372
74	西科1井	15.80	19.25	222.80	78.18	29.92	40.89	2.864
75	西科1井	16.00	9.45	183.88	26.46	19.99	7.79	4.501
76	西科1井	16.20	12.55	201.30	53.01	44.60	28.99	3.928
77	西科1井	16.40	20.09	78.48	53.88	48.28	20.60	2.116
78	西科1井	16.60	11.31	133.10	81.19	61.59	45.09	1.690
79	西科1井	16.80	24.81	264.68	110.69	50.05	32.05	3.996
80	西科1井	17.00	16.41	113.65	132.41	94.07	24.31	1.357
81	西科1井	17.20	16.81	152.92	106.10	95.69	45.15	2.099
82	西科1井	17.60	18.02	158.67	78.45	53.46	37.80	2.203
83	西科1井	17.80	6.30	107.32	21.52	24.20	13.08	2.940
84	西科1井	18.00	22.26	184.52	66.35	58.22	54.16	5.210
85	西科1井	18.20	14.69	246.55	41.06	51.57	16.82	4.114

续表 4-1

编号	站位	深度 (m)	Li/Ca (10^{-6})	B/Ca (10^{-6})	Mg/Ca (10^{-6})	Al/Ca (10^{-6})	Mn/Ca (10^{-6})	Sr/Ca (10^{-3})
86	西科1井	18.40	12.88	232.52	90.18	65.99	34.38	4.516
87	西科1井	18.60	8.77	284.55	35.04	37.36	16.87	6.005
88	西科1井	18.80	13.78	229.85	78.63	66.60	28.25	5.264
89	西科1井	19.00	16.70	92.41	91.51	81.56	27.31	2.554
90	西科1井	19.55	25.59	612.39	95.15	63.43	20.95	3.468
91	西科1井	19.70	14.66	140.23	77.62	44.55	39.02	5.523
92	西科1井	19.90	19.16	199.65	125.24	59.64	59.07	2.341
93	西科1井	20.10	18.26	156.20	107.37	54.10	34.32	2.196
94	西科1井	20.30	16.20	186.77	60.61	44.27	21.53	4.937
95	西科1井	20.50	26.24	226.98	117.84	67.90	44.57	3.650
96	西科1井	20.70	13.52	178.84	40.57	51.29	12.68	3.168
97	西科1井	20.90	39.95	246.48	103.91	58.63	29.30	4.819
98	西科1井	21.40	10.01	146.39	33.79	24.98	9.61	3.278
99	西科1井	21.60	11.16	355.27	48.03	33.94	55.05	7.531
100	西科1井	21.80	16.93	207.93	112.35	64.98	45.37	2.983
101	西科1井	22.00	5.70	426.60	3.45	14.21	1.13	9.103
102	西科1井	22.20	5.65	254.54	5.33	12.06	2.53	8.836
103	西科1井	22.50	22.56	202.03	135.64	76.73	47.05	2.717
104	西科1井	22.70	5.47	304.12	5.59	17.96	7.63	6.862
105	西科1井	22.90	6.20	281.60	8.05	21.32	4.97	8.887
106	西科1井	23.20	5.66	287.68	10.92	13.64	10.39	8.467
107	西科1井	23.40	5.20	247.04	16.42	22.68	14.32	5.375
108	西科1井	23.60	5.00	298.55	12.09	18.38	7.30	7.187
109	西科1井	23.80	3.60	174.21	20.28	24.93	13.10	3.648
110	西科1井	24.00	4.33	57.98	30.05	31.13	35.12	1.917
111	西科1井	24.30	3.86	231.12	18.96	22.79	21.44	5.141
112	西科1井	24.50	2.29	42.08	27.11	34.43	26.83	1.991
113	西科1井	24.70	2.50	28.39	28.30	35.11	46.20	1.387
114	西科1井	25.00	6.55	122.07	2.68	13.43	6.07	10.229
115	西科1井	25.20	3.86	258.97	14.70	21.10	21.06	5.393
116	西科1井	25.40	2.91	13.26	20.32	41.02	49.51	1.293
117	西科1井	25.60	3.06	44.84	22.24	28.94	36.35	4.360
118	西科1井	26.00	3.58	250.68	7.36	17.33	5.15	5.564
119	西科1井	26.20	2.76	76.43	9.05	18.59	23.31	3.500
120	西科1井	26.40	4.46	297.36	5.76	13.16	6.27	7.504

4.3 地层划分

石岛是在中新世开始发育的碳酸盐岩台地上形成的生物砂屑灰岩岛(业治铮等,1985;钱建兴,1999)。到目前为止,已发表的石岛表层碳酸盐沉积物^{14}C定年数据60余个,其中95%介于5~20ka之间(毕福志,袁又申,1997),说明石岛表层存在沉积层的缺失,普遍认为缺失最少10ka左右的沉积记录(陈以健等,1982;业治铮等,1985;吕炳全等,1986;何起祥等,1986)。对于钻井剖面的定年工作主要依据古生物组合进行,难以细化。20世纪80年代在西石1井进行的研究中同样存在定年问题。何起祥等(1986)依据δ^{18}O变化曲线对西石1井200m以上沉积物进行了初步时间标定,认为0~24.68m(相当于11~65ka之间)为末次冰期的产物,24.68m以下相当于末次间冰期,在150m左右沉积物年龄不到130ka,进而得出西沙群岛间冰期碳酸盐沉积速率比冰期高出4倍的结论。

一般认为,氧同位素地层学对晚新生代海相地层的定年非常有效和常用,在古海洋学研究中是十分关键的地层对比和冰期旋回划分指标(Wang et al,1999;Wang et al,2000;Lisiecki & Raymo,2005)。根据同位素分馏作用的原理,氧的轻同位素(^{16}O)在气候变冷时,随着冰冻作用而聚集到两极,造成海水中氧的重同位素(^{18}O)相对富集。同期生活在海洋中的生物,其骨骼的氧同位素组成就会出现重同位素增高的现象。而当气候变暖时则出现相反情况,并且在各大海域情况基本相同,完全可以全球对比。依据这一原理建立了氧同位素冰期—间冰期旋回曲线,标定了各旋回的绝对年龄,构建了氧同位素地层学,成为现代古海洋学研究的基础(Shackleton,1967,汪品先等,2000)。近20年来,在南海完成了大量科学探井,建立了准确度极高的氧同位素标准曲线,极大地推进了南海古海洋学的研究(赵泉鸿等,2001;翦知湣等,2001;Lin,2003;Wang et al,2004;李建如,汪品先,2006)。但是,氧同位素地层学方法最大的弱点是极易遭受成岩作用的影响。ODP1148站沉积物在457m(23.03Ma)以下深度,沉积物中仅出现少量方解石重结晶现象,其氧同位素数值就发生改变而无法使用(Wang et al,2000,2004;赵泉鸿等,2001;王汝建等,2001;房殿勇等,2002)。鉴于西科1井从表层0.03m即已经开始出现重结晶作用(图4-7),加之从23.61m以下很难看出周期性旋回变化(图4-9),根据以往研究经验可以认为,氧同位素地层学方法不适合对西科1井进行地层划分及定年。

碳同位素变化周期是否可以用来进行地层定年一直存在争议。众所周知,沉积物的碳同位素组成受控因素较多,涉及地球表层系统中全球气候变化机理的基本问题(Kroopnick,1985;Mackensen & Rickert,1999;Sigman & Royle,2000),与陆地植被大小以及海洋生产力和大气CO_2浓度均有关系,而与温度关系很小,以至于不同地区差异很大,自成体系,难以对比(Mackensen & Richert,1999;汪品先等,2001)。然而,最近已经发现全球大洋碳储库的长周期,每过400~500ka无论浮游或底栖有孔虫,无论哪一海区,δ^{13}C值均周期性地出现最重值。一种假设认为,第四纪之前的海洋δ^{13}C出现400ka长周期主要是由于海水中颗粒有机碳及溶解有机碳比值的变化,而这种比值取决于季风控制的营养盐供应,但是,在1.6Ma之后,大洋结构重组,南大洋深部水进一步被隔离,延迟了海洋中δ^{13}C原来400ka长周期的信号,使第四纪的长周期表现为500ka(Wang et al,2014)。因此,可以认为,δ^{13}C值周期性变化反映了大洋碳储库周期性改变的特征(Wang et al,2000,2004,2014;Tian et al,2002;Lorraine & Maureen,2005;李建如,汪品先,2006),其根本原因是冰期—间冰期的变化不仅对地球的气温有影响,而且直接影响着地球的CO_2循环。CO_2循环机制的变化又直接影响着水圈(主要是海洋)与大气圈的CO_2交换,造成海洋生物骨骼碳同位素组成随着冰期—间冰期的交替而发生变化。

到目前为止,前人对南海的氧碳同位素进行了大量分析解释工作,已经有大量可靠的分析数据(赵泉鸿等,2001;Lin,2003;Wang et al,2004,2014)。李建如和汪品先(2006)汇总了十余年来包括南海大洋钻探ODP1143站,ODP1146站以及德国太阳号完成的共计8口探井200ka的氧碳同位素研究成果。这些探井是目前南海海域研究精度最高的探井,均有可靠的氧同位素地层学标定以及对应的碳同位素变化曲线,在这些资料的基础上,总结出南海综合的 $\delta^{13}C$ 变化标准曲线,并发现该曲线在全球范围可以进行对比(图4-11)。这项工作的开展为西科1井通过碳同位素变化曲线来确定地层年代打下了良好基础。

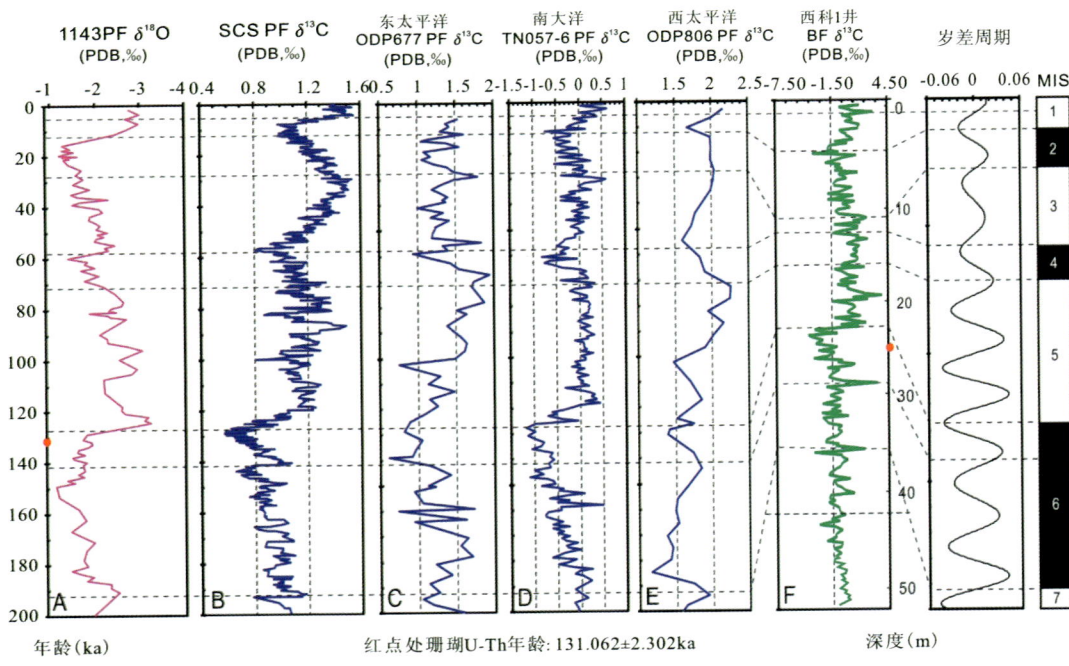

图 4-11　西科1井与全球碳同位素变化曲线对比(图 A—E 引自 Li & Wang,2006)

图 4-11 显示,西科 1 井碳同位素变化曲线与南海及全球主要大洋的碳同位素变化曲线几乎相同,可以用来标定西科 1 井碳酸盐岩台地 200ka 以来的地层年龄。图中可见,西科 1 井在 5m、13.9m 和 23.8m 出现突然变轻的现象,而这些深度对应的时代据对比恰恰是冰期与间冰期相互转换的时期,说明全球气候变化是 $\delta^{13}C$ 值发生突变的主要原因。11.7m、16.8m 和 35.65m 处对应于间冰期向冰期转化的海平面下降期,$\delta^{13}C$ 值表现出阶段性最高值。

结合氧同位素期次,上述 $\delta^{13}C$ 曲线可将西科 1 井 0~50m 划归全球氧同位素 1~7 期;5m 处为氧同位素 1 期的底界,年龄为 14ka;11.7m 为氧同位素 2 期的底界,年龄为 29ka;23.8m 为氧同位素 5 期的底界,年龄为 129ka;35.65m 为氧同位素 6 期的底界,年龄为 191ka(图 4-11,表 4-2)。值得指出的是,在深度 25.25m 采集的珊瑚 U-Th 定年样品,通过德国基尔大学地质系检测,得出其年龄为 131.062±2.302ka,也直接验证了碳同位素曲线定年的正确性。

表 4-2　西科 1 井地层年龄和 $\delta^{13}C$ 极值及平均值(年龄值引自 Lisiecki & Raymo,2005)

年龄(ka)	孔深(m)	保存厚度(m)	$\delta^{13}C$ 极值			氧同位素期次
			最大值	最小值	平均值	
14	5	5	2.99	-1.46	0.49	1
29	11.7	7.55	2.34	-3.35	-0.37	2
57	13.9	2.2	2.42	-1.24	0.85	3
71	16.8	2.9	2.02	-0.41	0.94	4
129	23.8	7.0	3.86	-3.89	0.15	5
191	35.65	12.85	3.35	-3.47	-1.18	6

4.4 珊瑚 U-Th 定年

4.4.1 概述

通过放射性元素的衰变规律测年,是年代地层学的一个重要手段。其中,$^{238}U-^{234}U-^{230}Th$放射性衰变体系中,中间的子体元素^{234}U和^{230}Th半衰期分别为244.5ka和75ka,可适用于不同年龄范围的地层,被认为是测定第四纪以来沉积物年龄的有利工具。固结成岩的碳酸盐沉积物,例如珊瑚、钟乳石等,在其沉积初期Th含量通常极低,而且对U、Th相对保持封闭体系,是利用U-Th年代学研究的理想对象(Broecker & Thurber,1965;Broecker et al,1968)。如果λ_8、λ_4以及λ_0分别代表^{238}U、^{234}U和^{230}Th的衰变常数,则三者分别为$1.55125\times10^{-10-1}$,$2.835\times10^{-6-1}$,$9.195\times10^{-6-1}$。如果一个衰变体系满足以下两个基本条件:未含初始^{230}Th子体;对U、Th保持封闭,则该体系满足以下关系(Edwards et al,1987):

$$1-\left(\frac{\lambda_0{}^{230}Th}{\lambda_8{}^{238}U}\right)=e^{-\lambda_0 t}Th-\left(\frac{\delta^{234}U(0)}{1000}\right)\frac{\lambda_0}{\lambda_0-\lambda_4}[1-e^{-(\lambda_0-\lambda_4)t}]$$

公式中,δ代表样品U的不平衡程度,定义如以下公式:

$$\delta^{234}U=\left[\frac{^{234}U/^{238}U}{(^{234}U/^{238}U)_{eq}}-1\right]\times10^3$$

上述^{238}U、^{234}Th及^{230}Th均代表原子含量,$(^{234}U/^{238}U)$代表放射性达到平衡时的原子含量比值,即5.472×10^{-5}。$\delta^{234}U(0)$则代表被测样品的不平衡程度,同时,另一个参数$\delta^{234}U(T)$表示样品初始形成时的不平衡程度。对于珊瑚而言,$\delta^{234}U$是判断衰变体系是否为封闭状态的一个重要参数,同时具备如下关系:

$$\delta^{234}U(0)=\delta^{234}U(T)e^{-\lambda_4 t}$$

对于符合两个基本条件的样品,在准确测定U比值、^{234}Th和^{238}U含量的基础上,便可计算出准确年龄。

20世纪50年代以来,谱仪法铀系定年技术被应用于各个领域,但该方法因测定时间长、样品量大、精确度不高、前处理过程复杂等缺陷,极大地限制了铀系测年技术的发展(Goldstein & Stirling,2003)。至20世纪80年代中期,热电离质谱法(Thermal Ionization Mass Spectrometry,简称TIMS)技术被广泛应用于定年。1986—1987年,首次成功运用TIMS对末次间冰期珊瑚样品进行定年并得到一系列高分辨率数据。80年代末,加州理工大学率先利用TIMS成功测定海水和珊瑚中超低丰度的^{234}U和^{230}Th含量,标志着不平衡铀系定年技术的巨大突破。与传统的谱仪法相比,TIMS不仅灵敏度高,且精确度提升了1~2个数量级,另外样品量和所需时间也大大减少(Bard et al,1990;Eisenhauer et al,1993;彭子成,1997)。20世纪90年代中期,我国研究者也开始了这方面的测年工作。Luo et al首次将多接收器电感耦合等离子体质谱仪(Multi-collector Inductively Coupled Plasma Mass Spectrometry,简称MC ICPMS)用于定年,之后Hinrichs和Shen et al又完成了应用单接收器电感耦合等离子体质谱仪(Single-collector Inductively Coupled Plasma Mass Spectrometry,简称SC ICPMS)的测年研究。相比TIMS,ICPMS具备更加省时省力、节约样品和精度更高的优势,并且可以达到微区测年的标准(Hinrichs & Schnetger,1999;Luo et al,1997;Shen et al,2002;程海,2002)。

4.4.2 西科1井珊瑚U-Th定年结果

西科1井共选取6个珊瑚样品开展U-Th定年分析,分析由德国基尔大学同位素实验室完成(表4-3)。

表 4-3 西科 1 井基底样品锆石 LA-ICPMS U-Pb 测年分析结果

样品	含量(10^{-6}) Th	含量(10^{-6}) U	Th/U	原始比值 $^{207}Pb/^{206}Pb$	1σ	原始比值 $^{207}Pb/^{235}U$	1σ	原始比值 $^{206}Pb/^{238}U$	1σ	校正后年龄(Ma) $^{207}Pb/^{206}Pb$	1σ	校正后年龄(Ma) $^{207}Pb/^{235}U$	1σ	校正后年龄(Ma) $^{206}Pb/^{238}U$	1σ
XK1-1															
1	208.93	309.94	0.67	0.0550	0.0038	0.1876	0.0133	0.0252	0.0004	413	143	175	11	160	3
2	752.41	964.99	0.78	0.0491	0.0016	0.1671	0.0057	0.0246	0.0003	151	70	157	5	156	2
3	1322.34	1510.45	0.88	0.0500	0.0013	0.1632	0.0046	0.0237	0.0003	195	53	154	4	151	2
4	443.01	617.41	0.72	0.0526	0.0021	0.1682	0.0063	0.0233	0.0002	313	76	158	5	149	1
5	552.24	746.67	0.74	0.0518	0.0019	0.1725	0.0063	0.0241	0.0002	275	74	162	5	153	1
6	81.61	214.78	0.38	0.0593	0.0040	0.1884	0.0121	0.0240	0.0004	579	125	175	10	153	2
7	224.87	610.62	0.37	0.0563	0.0025	0.1721	0.0079	0.0221	0.0002	464	91	161	7	141	2
8	254.78	630.28	0.40	0.0465	0.0018	0.1540	0.0059	0.0240	0.0002	25	70	145	5	153	1
9	565.69	772.07	0.73	0.0516	0.0018	0.1612	0.0057	0.0225	0.0002	268	72	152	5	144	1
10	1361.66	2395.08	0.57	0.0508	0.0015	0.1510	0.0046	0.0214	0.0002	232	61	143	4	137	1
11	238.84	558.31	0.43	0.0510	0.0021	0.1706	0.0068	0.0243	0.0002	241	81	160	6	155	1
12	1170.73	1433.09	0.82	0.0493	0.0014	0.1630	0.0046	0.0238	0.0002	164	58	153	4	152	1
13	274.84	377.08	0.73	0.0512	0.0023	0.1669	0.0074	0.0238	0.0003	251	90	157	6	152	2
14	612.19	871.96	0.70	0.0471	0.0016	0.1583	0.0052	0.0243	0.0002	55	63	149	5	155	1
15	416.73	707.63	0.59	0.0518	0.0019	0.1783	0.0064	0.0250	0.0003	276	72	167	6	159	2
16	189.74	419.34	0.45	0.0522	0.0024	0.1799	0.0082	0.0251	0.0003	293	97	168	7	160	2
17	398.89	934.97	0.43	0.0474	0.0016	0.1546	0.0054	0.0235	0.0002	71	71	146	5	149	1

续表 4-3

样品	含量(10^{-6})			原始比值						校正后年龄(Ma)					
	Th	U	Th/U	$^{207}Pb/^{206}Pb$	1σ	$^{207}Pb/^{235}U$	1σ	$^{206}Pb/^{238}U$	1σ	$^{207}Pb/^{206}Pb$	1σ	$^{207}Pb/^{235}U$	1σ	$^{206}Pb/^{238}U$	1σ

XK1-2

16	173.31	172.33	1.01	0.0538	0.0063	0.1198	0.0125	0.0168	0.0003	363	223	115	11	107	2
17	1097.47	1847.00	0.59	0.0549	0.0018	0.1411	0.0051	0.0186	0.0003	89	89	116	6	117	2
18	72.73	113.89	0.64	0.0755	0.0084	0.1796	0.0192	0.0183	0.0004	1081	209	168	16	117	3
19	74.33	106.37	0.70	0.1057	0.0089	0.2316	0.0186	0.0166	0.0004	865	295	141	20	102	3
20	209.01	535.10	0.39	0.0681	0.0060	0.1926	0.0173	0.0207	0.0004	873	180	179	15	132	2
21	144.69	156.66	0.92	0.0611	0.0064	0.1455	0.0149	0.0176	0.0004	643	216	138	13	113	2
22	84.52	99.55	0.85	0.1222	0.0115	0.2519	0.0200	0.0171	0.0004	1989	133	228	16	109	3
23	75.27	109.95	0.68	0.0520	0.0078	0.1241	0.0194	0.0170	0.0004	286	314	119	17	108	2
24	151.51	168.20	0.90	0.0493	0.0053	0.1050	0.0115	0.0166	0.0003	160	224	101	11	106	2
25	1276.40	1394.15	0.92	0.0473	0.0017	0.1190	0.0042	0.0182	0.0002	63	70	114	4	116	1
26	191.92	213.44	0.90	0.0572	0.0054	0.1319	0.0119	0.0170	0.0003	501	193	126	11	109	2
27	163.88	161.79	1.01	0.0661	0.0057	0.1623	0.0137	0.0184	0.0004	811	168	153	12	118	2
28	83.47	115.65	0.72	0.0682	0.0072	0.1560	0.0164	0.0177	0.0004	874	213	147	14	113	2
29	124.82	133.85	0.93	0.0689	0.0081	0.1356	0.0145	0.0157	0.0004	896	215	129	13	101	2
30	87.05	100.25	0.87	0.0796	0.0097	0.1637	0.0176	0.0161	0.0004	1187	208	154	15	103	2
31	60.96	96.85	0.63	0.0750	0.0098	0.1666	0.0213	0.0170	0.0004	1068	256	156	19	109	3

取样及分析结果见表4-4。分析结果显示,西科1井25.21m的U-Th定年为131.062±2.3ka,27.83m处的年龄为158.902±2.45ka。由于成岩交代作用的破坏,34.05m以下深度的样品分析结果不能使用。

表4-4 西科1井珊瑚U-Th定年分析结果

样品编号	深度(m)	评价	年龄(ka)	±ka
UIA U9804-1	25.21		131.062	2.302
UIA U9805-2	27.83		158.902	2.450
UIA U9806-3	34.05	成岩影响	142.396	1.225
UIA U9807-4	61.57	成岩影响	296.975	8.249
UIA U9808-5	79.60	成岩影响	n.d.	n.d.
ZU1	119.60	成岩影响	776.949	0.000

4.5 基底锆石定年

4.5.1 概述

基底是盆地形成的物质基础,也与盆地的持续演化和油气的运移聚集密切相关(Braitenberg et al,2006)。20世纪80年代以来,前人通过地球物理和地震资料对南海盆地基底开展了一系列研究。然而,现有的地震资料主要是针对浅部地层而设计采集的,前新生界以下的地震资料信噪比低,资料品质较差。此外,由于上覆沉积物埋深巨大,目前钻遇前新生界地层或基底的井位仍分布有限。目前,关于南海北部基底的构造分区方案还存在争议(刘以宣,1994;刘海龄,2004;谢锦龙,2010;鲁宝亮,2011)。但是,以琼海断裂和阳江-一统暗沙东断裂为界,该界线以西为古生代浅变质沉积岩基底为主,界线以东基底以中生代岩浆岩为主(王家林,2003;Sun et al,2014)。早期研究认为南海西北部地区是在前寒武纪结晶基底上发育起来的,其中最主要的依据就是20世纪70年代在西沙群岛西永1井获得的前寒武纪变质岩。基底风化壳以下,沉积变质岩主要由灰色、灰绿色花岗片麻岩和黑云二长片麻岩组成,同位素测年结果为637Ma(王崇友,1979)。在西永1井的约束下,地震-重磁联合解释随后在珠江口盆地西部和琼东南盆地识别出可能代表前寒武纪基底的构造层。岳军培(2013)等认为南海北部的结晶基底与福建古-中元古界迪口组、广东新元古界云开群和海南岛中元古界抱板群具有一定的可比性,代表了华夏古陆的一部分。但是,也有观点认为西沙群岛的变质结晶基底是中南半岛昆嵩地块的东侧延伸(Liu et al,2011)。

尽管西沙前寒武纪的基底年龄被学者们广泛采用,早期应用全岩Rb-Sr法来测定的西永1井变质岩的年龄很可能不具有特定的地质意义(Dickin,2005)。一方面难以保证分析的样品为典型的正变质岩,另一方面该Rb-Sr等时线不是用一块标本测定的,分析得出的年代结果是偏老的。孙嘉诗(1987)对该前寒武纪的年龄提出质疑,随后采用K-Ar法重新测定基底岩石末次变质事件的年龄为96Ma,从而推论西沙基底形成的时间应介于古生代和中生代之间(627~96Ma)。针对西沙基底年龄的不确定性,本次研究针对新获取的西科1井基底样品进行了岩石薄片鉴定和锆石U-Pb测年分析,来重新厘定西沙基底的构造属性。锆石作为一种广泛分布于各类岩石中的副矿物,稳定性较强,可历经多期的沉积循环和强烈的变质作用。锆石 U-Pb 同位素体系的封闭温度是目前已知矿物中最高的,这使得它成为确定各种高级变质作用峰期年龄和岩浆岩结晶年龄的理想对象。西沙地区基底成分及年代学的研究不仅有助于阐明南海北部前新生代相邻板块的构造演化过程,而且对中生代残余盆地的进一步油气勘探有重要指导意义。

4.5.2 材料和方法

西科 1 井基底岩石与上覆 1257.5m 厚的新生代碳酸盐沉积序列不整合接触。本次研究获取的两个基底岩石样品如图 4-12 所示,采样深度分别为 1258.5m(XK1-1)和 1261.5m(XK1-2)。样品制成薄片后,采用正交偏光显微镜进行矿物及岩石学鉴定工作,重点鉴定岩石中的主要矿物成分和含量,进行岩石的准确定名。

取自 1258.5m 深度岩芯 XK1-1 样品为深灰色角闪斜长片麻岩,主要由斜长石(46%)、普通角闪石(11%)、黑云母(23%)和石英(12%)及钾长石(8%)组成,含少量绿帘石、磷灰石、榍石、锆石等副矿物。矿物大小介于 10~0.2mm 之间,浅色矿物晶体普遍大于暗色矿物,部分长石颗粒达 10mm,板状晶形。暗色矿物晶体略小于浅色矿物,多介于 4~0.2mm 之间。多数矿物新鲜、未发生次生蚀变,部分钾长石发生了泥化、吸附 Fe^{3+} 呈现出淡褐红色。矿物定向排列明显,由富浅色矿物层和富暗色矿物层互层组成,构成中粗粒片麻状构造(图 4-12B),局部可见普通角闪石或斜长石矿物之间呈现三连点的平衡结构(图 4-12F),定名角闪斜长片麻岩。角闪斜长片麻岩产出深度为 1257.52~1260.52m,顶部与结晶灰岩呈角度不整合接触,两者之间可见风化壳(图 4-12A),部分岩石发生了碎裂,其裂隙被后期方解石脉充填(图 4-12C)。此外,在 1260.52m 处,角闪斜长片麻岩明显被花岗岩侵入呈侵入关系,在接

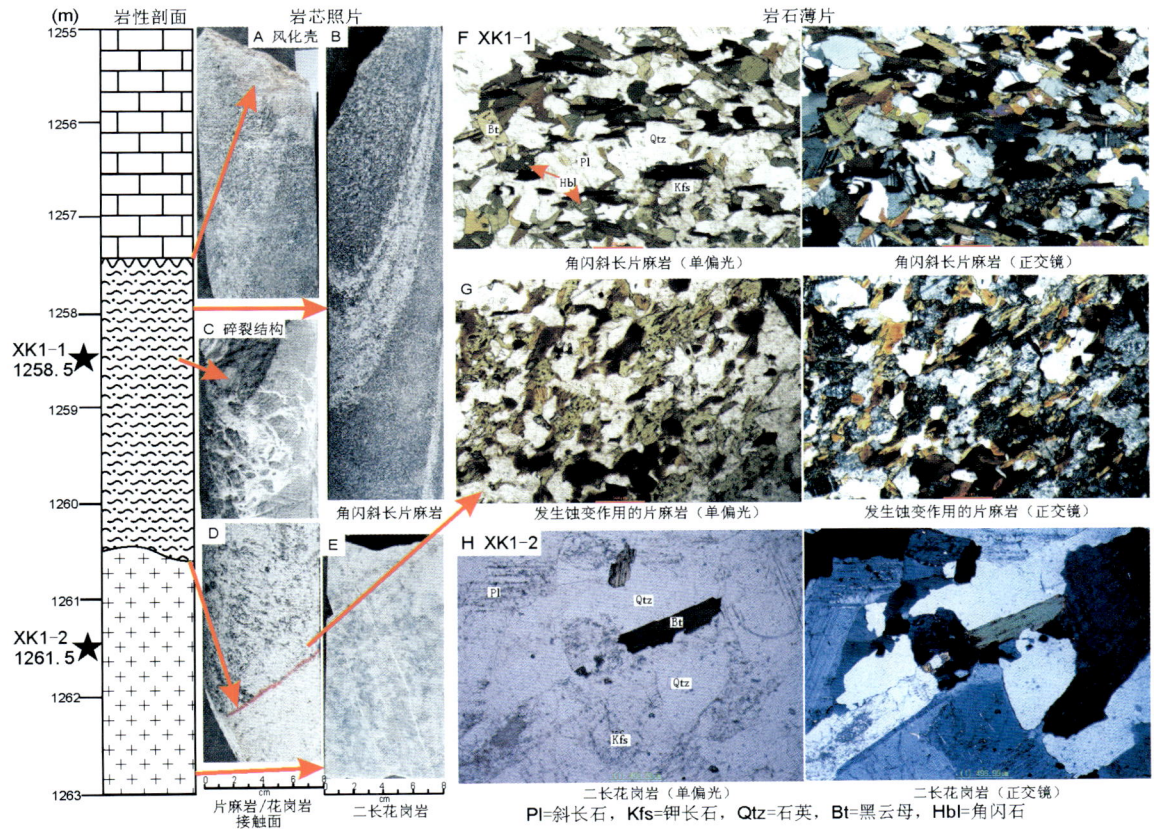

图 4-12 西科 1 井基底岩性组成与岩石学特征

触面上片麻岩发生了一定的蚀变作用,角闪石和黑云母均发生了绿泥石化,长石也有较强的泥化及绢云母化,但这些矿物整体仍保持定向排列(图4-12D,G)。

XK1-2样品(1261.5m)浅灰色花岗岩,矿物晶体粗大,具典型的花岗结构,矿物晶体多为半自形或自形晶,大小介于20~5mm之间,主要由酸性斜长石(22%±)、正长石(45%)和石英(28%±)组成,暗色矿物为黑云母(5%±),副矿物有褐帘石、磷灰石、锆石等,定名为花岗岩,分布层段为1260.52~1262.72m(图4-12E,H)。

锆石的分选工作是在河北省区域地质矿产研究所完成。在双目镜下随机选取200颗左右的锆石粘在双面胶上,用无色透明的环氧树脂固定,固化后将锆石靶样抛光。随后,对锆石进行阴极发光图像采集,以观察锆石内部结构,确定适合的微区分析位置。锆石U-Pb同位素测年是在中国地质大学(武汉)地质过程与矿产资源国家重点实验室利用激光剥蚀电感耦合等离子体质谱仪(LA-ICPMS)分析完成的(Liu et al,2010)。激光剥蚀系统为GeoLas 2005,ICPMS型号为Agilent 7500a。激光脉冲频率为1Hz,束斑大小为32μm,选取的剥蚀位置为锆石边部的韵律环带。每个分析数据包括20s的空白信号和50s的样品信号。锆石标准91500作为外标进行同位素分馏校正,每分析6个样品点分析2次91500。同时,采用锆石标准GJ-1来监测分析结果的准确度。锆石微量元素的含量测定采用玻璃610作为外标、Si作内标的方法进行定量计算。分析数据的离线处理借助软件ICPMS DataCal(Liu et al,2009)完成,计算得出的U-Th-Pb同位素比值(1σ)采用Andersen(2002)的方法进行普通Pb校正。U-Pb年龄谐和图的绘制和加权平均年龄的计算由软件Isoplot(Ludwig,2003)完成。

4.5.3 锆石U-Pb测年结果

基底的锆石LA-ICPMS U-Pb测年分析结果见表4-3。样品XK1-1和XK1-2中锆石的Th/U比值变化范围为0.37~0.88和0.39~1.01(图4-13),结合阴极发光图像中典型的韵律环带特征,代表岩浆结晶的产物(Hoskin & Schaltegger,2003)。锆石U-Pb年龄谐和图及年龄加权平均结果见图4-14。样品XK1-1的17个分析结果中,16个锆石是谐和的。其中,14个锆石得出的$^{206}Pb/^{238}U$加权平均年龄为152.9±1.7Ma(MSWD=5.5),剩下的2个较年轻的年龄分别为137±1Ma和144±1Ma。

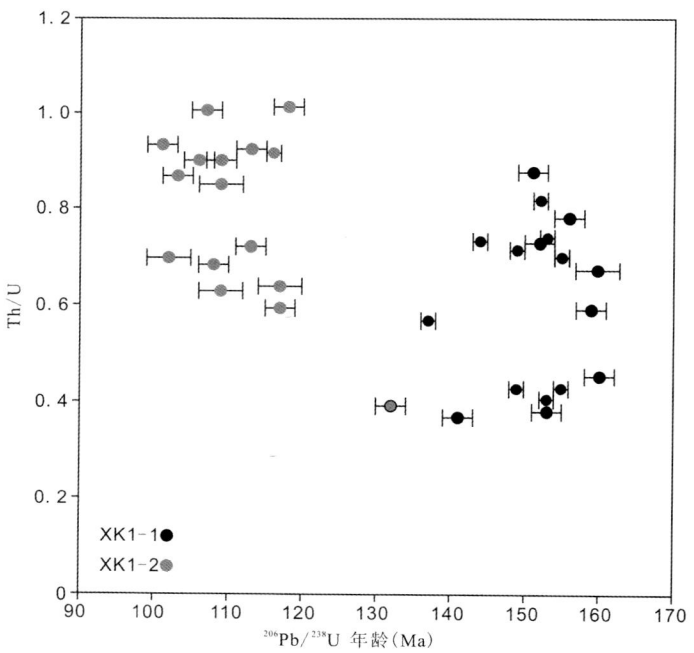

图4-13 西科1井基底锆石U-Pb年龄与Th/U比值

样品 XK1-2 中，6 个锆石的 U-Th-Pb 同位素结果投影在谐和曲线之外。剩余的 10 个谐和锆石中，8 个得出 ^{206}Pb/^{238}U 加权平均年龄为 107.8±3.6Ma(MSWD=4.3)，两个锆石年龄稍老(116±1.8Ma 和 117±2Ma)。

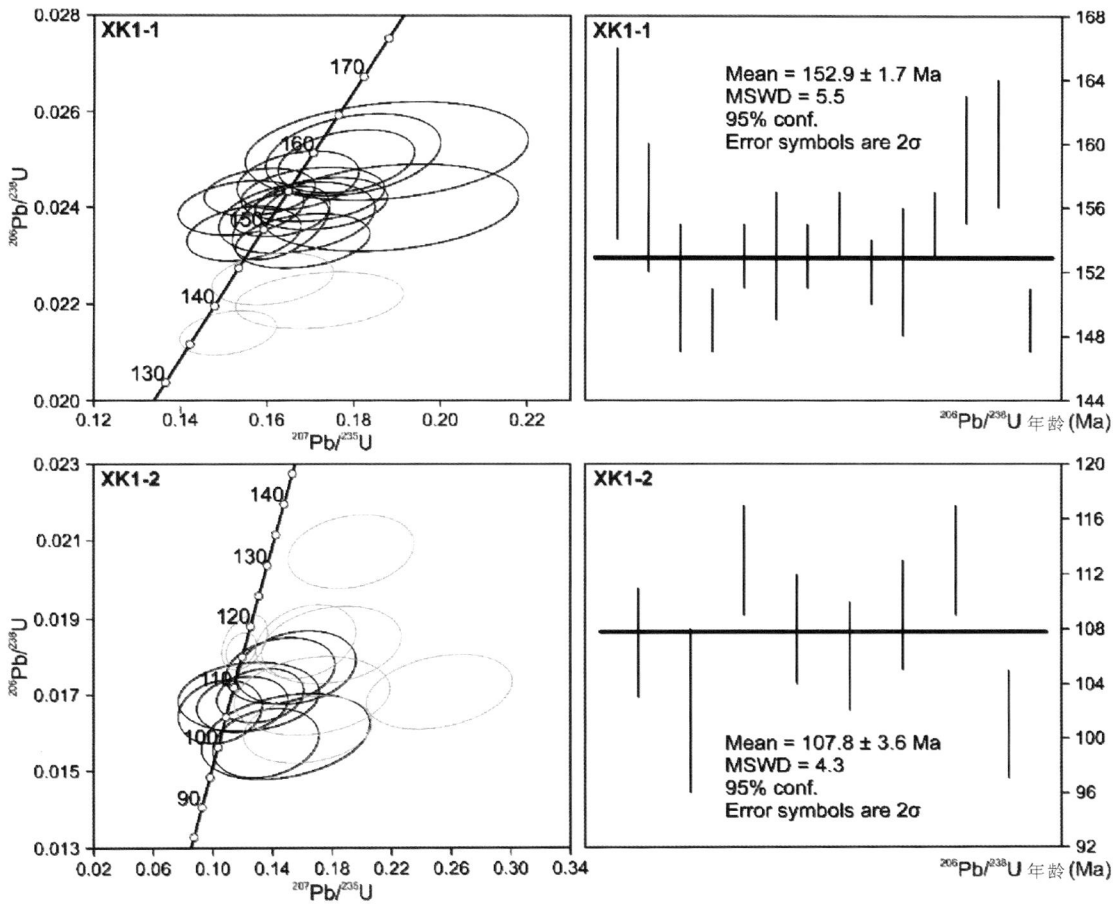

图 4-14　西科 1 井基底样品锆石 U-Pb 年龄谐和图及加权平均年龄

4.5.4　分析结果讨论

西科 1 井基底角闪斜长片麻岩之下为年龄更年轻的白垩纪花岗岩侵入体(85.1Ma，图 2-11)，对应晚燕山期的岩浆活动。晚中生代大规模的岩浆活动并非局限在南海周缘陆上地区(如华南、中南半岛东南部和婆罗洲等)，在南海的珠江口盆地、中沙和南沙等区域的油气钻井或者拖网都有发现同期的花岗质岩石(Yan et al,2014)。此次岩浆活动时间跨度较大，据不完全统计，相对较年轻的侵入岩体多发现于珠江口盆地，如 ZHU2 井 2379m 深度获取的黑云母花岗岩 K-Ar 测年为 70.5Ma，而年龄最老的为南沙群岛 S08-18 站位获得的斜长花岗岩，锆石 LA-ICPMS U-Pb 测年结果为 157.8～159.1Ma (Yan et al,2010)。尽管这些晚中生代侵入体的岩性差异较大，它们的元素地球化学特征指示出南海新生代裂陷之前存在着主动大陆边缘的构造背景(Yan et al,2014)。中生代东亚陆缘受到古太平洋板块长期俯冲挤压，在向陆一侧形成了大规模的岩浆活动，在俯冲前缘发育了增生楔堆积(Isozaki,1997；Metcalfe,2013)。但是，关于中生代俯冲增生带在南海地区存在的位置一直存在争议，例如在 Morley (2012)和 Zahirovic et al(2014)重建的构造演化模型中，中生代俯冲带穿过华南沿岸和海南岛东侧直接进入中南半岛东部和婆罗洲西部。与之相反,Taylor(1983)认为古太平洋板块向西北俯冲于北巴拉望和礼乐滩之下。此外,也有学者着眼于南海北部台西南盆地至中沙群岛间近 NE45°走向的条带构造,其布格重力异常总梯度峰值在强度和规模上与马尼拉海沟俯冲带相近。该条带与海底地形和新生代构造应力方向斜交,并且具有较高的磁正异常,可能指示与俯冲有关的火山弧(Li et al,2008;Zhou et al,2008)。但是,关于其重力异常梯度和磁异常的成因仍存在争议(Yan et al,2014),目前在南海北部尚未有钻井发现代表俯冲洋壳物质的中生代蛇绿岩。更重要的是,古太平洋板块俯冲的过程中,俯冲方向和速度发生了多次的改变(Sun et al,2007),岩浆活动和沉积-构造响应也会随之发生空间上的迁移(Li,2007)。因此,确定南海北部中生代末的俯冲增生带具有较高难度。

西科 1 井与西永 1 井相距约 1km,两者都钻遇的高级变质岩很可能受同期构造热事件的影响。但是,本次研究中西科 1 井角闪斜长片麻岩样品(XK1-1)的锆石结晶年龄为 137±1Ma,代表了早白垩世的区域变质活动,远小于早期西永 1 井基底 Rb-Sr 法测定的前寒武纪年龄结果(637Ma)。在南海周缘陆上,已有大量的研究揭示出海南岛、华南和越南昆嵩地块之下都存在前寒武纪的结晶基底。但是,南海地区是否也是发育于统一的早期变质基底仍缺乏系统的研究和广泛的证据。在南海南部洋陆转换带 S08-18 站位获得的斜长花岗岩拖网样品中发现了一颗继承锆石,核部 $^{206}Pb/^{238}U$ 年龄为 656.7Ma,Th/U 比值稍低(0.24)。Yan et al(2010)认为这代表了残留微陆块的早期结晶基底。虽然本次 XK1-1 样品锆石测得 $^{206}Pb/^{238}U$ 年龄的平均标准权重偏差稍大(5.5),但是年龄仍相对集中,没有测到古生代及更老的年龄。Sun et al(2014)汇总了南海北部盆地多口钻遇前寒武纪至古生代变质岩的油气探井。但实际上,这些钻井(如珠江口盆地的 KP1-1-1 井和 YJ35-1-1 井)的基底样品仍缺乏准确的测年或地层层序依据,有待进一步研究。位于珠江口盆地东部的 LF2-1-1 井在 2480m 深度钻遇了二云母斜长片麻岩,现有的 K-Ar 法全岩测年结果为 100Ma(李平鲁,1997)。此外,在南沙群岛 20 世纪 80 年代开展的 SO23 和 SO72 航次也有中生代变质岩的报道(Kudrass et al,1986),云母 K-Ar 法测得石榴石-云母片岩、闪岩、副片麻岩和石英千枚岩均产生于晚侏罗世—早白垩世的变质事件(146~113Ma)。虽然 Fyhn et al(2010)推测南沙地块在中生代时期为位于古太平洋板块西缘的微陆块,新生代早期才与中南半岛碰撞拼合,但是本专著研究表明南沙和西沙基底在晚中生代共同经历了区域变质作用的影响,持续时间可能由晚侏罗世—早白垩世。此外,中沙-西沙和南沙地块的磁性基底特征十分相似,郝天珧等(2009)推测在南海扩张之前二者可能为同一块体。

4.5.5 小结

西沙群岛西科 1 井基底样品的岩石学分析和锆石 U-Pb 测年结果显示,晚侏罗世的角闪斜长片麻岩(152.9±1.7Ma)后期被晚白垩纪花岗岩(85.1±3Ma)侵入。对于南海地区是否发育于统一的前寒武纪变质结晶基底仍存在争议,西沙地区较低的磁异常背景、西永 1 井基底片麻岩全岩 Rb-Sr 法测得的 637Ma 和南沙 S08-18 站位花岗岩包含的 657Ma 继承锆石仍不是非常确凿的证据(Pichot et al,2014;Yan et al,2010;孙嘉诗,1987)。结合西永 1 井基底的 K-Ar 测年结果(孙嘉诗,1987),西沙基底在中生代晚期(152.9~96.3Ma)经历了区域变质作用,这与东亚陆缘受到大规模、长期的俯冲挤压密切相关。

5 西沙地区古海洋学

5.1 西沙海域生物礁古海洋学研究背景

古海洋的历史是由一系列事件组成的,而每一次事件引起的古海洋学条件的变化又是互相关联的。由一次事件触发的一系列相关变化,往往引起全球性古海洋状况的变化,进而影响海洋历史演化的方向。如今,古海洋学研究在阐明地球历史演化规律的意义与日俱增。对于组成古海洋历史的那些事件,地质学家只有通过地质记录来识别事件。地质记录包括海平面的升降、碳酸盐补偿深度的变化、大洋环流体制的改变、海水盐度或成分的变化等。海平面的升降是海陆变迁、古环境演化最重要的一种记录。

人们主要通过深海沉积物来发现较为完整的地质记录,进而对古海洋学事件进行深入研究。例如赵泉鸿、翦知湣等(2001)对南海北部ODP184航次1148站中的样品进行底栖有孔虫同位素分析,获得了24Ma以来连续的、平均分辨率为21ka的^{18}O曲线。该曲线是迄今为止全球晚新生代最连续、最完整和分辨率最高的^{18}O曲线,较好地反映了晚新生代以来5次变重和3次变轻事件及两个稳定期和全球气候逐渐变冷的过程。再如翦知湣等(2001)通过测定碳氧同位素及Mg/Ca比值,重建了距今约140ka以来时间分辨率约为800a南海表层海水温度变化,揭示末次冰期南海南部海水表层温度曾一度降温5℃的事件。

近来全球低纬海域包括西沙海域的研究资料证明,生物礁作为一种特殊的碳酸盐岩台地,也是一种有效的检测器。首先,生物礁的生长,几乎都是从某种成因的海底隆起上开始的,且其生长繁衍都严格地受海水深度的控制。由于生物礁对海平面的变化十分敏感,海平面变化影响着珊瑚的生长方式及生物礁复礁体的三维格局,因此生物礁成为了很好的古海洋学门槛。其次,珊瑚骨骼中碳氧同位素的组成与沉积时的海水相平衡,其纵向变化规律与海水化学成分历史变化密切相关。同时海水化学成分历史变化又与冰期—间冰期旋回交替事件相联系。因此生物礁中蕴藏的沉积地球化学信息成为了古海洋学研究很好的证据。生物礁碳酸盐岩台地中的成岩、后生变化,与表生过程有紧密的联系。其中,白云石化、去白云石化、磷酸盐化以及同位素组成变化都是表生作用过程的重要记录(如张明书等,1989)。因此,碳酸盐岩台地中的成岩后生作用记录,也提供了有效的古海洋学信息。例如大量资料证明中国南海也存在中新世晚期的Messinian(米辛尼亚)事件,表现在西沙生物礁区施工的几个钻孔中,中新统上部和上新统中下部均发育有强烈的白云石化现象,次生白云岩发育良好。在有的钻孔中,白云石化一直延续到更新统的下部。这些信息足以证明,中国南海确实存在米辛尼亚事件,但海平面下降的时间稍延迟于地中海,持续时间也更为持久,在生物礁碳酸盐岩台地中保存有这一事件的良好记录。再如Land指出白云岩化成因的复杂,模式众多,可能是卤水渗透回流模式、蒸发泵模式、埋藏白云岩化模式、地下水增温模式、咸淡水混合模式、库隆模式、地热对流对流驱动模式等。

南海在新生代逐步扩张过程中,洋盆中央由残余陆块构成远离大陆的孤立高地。由于地处赤道与北回归线之间,自中新世以来南海成为全球碳酸盐岩台地及生物礁生长发育的重要海区(赵焕庭等,1999;汪品先,2009;马玉波等,2010)。碳酸盐岩台地沉积物主要由造礁生物构成,这些生物总体处于浅水环境,对海水深度、盐度、温度等环境因素的变化十分敏感,记录了大量包括古海洋事件、古水温、古海水酸碱度、海平面变化在内的古海洋学信息,是研究众多古海洋要素的重要素材,在全球古海洋学研究中占有重要地位。

自20世纪70年代以来研究人员在西沙海域进行了多口科学探测井的钻探,获取了大量研究成果(何起祥等,1986;吕炳全等,1986)。但由于所能获得样品的限制,对于长时间尺度、高分辨率的古海洋学精细研究一直受到限制。西科1井平均取芯率80%左右,是迄今为止西沙群岛钻探最深和取芯率最高的科学钻井。高取芯率的完整岩芯为我们恢复西沙地区古海洋学特征提供了基本条件保障。基于对西科1井钻井岩芯样品的精细分析研究,本章对西沙地区中新世以来的古海洋学特征进行了系统的阐述。

5.2 白云岩化记录

在古海洋演化历史过程中,与古海洋、古气候事件相关的冰期与间冰期的交替必然会引起海水物理化学性质,如钙镁饱和度、温度、盐度及pH值的变化,进而引起海相碳酸盐岩中化学组成的改变。中新世以来的气候变化以变冷为主线,总体经历了多期冷、暖的交替变化,这已在全球晚新生代氧同位素变化曲线中得到体现(Wright & Miller,1992;Zachos et al,2001;赵泉鸿等,2001)。已有研究表明,西沙白云岩形成于低海平面时期的浓缩卤水环境(何启祥,张明书,1990;张建勇等,2013;魏喜等,2007)。冰期时(或变冷事件发生时)海平面下降,海水盐度增高,对应形成白云岩,此时碳酸盐岩中CaO含量降低,而MgO含量显著上升;间冰期则与之相反(张明书,1990)。因此,西科1井钻井岩芯中白云岩层的分布对古海洋学事件有很好的记录。

西科1井岩芯样品XRD分析结果表明,西科1井矿物组成以碳酸盐矿物为主,包括方解石(低镁+高镁)、白云石、文石。在整个钻井岩芯中,方解石含量在0～100%之间,平均值为67.6%。白云石含量在0～100%之间,平均值为28.7%。文石仅在岩芯上部出现,含量在0～74.5%之间,平均值为24.6%。白云石和方解石(包括低镁方解石和高镁方解石)两类矿物含量平均超过96%,二者呈明显的互为消长关系(相关系数为-0.91)。高镁方解石在井深35.4m之下的岩芯中没有出现。文石除在顶部层段出现且较高含量之外,在中上部的207.3～229.2m层段含量在6.1%～18.2%之间,平均为11.2%,在其余层段偶有个别样品出现微量文石。在井深366.6m、386.9m和387.3m层段出现少量黏土矿物,如绿泥石、蒙脱石和伊利石。在1216～1257.4m层位出现石英、长石、云母、高岭石和蒙脱石等矿物,含量不等。

方解石和白云石含量在全井段的分布具有明显的旋回性。根据白云石和方解石含量的相对变化可以将岩芯自上向下分出7个白云岩层(或白云石富集层段)(图5-1)。

第1段:289.3～312.3m,厚约23m。白云石含量在39.0%～100%之间,平均为79.3%,方解石含量在0～61.0%之间,平均为20.3%。306.3m处一个样品出现文石,含量为3.9%。MgO平均含量为4.57%,CaO平均含量为34.31%。

第2段:373.3～412.7m,厚约39.4m。白云石含量在34.0%～100.0%之间,平均为83.0%,方解石含量在0～52.3%之间,平均为11.8%。分别在386.87m和387.3m处出现文石,含量分别为8.3%和5.5%。MgO平均含量为4.98%,CaO平均含量为33.13%。

第3段:424.7～450.6m,厚约26.1m。白云石含量在84.2%～100%之间,平均为98.7%,方解石含量几乎为0,在445.6m处样品中出现文石,含量为15.7%。MgO平均含量为5.7%,CaO平均含量为32.92%。

第4段:469.7～564.96m,厚约95.2m。白云石含量在86.1%～100%之间,平均为97.8%。方解石含量在0～14.0%之间,平均为2.2%。MgO平均含量为4.91%,CaO平均含量为38.41%。

第5段:615.2～636.96m,厚21.7m左右。白云石含量在10.7%～100%之间,平均为81.1%。方

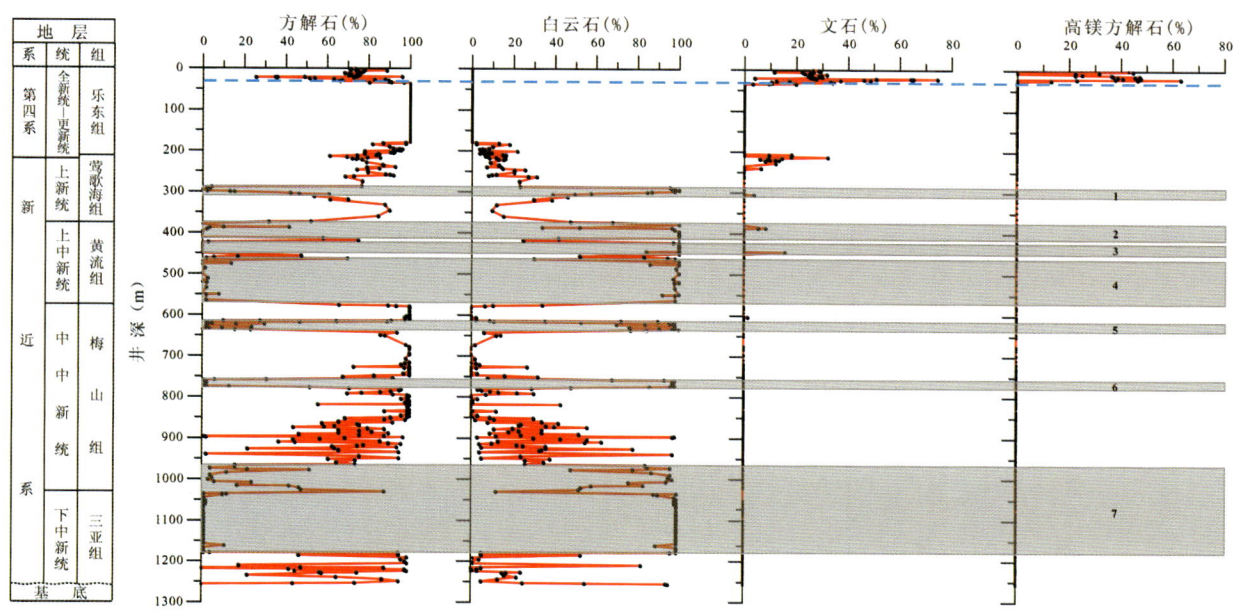

图 5-1 西科 1 井主要矿物含量的纵向分布(数字 1~7 为白云岩层,蓝色虚线为 35.4m 界线)

解石含量在 0~89.3% 之间,平均为 18.9%。该段白云石含量呈锯齿状波动变化。MgO 平均含量为 4.45%,CaO 平均含量为 34.37%。

第 6 段:758.4~779.8m,厚约 21.4m。白云石含量在 29.0%~98.0% 之间,平均为 84.8%。方解石含量介于 2%~71% 之间,平均为 25.2%。MgO 平均含量为 16.15%,CaO 平均含量为 36.66%。

第 7 段:966.8~1179.5m,厚约 212.7m。白云石含量在 12.0%~99% 之间,平均值为 90.9%。方解石含量介于 1.0%~88.0% 之间,平均值为 9.1%。MgO 平均含量为 16.40%,CaO 平均含量为 37.97%。

在邻近的西琛 1 井、西永 1 井和西永 2 井的岩芯中均发现有白云岩层,已查明的三套白云岩分别为上新统白云岩、中中新统—上中新统白云岩和下中新统白云岩(何起祥,张明书,1990;魏喜等,2008)。上述事实说明,西沙群岛礁体白云岩化作用具有区域性,并不局限于个别岛屿。

西科 1 井岩芯 CaO 和 MgO 呈负相关关系,与白云岩层分布具有良好的对应关系,即白云岩层段 MgO 含量高、CaO 含量低,灰岩层段则相反(图 5-2)。已有研究表明,西沙白云岩形成于低海平面时期的浓缩卤水环境(何启祥,张明书,1990;张建勇等,2013;魏喜等,2007),而且发育时期与海平面下降旋回相对应。西科 1 井数层白云岩顶部也存在因铁质浸染而呈浅褐色—褐色的脉体或暴露面,可作为海平面下降的显著证据,这一方面说明生物礁的生长是一个淹没与暴露交替的过程,另一方面也印证了该区发生了海平面多次升降变化的事实。

西琛 1 井岩芯的研究结果表明(图 5-3),MgO 含量与 $\delta^{18}O$ 和 $\delta^{13}C$ 有很好的相关性,三者在岩芯中的变化趋势一致(赵强,2010)。白云化作用会导致轻碳和轻氧的流失,导致 $\delta^{18}O$ 和 $\delta^{13}C$ 值增高,而大气降水及其参与的成岩作用则能引入轻碳和轻氧,使 $\delta^{18}O$ 和 $\delta^{13}C$ 值降低。对南海 ODP1148 钻氧同位素曲线(汪品先等,2003)分析认为,海平面下降导致钻井岩芯中不整合面的形成,使得重氧同位素特征在生物礁中体现的更为明显,并发生白云岩化事件。何起祥和张明书(1990)认为西沙岛礁钻井岩芯中上新统白云岩和中中新统—上中新统白云岩是在两次大的古海洋事件中形成的,上新统白云岩可能与北极冰盖的形成有关,中中新统—上中新统白云岩对应于米辛尼亚事件。由此可见,西科 1 井白云岩与古海洋学事件具有较好的对应关系:第 1 层白云岩(上新统)对应于北极冰盖形成事件,第 2~4 层白云岩(上中新统,间隔很小,可视为一套白云岩)可与米辛尼亚事件对应,第 5~6 层白云岩(中中新统)可

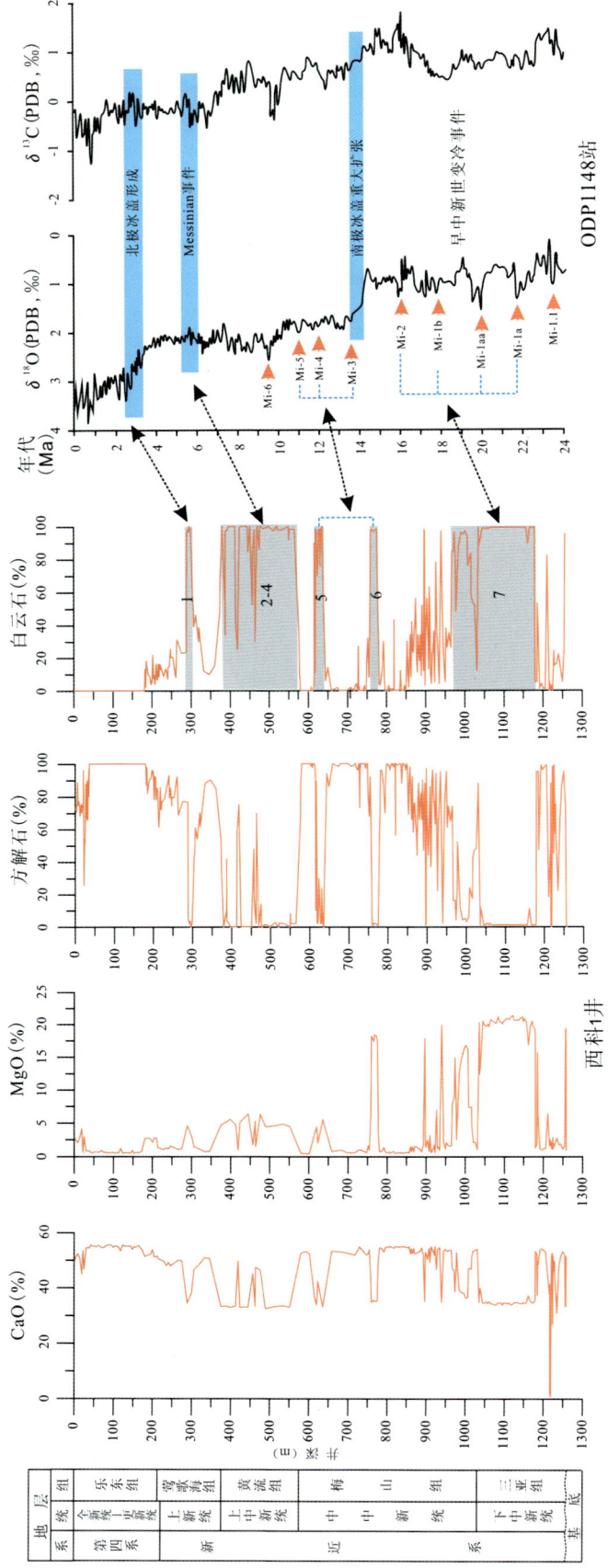

图 5-2 常量组分、方解石和白云石含量分布及其与同位素地层重大事件（如 Mi-1.1—Mi-6）的对比
（图中灰色区域为西科1井白云岩层；碳、氧同位素源自南海 ODP1148 站底栖有孔虫，曲线修改自汪品先等，2003）

能与包括南极冰盖重大扩张在内的中中新世变冷事件相关。第 7 层白云岩(中中新统底部—下中新统)则可能与一系列早中新世变冷事件相关。

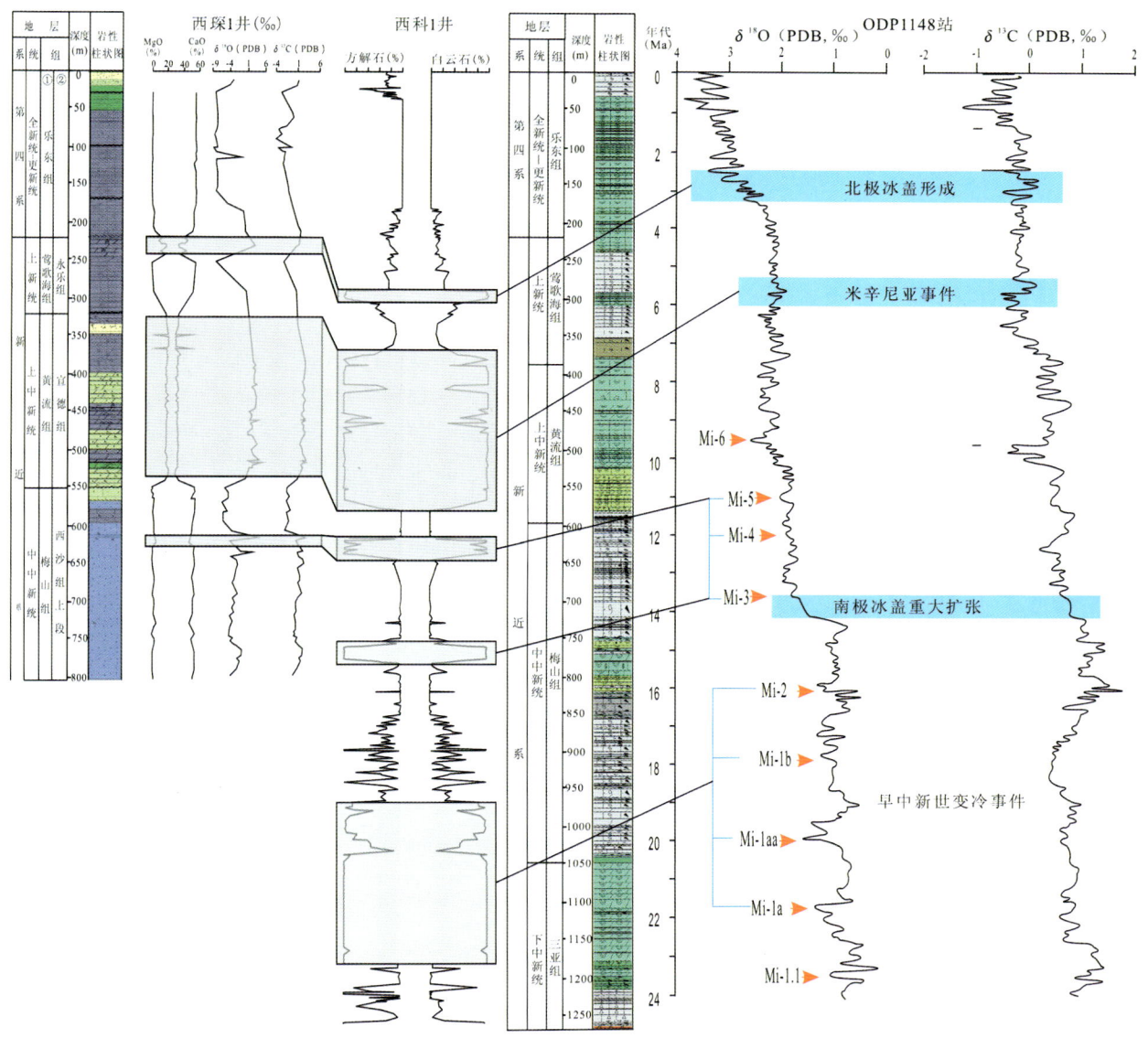

图 5-3　西沙群岛钻井岩芯矿物相发育特征所揭示的古海洋学事件
(图中灰色区域为白云岩层;碳、氧同位素源自南海 ODP1148 站底栖有孔虫,曲线修改自汪品先等,2003)

白云岩层的形成在时间上与中新世以来的古海洋学事件有良好的对应关系,足以说明古气候变化在岛礁形成发育中的主导作用,与古气候变化有关的海平面升降间接地控制了岛礁碳酸盐岩的白云化作用。同时,西科 1 井岩芯中白云岩层的分布对古海洋事件也有很好的记录。

现代浅海环境中碳酸钙沉积物主要由文石、低镁方解石和高镁方解石 3 种矿物组成,地质历史中在相应环境中形成的石灰岩却主要是低镁方解石。因此,文石和高镁方解石在成岩过程中属于不稳定矿物,在形成后的地质过程中逐渐转变为低镁方解石,这种碳酸钙矿物的转变在常温、常压下就可以发生。现代海洋生物碎屑主要由文石和高镁方解石构成,低镁方解石仅出现于少量生物碎屑中。软体类和珊瑚碎屑主要由文石构成,部分有孔虫、棘皮类和珊瑚藻主要由高镁方解石构成。在钻井岩芯顶部 0~35.4m 层段,出现低镁方解石(通常的方解石)、高镁方解石和文石 3 种矿物共存现象(图 5-1)。方解石含量介于56.8%～95.4%之间,平均为70.4%。高镁方解石含量在0～63.1%之间,平均为19.0%。高镁方解石与低镁方解石呈现互为消长关系。文石含量在3.2%～74.5%之间,平均为29.6%。该层段未出现白云石。上述事实说明该层段(0～35.4m)岩芯没有发生明显的成岩作用改造,基本保留了生物礁碳酸盐形成初期的矿物结构。镜下观察发现该层段基本都是由珊瑚碎屑组成,进一步证明该层段矿物组成反映了造礁生物以珊瑚和珊瑚藻类为主,自形成后矿物没有发生明显的变化。仅就海洋环境而言,自井深35.4m处环境发生了明显的变化,35.4m岩芯上部反映了近现代的岛礁环境。当处于淡水或淡水(海水混合环境时,文石转化成低镁方解石的时间可以在数千年到数万年之间(Halley & Harris,1979;Budd,1988)。因此,可以认为井深35.4m附近应是一重要的地层界面或环境变化界面。

5.3 海水古温度记录

海洋表层古水温(SST)的定量计算和变化趋势的恢复是古海洋与古气候环境研究中所面临的首要问题,也是理解地球气候系统演化的关键环节。据迄今所掌握的资料,在SST的各项地质记录中,仍以古生物学记录最有价值。从标志性种及其组合以及非种方法、转换函数群落方法,到稳定同位素和Mg/Ca比值等地球化学方法,SST重建方法的发展经历了定性、半定量和定量3个阶段(郭启梅,2013)。通过有孔虫壳体中Mg/Ca比值推算的晚新生代海水古温度具有较高的精确度,已经成为目前定量计算古海水温度最为成功的方法之一,是良好的海水"古温度计"。

海水中的Sr、Ca和Mg在大洋海水中都有相对较长的滞留时间,分别为2.5Ma、5.1Ma和12Ma(Goldberg & Arrhenius,1958;Swart,1981;Vollstaedt et al,2013),其元素比值(Sr/Ca和Mg/Ca)在时间和空间上具有很好的稳定性(Wei et al,2000;Marshall & McCulloch,2002)。有孔虫在生长过程中,从海水中吸收Sr、Ca和Mg等元素形成碳酸盐壳体,壳体中的Sr/Ca和Mg/Ca比值是海水温度的函数(Rosenthal et al,1997)。实验结果表明,Mg置换碳酸盐中的Ca是吸热过程,温度升高会导致有孔虫壳体中Mg含量的增加(何起祥等,1985)。自20世纪90年代以来,已有学者通过对有孔虫现生种和大洋表层水的研究,计算得出Mg/Ca比值和周围水体温度关系的经验公式:$Mg/Ca(mmol/mol)=b \cdot e^{mT}$(图5-4),$T$为海水温度,常数$m$介于0.085～0.11之间,系数$b$介于0.3～0.52之间(Nörnberg et al,1995,1996;Lea et al,1999,2003;李建如,2005)。

在对岩芯所做的观察(包括镜下薄片观察)中发现,375.3m以下岩芯遭受成岩作用改造强烈,已难以辨认出有孔虫壳体,只有在0～375.3m层段,有孔虫壳体完整。尽管在岩芯样品中有丰富的珊瑚和有孔虫化石,但大多生物化石缺乏连续性,只有双盖虫(Amphistegina spp.)化石分布较为连续且壳体保存完好。根据岩性地层界线和化石保存完好程度,在0～375.3m层段共选取155个样品,利用电子探针显微分析技术,对其中双盖虫壳体的Mg、Sr和Ca含量进行分析。在分析测试中,选择同一生物种属(双盖虫)化石,并尽可能地选择相同的时轮或体位点;在同样的条件下进行分析测试,计算中统一选取$m=0.11,b=0.52$,从而确保计算所得SST值相对变化的可靠性。

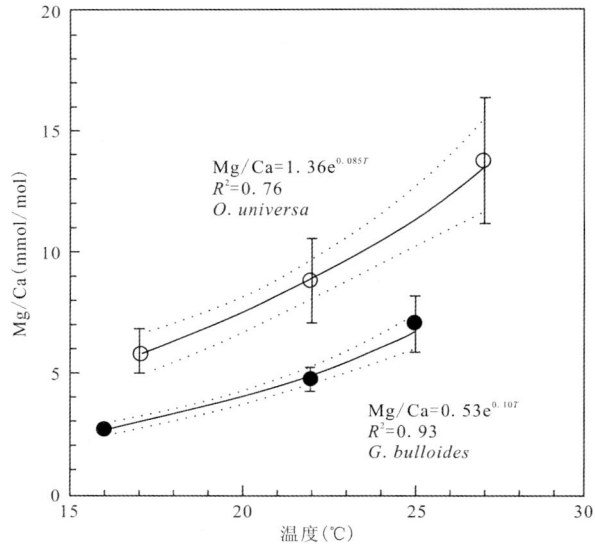

图5-4 有孔虫Mg/Ca比值与温度的函数关系
(转引自Nörnberg et al,1995,1996;Lea et al,1999,2003;李建如,2005)

5.3.1 南海 SST 变化特征

分析结果表明,由西科 1 井钻井岩芯中双盖虫壳体的 Mg/Ca 比值反演的 SST 值介于 15.9～49.2℃之间,平均值为 32.3℃。生物礁的形成对环境条件要求苛刻,海水温度是控制造礁生物生长的重要因素之一。已有研究表明,珊瑚类生物生长的适合水温是 18～30℃(王国忠,2001)。在南海北部,全新世的温度变化范围在 23.3～28℃之间,末次冰期在 21.5～25℃之间,最低温度出现在氧同位素分期(MIS)的第 2 期,温度在 21.5～24.7℃之间(李琪等,2012;Pelejero et al,1999;Oppo et al,2005;Wei et al,2007;张海生等,2005)。即使在冰期时,南海的海水温度仍适宜于珊瑚等造礁生物的生长,珊瑚礁仍可发育。显然,根据钻井岩芯中双盖虫壳体的 Mg/Ca 比值所反演的 SST 值变化范围明显大于根据其他指标所反演的 SST 变化范围,大多数 SST 值较高。究其可能的原因,主要应是迄今在南海尚未进行过以双盖虫壳体的 Mg/Ca 比值来反演 SST 的研究,尚无基于双盖虫(*Amphistegina* spp.)化石的经验公式可以借鉴,基于 Mg/Ca 比值计算 SST 值的函数关系式中参数(b,m)的选择缺乏已有标准;其次要原因应该是有孔虫壳体的化学组成可能受到了后期成岩作用的影响,尽管所选有孔虫壳体均为完整的同种属个体。由于存在有上述局限性,可以认为利用 Mg/Ca 比值所计算的 SST 值不能反映相应时间南海海水实际的 SST 值。但是,由于这种局限性存在于岩芯所有样品之中,上述原因所导致的 Mg/Ca 测试值的变化具有一致性,因此基于 Mg/Ca 比值所计算的 SST 值可用于讨论南海 SST 的相对变化趋势,特别是自第四纪以来冰期/间冰期交替背景下海水温度的旋回式剧烈变化在岩芯有孔虫壳体的 Mg/Ca 比值变化上就有很好的响应(图 5-5)。

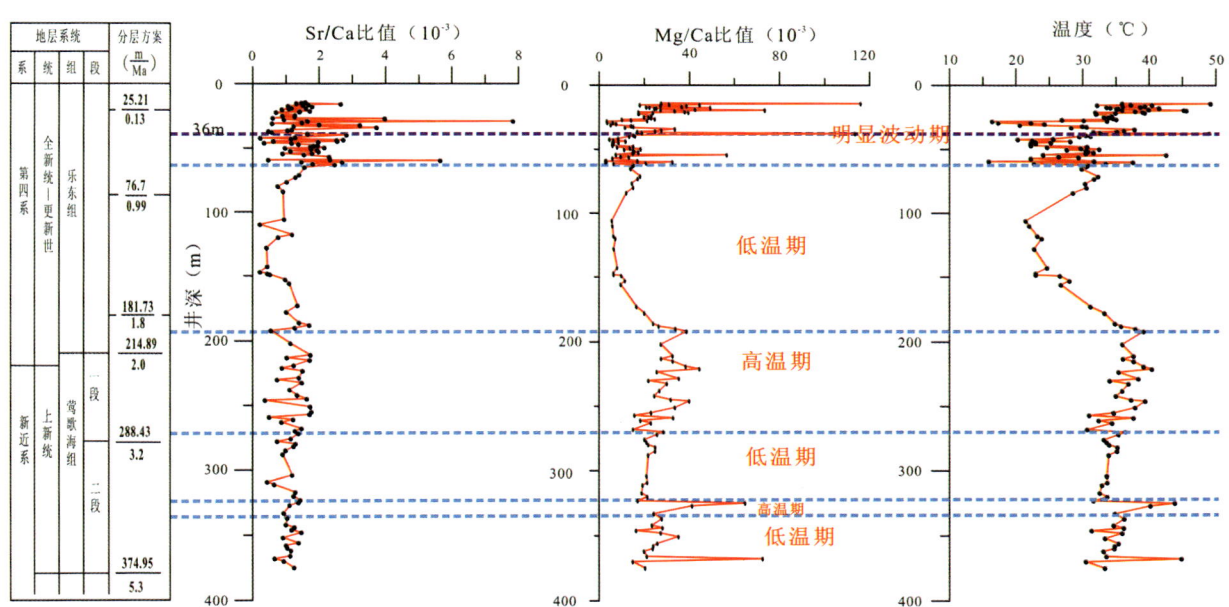

图 5-5 西科 1 井 Sr/Ca 和 Mg/Ca 比值及其反演的南海 SST 值纵向变化

据岩芯样品有孔虫壳体的 Mg/Ca 和 Sr/Ca 比值所计算的 SST 值随井深的变化趋势(图 5-5)表明,自上新世以来南海 SST 总体呈"高温—低温—高温—低温—高温—低温"的旋回式变化,尤其是第四纪以来 SST 波动明显,总体呈现上升趋势。自下而上可大体将上新世以来南海 SST 的变化过程分为 6 个阶段。

333.3～375.3m,时间在 4.3～5.3Ma 之间,相对低温期。SST 介于 30.5～44.9℃之间,平均为 34.9℃。

323.3～333.3m,时间在 4.0～4.3Ma 之间,相对高温期。SST 介于 40.2～43.9℃之间,平均为 42.1℃。较高的海水温度代表了一个暖期,但该暖期可能持续时间较短。

272.3～323.3m,时间在 3.0～4.0Ma 之间,相对低温期。SST 介于 31.6～35.2℃之间,平均为 33.6℃。变化幅度相对较小,总体 SST 相对较低。

190～272.3m,时间在 1.8～3.0Ma 之间,相对高温期。SST 介于 30.7～40.4℃之间,平均为 36.2℃。该层段与 323.3～333.3m 层段温度变化较为相似,海水温度经历了由低温到高温的剧烈变化,反映了气候的不稳定性。

63～190m,时间在 0.8～1.8Ma 之间,相对低温期。SST 介于 21.4～38.0℃之间,平均为 28.3℃。该时期的 SST 整体较低,变化幅度不大,SST 总体呈平稳变化。

0～63m,时间在 0～0.8Ma 之间,波动显著期。SST 变化幅度最大,最大值和最小值均出现在这一时期,介于 15.9～49.2℃之间,平均为 31.4℃。SST 的大幅变化说明第四纪气候变化剧烈,以冰期/间冰期交替出现为主要特征。

在 35.4m 附近可见 Mg/Ca 比值的突然跃变,说明在此处存在古气候的明显变化。在该界面附近,矿物组成和地球化学特征参数均发生显著变化,其成因尚存在不确定性。依据 SST 变化所提供的证据判断,岩芯深 35.4m 附近应该是一个重要的环境变化界面。

另外,在 0～63m 层段 SST 值的明显波动又可以细分为 4 个"高温—低温"的温度变化旋回(图 5-6)。岩芯深 63m 处对应的地质年代约为 0.8Ma,SST 值旋回性的剧烈变化体现了自第四纪以来冰期/间冰期交替条件下海水温度波动明显加剧,但本阶段 SST 值总体呈现上升趋势。

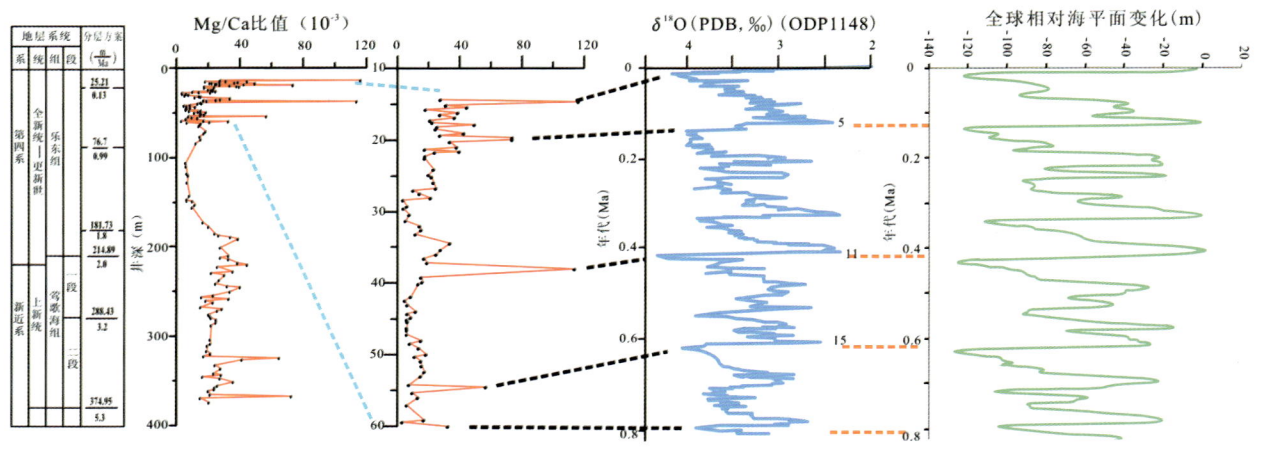

图 5-6　0～63m 层段双盖虫壳体 Mg/Ca 比值与大洋 $\delta^{18}O$ 值和全球相对海平面数据变化对比
(大洋 ODP1148 站底栖有孔虫 $\delta^{18}O$ 数据来源于汪品先等,2001;全球海平面相对变化数据来源于 Bintianja et al,2005)

5.3.2　南海 SST 变化对全球性古气候事件的响应

第四纪大冰期是全球性的冰川活动事件,约从 2Ma BP 开始至今,是地质史上距今最近的一次大冰期。在第四纪冰期间,气候变动很大,冰川有多次进退,全球相对海平面亦有多次大幅度升降,分为若干个冰期和间冰期,以冰期/间冰期交替的旋回式变化为特点。在此期间全球气温进一步降低,北极冰盖面积进一步扩大,全球冰川广布(李悦等,2016;汪品先等,2001)。

世界各地根据冰碛、冰蚀地貌和耐寒植物孢粉等证据,将第四纪冰期划分为大体一致的 4～6 次降温幅度较大的亚冰期(杨子赓等,1979;赵景波,1985,1986)。其中,国外以根据阿尔卑斯山地区冰碛和冰蚀地貌划分出的玉木、里斯、民德和群智 4 个亚冰期为代表(Raymo,1997);国内李四光等曾根据江西庐山地区的各种冰溜遗痕以及我国西部海拔 3000m 左右保存完好的冰川遗迹相应地划分出大理、鄱阳、大菇和庐山 4 个亚冰期(李四光,1940;杨怀仁等,1980;邓绥林,1992)。

结合西科 1 井岩芯年代数据,对比西科 1 井岩芯有孔虫壳体的 Mg/Ca 比值、大洋 ODP1148 站底栖有孔虫 $\delta^{18}O$ 值和全球相对海平面变化数据,可见岩芯有孔虫壳体 Mg/Ca 比值变化趋势与大洋 $\delta^{18}O$ 值变化和全球海平面变化的趋势有很好的对应关系(图 5-6)。岩芯有孔虫壳体 Mg/Ca 比值的大幅度变化对应全球海平面的大幅度升降。0~63m 层段(明显波动期)岩芯有孔虫壳体 Mg/Ca 比值的四次旋回式波动分别对应四次 $\delta^{18}O$ 值的大幅变化,即氧同位素分期(MIS)的第 2、6、12 和 16 期。在其他海区(如 ODP677 孔)同样可见相似的 $\delta^{18}O$ 值变化趋势(汪品先等,2001)。上述结果反过来可以说明利用西科 1 井岩芯中双盖虫壳体的 Mg/Ca 比值反演 SST 的变化趋势的可行性。

MIS2、6、12 和 16 期对应于阿尔卑斯山地区的"四大冰期"(图 5-7):MIS2 期为玉木冰期,MIS6 期为里斯冰期,MIS12 期为民德冰期,MIS16 期为群智冰期(Raymo,1997)。这几次冰期在高山区表现为明显的冰进,在海岸区造成大幅度海退,属于全球性现象(汪品先等,2001)。显然,这四次较大幅度的温度变化在非冰川作用区的南海也有响应,并且记录在了有孔虫的发育过程中。岩芯样品有孔虫壳体 Mg/Ca 比值变化对温度变化幅度较大的全球性古气候变化事件有很好的响应。另外,在 63~190m 层段 Mg/Ca 比值表现为明显的低值,这可能代表着一次持续时间较长的大冰期事件。在此段时间内,气温明显偏低。

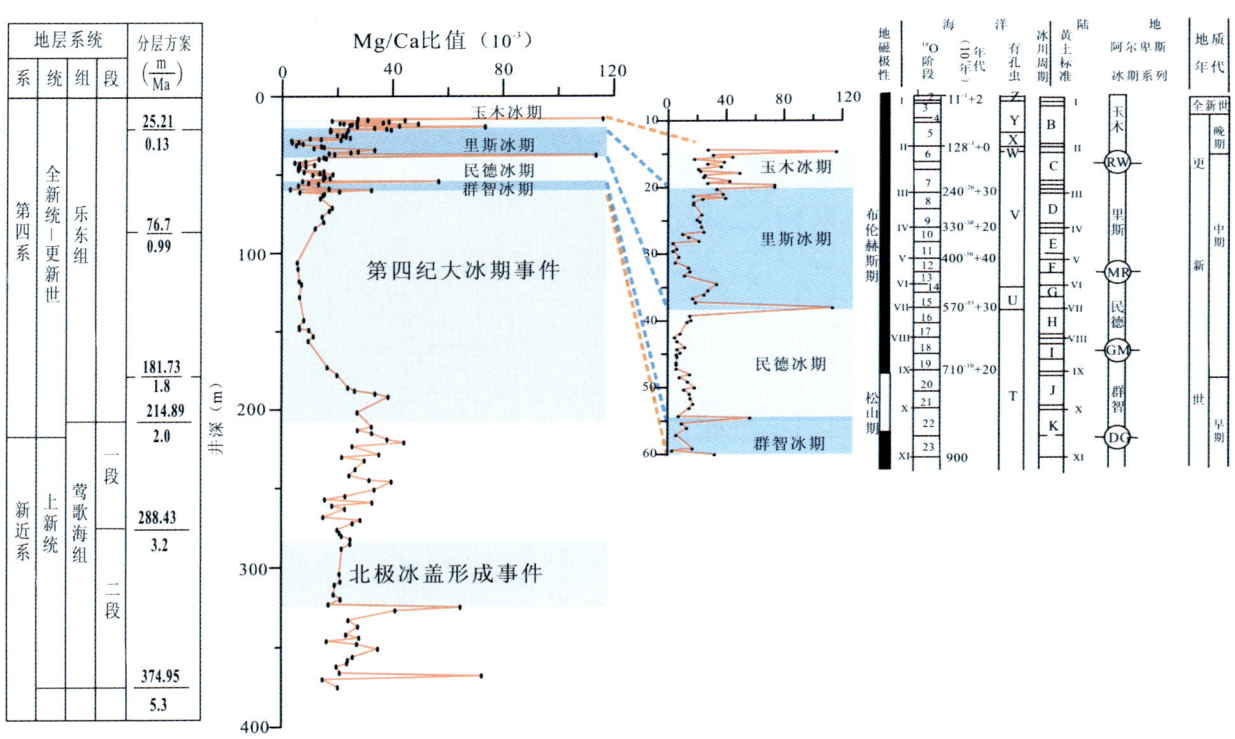

图 5-7 西科 1 井双盖虫壳体 Mg/Ca 比值变化与全球性古气候变化事件的对应关系
(冰川事件修改自 Kukla,1977;刘泽纯,1981)

上新世晚期北极冰盖的形成事件也是地质历史上一次全球性气候事件,标志着全球由"单极冰盖"发展到"两极冰盖",全球进入冰期气候。南海 ODP1148 站底栖有孔虫碳氧同位素在这一时期显著变重,幅度达 1.9‰(赵泉鸿,翦知湣,2001)。同样,此次全球性气候变化事件在西科 1 井岩芯有孔虫壳体的 Mg/Ca 比值上也有显著的体现,有孔虫壳体的 Mg/Ca 比值在此期间表现为明显的低值(图 5-7)。显然,此次全球性古气候变化事件在南海有孔虫壳体 Mg/Ca 比值上也有很好的记录。

综上所述,西科 1 井岩芯有虫壳体的 Mg/Ca 比值变化对重大的全球性古气候变化事件有很好的响应,其中,西科 1 井 0～63m 层段的明显波动期与第四纪大冰期事件中的 4 个亚冰期相对应;西科 1 井 272.3～323.3m 层段的相对低温时期与上新世晚期的北极冰盖形成事件相对应。

5.3.3 西沙地区 SST 变化特征

西永 1 井位于西沙永兴岛之上,是本区钻探较早的一口科学钻井。自 20 世纪 70 年代以来,众多学者对其进行了比较详尽的研究(王崇友等,1979;张明书等,1994;赵强,2010)。对比西沙石岛西科 1 井岩芯有孔虫壳体 Mg/Ca 比值和西沙永兴岛西永 1 井岩芯的 $\delta^{18}O$ 值(图 5-8)可见,西科 1 井 0～375.3m 岩芯有孔虫壳体的 Mg/Ca 比值与西永 1 井 0～350m 岩芯 $\delta^{18}O$ 值变化趋势表现出较好的一致性,二者都大体表现出"高温—低温—高温—低温—高温—低温"的旋回式变化规律。但西科 1 井岩芯有孔虫 Mg/Ca 比值变化幅度明显较大,说明有孔虫壳体中 Mg/Ca 比值变化对环境条件的改变,尤其是 SST 值的改变,反映更加敏感。

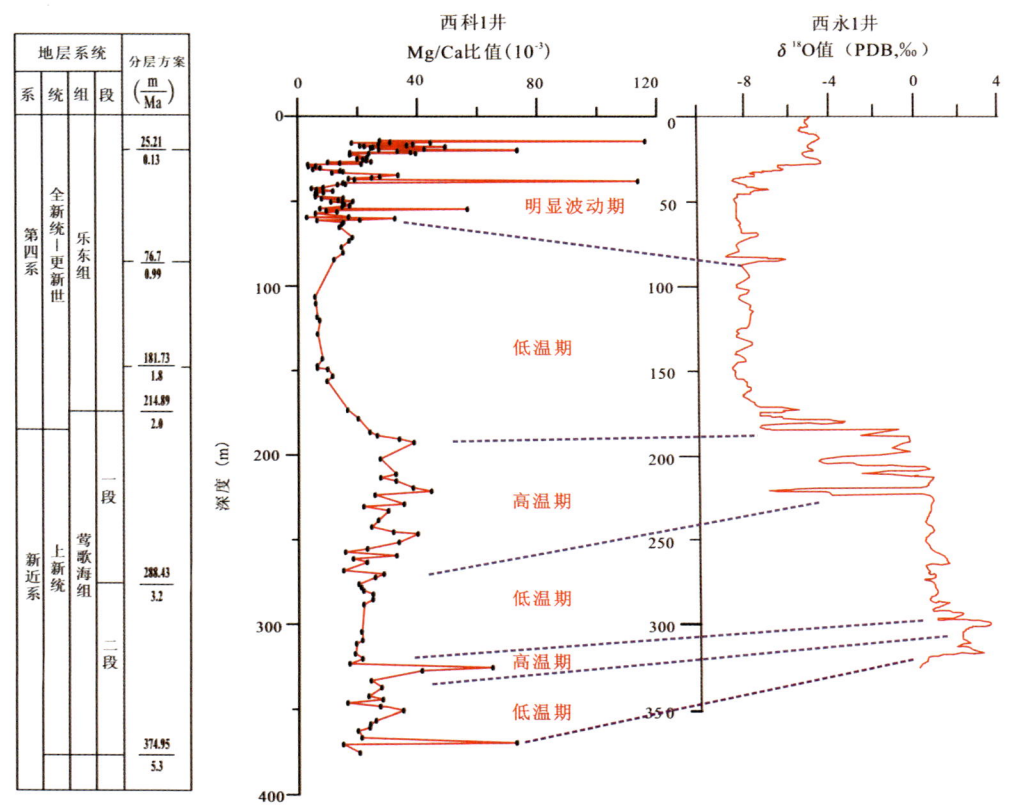

图 5-8 西科 1 井岩芯双盖虫壳体 Mg/Ca 比值与西永 1 井岩芯 $\delta^{18}O$ 值对比
(西永 1 井 $\delta^{18}O$ 数据转引自赵强,2010)

西沙石岛西科 1 井岩芯有孔虫壳体的 Mg/Ca 比值和西沙永兴岛西永 1 井岩芯 $\delta^{18}O$ 值较好的对应关系,说明西科 1 井岩芯有孔虫壳体的 Mg/Ca 比值很好地记录了该区 SST 值的相对变化。两者相比较而言,西科 1 井钻井取芯率更高,是本区取芯最深和最为完整科学钻井,具有较高的分辨率。利用西科 1 井岩芯有孔虫壳体的 Mg/Ca 比值变化来反映该区海水 SST 值的相对变化具有很好的可行性和可靠性。

需要说明的是,在对西科 1 井岩芯所做的矿物学研究中发现,自井深 375.3m 以下层段出现厚层的白云岩,而在此之上层段岩芯白云岩化作用微弱,大部分层段没有出现白云石矿物。岩芯的白云岩化作用必定对样品的化学成分,特别是 Mg 和 Ca 的相对含量影响很大。岩芯薄片的镜下观察也发现,自井深 375.3m 以下层段中的双盖虫壳体均受到成岩作用的强烈改造,壳体轮廓模糊,结构不清(图 5-9)。电子探针分析结果表明,375.3m 以下层段的样品 Mg 的含量超过 10%,最高可达近 20%,说明深部岩芯中有孔虫壳体中的 Mg/Ca 比值已不能准确反映相应的地质历史时期的古海洋学特征。因此,西科 1 井岩芯只有上部 375.3m 层段可用于 SST 相对变化趋势的研究。

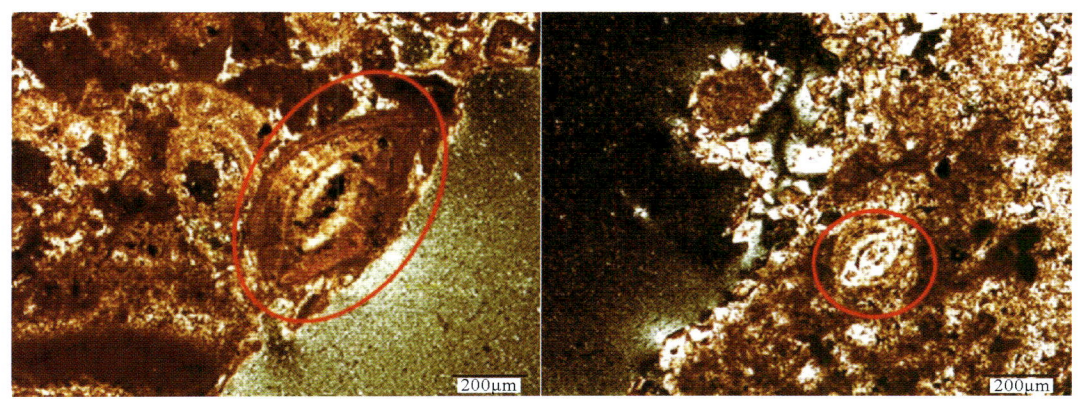

图 5-9 受成岩作用影响的双盖虫镜下照片(左图井深 444.6m;右图井深 564.96m)

5.4 古海水酸碱度的记录

当前在全球变化研究中,气候变暖对人类社会的影响极为严重。最近 20 年来,不少国际组织,如联合国教科文组织(UNESCO)、政府间海洋委员会(IOC)、政府间气候变化委员会(IPCC)等均出版了全球大气 CO_2 变化的研究报告。与大气 CO_2 息息相关的是全球大洋 pH 值变化。重建古海水 pH 值是一项极富挑战意义的科学难题。这项工作的开展不仅可以反映大气 CO_2 浓度的变化,研究气候变化对温室气体的响应,还可以探索海水 pH 值的自然变化规律,评估未来海洋酸性加强后对生态系统的影响,进而增进对全球碳循环的理解(刘羿等,2007)。相对比 SST(海表温度)、SSS(海表盐度)等气候-环境代用参数的记录,海水 pH 值的记录少之又少,最长的也不超过 10 年。目前恢复古海水 pH 值的途径是利用海洋碳酸盐的 B 同位素。碳酸盐中 B 同位素作为古 pH 值代用指标始于 20 世纪 90 年代(Vengosh et al,1991;Hemming et al,1992)。

B 在天然样品中被氧所束缚,以 $B(OH)_4^-$ 或 $B(OH)_3$ 形式存在,B 不参加氧化还原化学反应,在自然界,B 同位素的分馏由样品中 B 所处的结构比例所决定。^{10}B 在 $B(OH)_4^-$ 中相对富集,^{11}B 在 $B(OH)_3$ 结构中相对富集(Kakihana et al,1977)。在蒸发作用、离子交换、气相或液相扩散、吸附作用的过程中都会由于 B 同位素在不同结构相中的相对富集程度而产生分馏(Palmer et al,1987,1992;Spivack et al,1987;Xiao et al,1992;Vengosh et al,1991)。

海洋是 B 相对富集场所,在海洋中 B 同位素存在较大的同位素分馏,其产生的主要原因是由于海洋沉积物对 ^{10}B 的选择吸附作用(刘卫国等,1998)。海水中的 B 同时以 $B(OH)_4^-$ 和 $B(OH)_3$ 形式存在,而 B 的 $B(OH)_4^-$ 形式趋向于在沉积物中相对富集,使得海水有较高的 $\delta^{11}B$ 值(40‰左右)(Hershey et al,1986),并且这种同位素分馏效应是由海水的 pH 值和温度所控制的。硼酸的表观电离常数是与海水的 pH 值相关,海水的 pH 值变化会改变海水中 B 的 $B(OH)_4^-$ 和 $B(OH)_3$ 形式的比例(Palmer et al,1987;Spivack et al,1987)。

Spivack et al(1993)根据深海钻孔(ODP)采集的有孔虫的 B 同位素,重建了太平洋 21Ma 来海水的 pH 值变化。结果显示 21Ma 前海洋表层的 pH 值只有 7.4,远远低于现今的 8.2,证明当时可能出现过超高的大气 CO_2 浓度。Sanyal et al(1995)测定了末次冰期有孔虫样品的 $\delta^{11}B$ 值,揭示了在末次冰期海水比全新世时海水的盐度增加 3‰,碱度增加 10‰,相应的 pH 值提高了 0.3。这个结果同著名的 Vostok 冰芯记录的当时低大气 CO_2 浓度相匹配(Petit et al,1999)。Gaillardet et al(1995)测定了太平洋、红海、印度洋和大西洋地区的海水和珊瑚的 B 含量以及 B 同位素组成,其值分别在 $(49\sim58)\times10^{-6}$ 和 23.3‰~25.5‰范围。作者认为对于没有经过蚀变的珊瑚可以用 B 同位素重建古 pH 值序列。Pearson et al(1999)利用大洋钻探计划获得的生活于不同深度海水有孔虫的 $\delta^{11}B$ 值的变化,建立了热带太平洋始新世中期古海水 pH 值随深度变化关系,再结合估计海水 ΣCO_2 含量的变化范围,得到的大气 CO_2 浓度的上限和下限。他们的估算表明,始新世大气中 CO_2 含量跟现今持平或略高。因此,可以利用有孔虫的 B 同位素重建古 pH 值变化序列,从而探讨没有冰芯记录前更古老的大气 CO_2 浓度的变化。

中国南海古 pH 值的恢复工作还处在起步阶段,目前有刘卫国等(1999)发表了自过去 7000 年来滨珊瑚 B 同位素的数据。这些化石珊瑚分别采自南海北部的雷州半岛、海南岛、南海中部的西沙群岛和南海南部的南沙群岛,覆盖了南海大部分区域,有一定代表性。由计算得到的南海全新世海表水的 pH 值变化范围很大,为 8.10~8.41 之间。

进一步分析刘卫国等(1999)的数据,里面还有很多值得探讨的地方。首先这些 pH 值序列同南极冰芯的 CO_2 含量没有对应关系,南极记录的大气 CO_2 含量从 7000 年前到 300 多年前,几乎保持不变的(Monnin et al,2004)。从刘卫国等(1999)的珊瑚 B 同位素重建的 pH 值序列,我们可以发现南海全新世以来至少有 5 个高 pH 值时期,分别是在距今 1.5ka、2.8ka、4.1ka、5.4ka 和 7.2ka 前。这些时期,同中国中南地区洞穴石笋氧同位素序列所记录的弱夏季风时期(Wang et al,2005)和南海北缘的玛珥湖沉积物的磁化率、钛含量所反映的强冬季风时期(Yancheva et al,2007)在时间上基本是一致的。更有趣的是,这些时期同中国大陆不同经纬度,不同资料来源所记录的中国全新世冷期的时间序列一致(表 5-1)。

表 5-1 全新世南海高 pH 值时期和中国的冷期(ka)

编号	时间(ka)						作者	材料
1		1.5	2.8	4.1	5.4	7.2	刘卫国等(1999)	南海珊瑚
2	0.5	1.6	2.7	4.4	5.5	7.2	Wang et al(2005)	石笋
3	0.4	1.6	3.0	4.0	5.4	7.0	Yancheva(2007)	湖泊
4	0.4	1.4	3.0	4.0	5.4	7.3	Bond et al(2001)	海洋沉积
5	0.3		2.8		5.3	7.8	黄长春(1998)	冰川
6	0.2~0.4						王绍武等(1998)	史料
7	0.5	~1.7	~3.0				竺可桢(1972)	史料
8	0.2~0.4	1.7	3.0	4.0~4.5	5.0~5.5		Hameed et al(1993)	考古、史料
9			3.0		5.0	8.5~8.8	王苏民(1992)	湖泊
10			3.8		5.0	8.5	安芷生等(1990)	黄土
11			3.0		5.0	8.5~8.8	王苏民(1990)	湖泊
12	0.4	1.5	3.0	4.0	5.4	8.7~8.9	姚檀栋等(1992)	冰芯
13	0.1~0.4		2.8	4.1	5.7		陈吉阳(1988)	冰川
14			3.0			8.8	李吉均等(1986)	冰川雪线
15	0.1~0.4	1.4~2.0	2.7~3.2	3.0~4.5	5.7~6.5	8.3~8.9	徐国昌(1997)	冰川湖泊
16	0.1~0.5		2.4~3.3	3.6~4.0	5.0~5.8	7.0~8.5	徐国昌(1997)	中国东部

注:编号 1 表示南海珊瑚恢复的高 pH 值所对应时期,编号 2 表示以石笋记录的夏季风偏弱时期,编号 3 表示湖泊记录的冬季风偏强时期,其余记录均表示不同资料来源所记录的中国冷期的时间和大西洋冰屑事件发生的时间。

刘卫国等(1999)在原文中解释南海全新世海水 pH 值变化的原因为：在全球降温、海平面下降的大环境下，海水盐度增加，并导致海水 pH 值的升高，并认为利用珊瑚礁的 B 同位素组成指示古海平面的变化是有可能的。如上述 Sanyal et al(1995)揭示的末次冰期时，海水中的 pH 值比现今高出 0.3 个 pH 单位。Hönisch et al(2005)也证明了冰期时海水的 pH 值要比间冰期时海水平均要高 0.18 个单位。但是南海在全新世这个相对的暖期不太可能出现类似于末次冰期时海平面变化的那种幅度。通过珊瑚重建的南海全新世 pH 值变化幅度达到了 0.3 个 pH 单位之高，而 Sanyal et al(1995)揭示，海水在冰期时比现今才高了 0.3 个 pH 单位，因此南海全新世 pH 值变化肯定还有其他的驱动因素。刘羿等(2007)认为季风变化是另外的重要驱动因素之一。因此，南海古 pH 值变化的驱动因素可能有其区域的特殊性，还需要进一步的相关研究。

5.5 小结

(1) 西科 1 井矿物组成主要以碳酸盐矿物为主，包括方解石(低镁＋高镁)、白云石、文石。白云石和方解石两类矿物含量占绝对优势，二者呈明显的互为消长关系。

(2) 在钻井岩芯中共识别出 7 层白云石富集层段(或白云岩层)，岩芯 CaO 和 MgO 呈负相关关系，与白云岩层分布具有良好的对应关系，即白云岩层段 MgO 含量高、CaO 含量低，灰岩层段则相反。白云岩层的发育与古海洋和古气候事件具有较好的对应关系，第 1 层白云岩对应北极冰盖形成事件，第 2～4 层白云岩(间隔很小，可视为一套白云岩)可与米辛尼亚事件对比，第 5～6 层白云岩可能与包括南极冰盖重大扩张在内的中中新世变冷事件相关。第 7 层白云岩可能与一系列早中新世变冷事件相关。西科 1 井钻井岩芯中白云岩层的分布对古海洋学事件有很好的记录。

(3) 井深 35.4m 附近是一重要的地层界面或环境变化界面，35.4m 以浅的岩芯顶部未发生明显的成岩作用改造，反映了近现代的岛礁环境；35.4m 以深的岩芯经历了不同程度的成岩作用改造，反映了埋藏压实条件下的成岩环境。

(4) 由西科 1 井岩芯有孔虫壳体 Mg/Ca 比值估算的上新世以来南海 SST 总体呈现"高温—低温—高温—低温—高温—低温"的旋回式变化，尤其第四纪以来 SST 波动明显。总体可以将南海 SST 的变化过程分为以下 6 个阶段：0～63m，时间在 0～0.8Ma 之间，明显波动期；63～190m，时间在 0.8～1.8Ma 之间，低温期；190～272.3m，时间在 1.8～3.0Ma 之间，高温期；272.3～323.3m，时间在 3.0～4.0Ma 之间，低温期；323.3～333.3m，时间在 4.0～4.3Ma 之间，高温期；333.3～375.3m，时间在 4.3～5.3Ma之间，低温期。

(5) 通过对比全球古气候变化过程可见，西科 1 井岩芯有孔虫壳体中 Mg/Ca 比值变化记录了上新世以来的一系列全球重大古气候变化事件，其中以第四纪大冰川事件和上新世晚期的北极冰盖形成事件最为显著。

(6) 西科 1 井 0～375.3m 岩芯有孔虫壳体的 Mg/Ca 比值与西永 1 井 0～350m 岩芯 $\delta^{18}O$ 值变化趋势一致，说明利用西科 1 井岩芯有孔虫壳体中 Mg/Ca 比值变化来反演该区 SST 相对变化是可行和可靠的。

(7) 目前利用海洋碳酸盐的 B 同位素来恢复古海水 pH 值是一条可行的路径。中国南海古 pH 值的恢复工作还处在起步阶段，南海古 pH 值研究表明，其变化的驱动因素可能有其区域的特殊性，还需要进一步的相关研究。

6 西科 1 井岩性特征及沉积环境

6.1 岩性特征

西科 1 井的岩芯取芯率较高,沉积记录完整,因此研究其沉积物岩性具有重要的意义。从西科 1 井钻取的整个岩芯柱样品进行总结,大致可以把整个岩芯分为以下几部分(表 6-1):0~288.43m 为更新世时期沉积,接受沉积时间为 2.6Ma;288.43~374.69m 为上新世时期沉积,接受沉积时间为 2.7Ma;374.96~576.5m 为晚中新世沉积,接受沉积时间为 6.3Ma;576.5~1032.46m 为中中新世沉积,接受沉积时间为 4.4Ma;1032.46~1257.52m 为早中新世沉积,接受沉积时间为 7Ma。因此,我们可以得到各个层段的沉积速率,分别是:更新世 111m/Ma,上新世 32m/Ma,晚中新世 32m/Ma,中中新世 114m/Ma,早中新世 32m/Ma(以上数据均没有考虑压实作用)。

表 6-1 西科 1 井岩芯柱状特征简述,其中沉积速率计算未考虑压实作用

层段(m)	年龄(Ma)	厚度(m)	沉积速率	主要岩性	大型有孔虫
0~288.43	更新世(2.6)	288.43	111	泥质灰岩	*Amphistegina* *Heterostegina*
288.43~374.69	上新世(5.3)	86.26	32	泥质灰岩,藻灰岩	*Cycloclypeus* *Calcarina*
374.69~576.5	晚中新世(11.6)	201.81	32	白云岩	零星分布或缺失
576.5~1032.46	中中新世(16)	455.96	114	藻灰岩	*Miogypsina* *Nephrolepidina*
1032.46~1257.52	早中新世(23)	255.06	32	白云质灰岩	*Spiroclypeus*
>1257.52	中生代			变质岩/花岗岩	

6.1.1 岩性描述

西科 1 井岩芯岩性组成已经在第二章岩性地层一节中有详细描述,这里仅就地层剖面中观察到的重要沉积学标志进行汇总。

(1)顶部约 20m 为浅黄色生物碎屑砂,成分为方解石,含有大量有孔虫,胶结普遍较弱。
  ● 17.26~21.94m 处,富含有机质,有臭味,应为富含有机质的水浸染所致。

(2)20~160m 段为浅黄白色生物礁灰岩,夹有浅灰白色生物礁灰岩,中等破碎,普遍有较弱的白云岩化现象,主要以珊瑚化石为主,含有有孔虫。

- 37.44～37.59m 处为一强烈风化面,呈黄褐色。
- 50～65m 段发育有溶洞,偶有藻纹层。
- 98.08～98.38m 处出现似风化层(图 6-1)。

图 6-1　西科 1 井 98.08m 处暴露风化层

- 122.12～126.12m 处有出现破碎程度由轻变重的旋回。
- 126.12～132.42m 和 148.38～155.48m 处均有暗色有机质层出现,有臭味(图 6-2)。

(3) 160～280m 为浅黄白色生物碎屑灰岩为主,夹有青灰色生物礁灰岩和生物碎屑灰岩,普遍中等或较强破碎,局部见弱白云岩化及生物印模。富含有孔虫,出现珊瑚和双壳类等化石。

- 169.70～169.75m 处有段 5cm 长的浅黄白色生物碎屑砂,疑似机械破碎所致。
- 该段广泛发育有暗色有机质层,多为薄层,普遍有臭味。

(4) 280～300m 为浅黄白色生物礁灰岩,轻度到中度破碎,普遍具有中等白云岩化现象。

- 297.88m 处为溶蚀孔洞,孔洞在表面不均匀分布,直径为 2～50mm。
- 300.83m 处有暗色有机质层(图 6-3)。
- 303.93～306.38m 段孔洞发育,直径为 1～5mm,中等溶蚀现象。

(5) 300～380m 为浅黄白色生物碎屑灰岩,强烈破碎,滴酸强烈起泡,含有孔虫,偶有双壳类化石。

- 373.69～376.38m 段有较弱溶蚀现象,含黄色泥粒充填,断续发育有藻纹层。
- 376.38～376.56m 有黄褐色褐铁矿风化晕(图 6-4)。
- 377.68m 有黑色碳质充填。

(6) 380～460m 为浅黄白色生物碎屑云岩,破碎强烈,偶有双壳类印模化石。

- 389.18～390.56m 处常见藻团块和礁团块,被藻纹层包围。
- 有孔虫主要出现在 460m 该段底部。

图 6-2　西科 1 井 148.38m 处产出暗色有机质

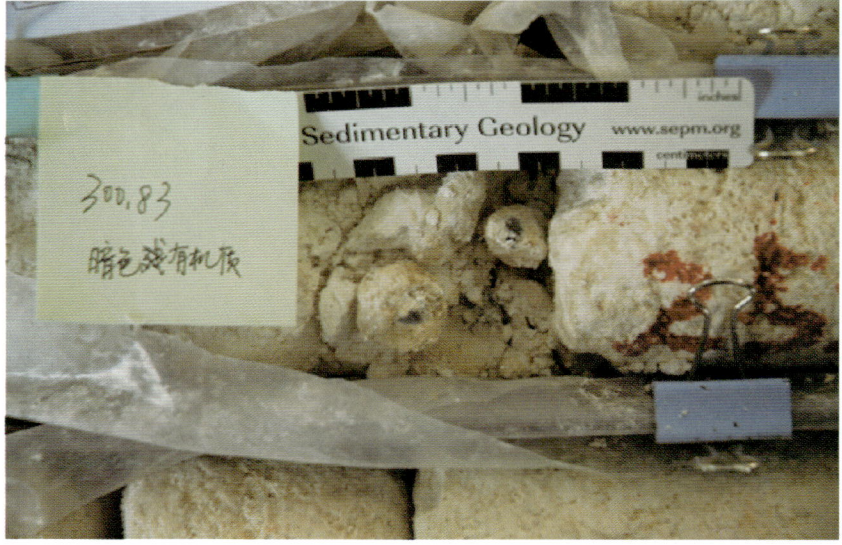

图 6-3　西科 1 井 300.83m 处产出暗色有机质

图 6-4　西科 1 井 376.38～376.41m 处黄褐色褐铁矿风化晕

(7) 460～480m 为浅灰白色藻礁云岩,破碎较强,可见较多藻团块和藻纹层,局部有珊瑚和双壳类化石。

● 468.19～470.6m 段发育有褐色风化晕层(图 6-5)。

图 6-5　西科 1 井 470.6m 处褐色风化晕

(8) 480～540m 为浅黄白色生物礁云岩,中等破碎,局部可见较弱白云岩化现象,含有大量珊瑚(管状珊瑚、枝状珊瑚)、双壳类、螺和各种印模化石。
- 482.99～493.99m 段发育有明显的溶蚀现象,孔洞发育,局部还有直径达 10cm 的大型溶孔。
- 480～515m 该段上部含有较多的藻纹层。

(9) 540～580m 为灰白色藻礁云岩,夹有灰白色礁灰岩,固结,轻度破碎,滴酸不起泡,强烈白云岩化,可见大量珊瑚、双壳类、腹足类化石。
- 566.5m 和 576.3m 处均可见藻团块。
- 573.38～573.45m 处有暗色颗粒有机质。
- 576.5～578.97m 生物碎屑砂粒序旋回,总体粒径向上变细(图 6-6)。

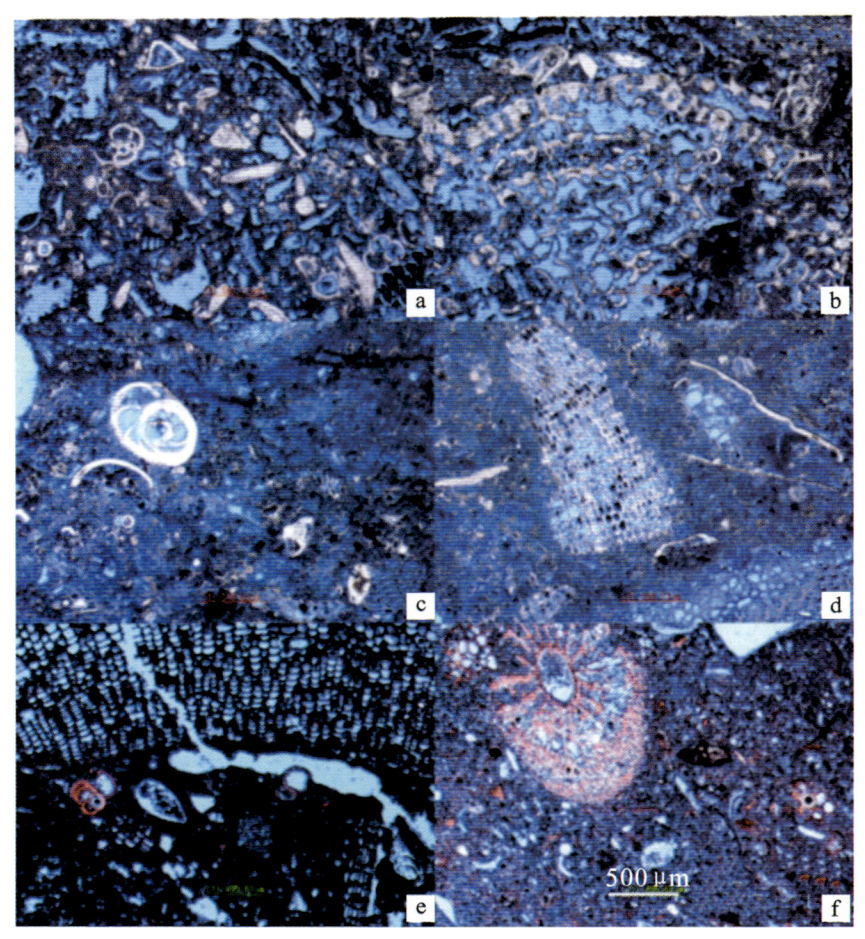

图 6-6　西科 1 井 576.5～578.97m 生物碎屑砂沉积旋回薄片
(a、b. 576m 段,c、d. 577m 段,e、f. 578m 段,总体粒径向上变细,包含有大量珊瑚、双壳类、有孔虫化石)

(10) 580～1100m 为浅灰色—灰白色生物碎屑灰岩,整体颗粒较细,弱固结到固结较差,多处可见珊瑚、双壳类、螺类化石。
- 582.67m 处有较大的方解石晶体。
- 584.07～587.32m 富含暗色层,富含有机质。
- 620～640m 主要为浅灰色—灰褐色生物碎屑云岩,白云岩化现象较强烈,中等破碎,含有较多双壳类化石,偶有藻团块。
- 626.76m 处发育有裂缝。

- 649.73～650.23m处有弱交错层理，含有机质暗层，粒度向上逐渐变细。
- 745.32～747.39m部分层位略发黄，应为短暂暴露所致。
- 758.1～761.37m段顶部含杂色、黄色纹层及干裂纹，为短暂暴露特征图6-7。

图6-7 西科1井1195.12m和1196.8m处沉积旋回
(总体上为向上变粗，顶部可以观察到明显的纹层和虫孔)

- 766m处可见溶孔。
- 785.47～794.87m段生物屑顺层排列。
- 852m处含有机质，颜色略暗。
- 990.46～1032.46m段多为弱固结的白垩层，粒度极细。
- 1032.46～1069.44m段溶洞发育，溶蚀强烈，该段取芯率较低，底部有有机物充填。

(11) 1100～1260m主要为浅白色生物礁灰岩，含大量生物化石。

- 1097.42～1119m段大量发育溶洞，沿裂隙有风化形成的暗紫色韵律层，韵律层段岩石主要为暗紫红色。
- 1194.12～1198.12m段岩层整体上为正粒序，总体构成13个旋回，各韵律层厚度5～80cm不等，具典型韵律状构造，每层顶部的细粒纹层和虫孔可作为分层特征(图6-8)。

图 6-8 西科 1 井代表性宏观岩性相
a.61.82m 珊瑚礁灰岩；b.794.9m 生屑灰岩

- 1200～1220m 段主要为浅黄白色生物碎屑灰岩，生物碎屑主要以珊瑚、双壳类、有孔虫为主，部分呈炉渣状和鲕状。
- 1216.62～1218.92m 为灰绿色—灰黑色粉砂质泥岩，有机质极为丰富，部分层段呈黑丝，含沥青。
- 1228.92～1248.5m 段发育有较多的溶洞溶孔，溶孔中有方解石重结晶，缝合线发育，部分段还有溶洞崩塌的记录。
- 1231.92～1235.4m 段有古风化溶蚀面，被土黄色钻井泥浆污染，风化面可见褐铁矿及铁质砂岩。
- 1252.92～1257.52m 下部为紫红色粗晶生物碎屑灰岩，岩石表面呈紫红色，发生重结晶，颗粒粗大，孔隙内充填有褐铁矿，紫红色层厚约 1m，向上逐渐转为黄白色—白色生物碎屑灰岩，含大量生物碎屑，主要有藻屑及有孔虫、介形虫等，含石英及长石较多陆源碎屑颗粒，应为下部风化壳与灰岩形成的混杂沉积，成层分布。
- 1260m 以下为基岩，主要为角闪黑云花岗片麻岩及黑云二长花岗片麻岩。片麻理与上部碳酸盐岩角度不整合接触。

6.1.2 岩石类型

在宏观和微观薄片观察的基础上，全井段共识别出 16 种宏观岩性相类型，其中有珊瑚礁灰岩、生物藻礁灰岩、白云质珊瑚礁灰岩、含藻珊瑚礁灰岩、含藻生物礁云岩、含藻珊瑚礁云岩、灰质泥岩、含生物碎屑泥晶灰岩、生物碎屑砂、生物碎屑灰岩、白云质礁灰岩、珊瑚礁云岩、含灰泥生物碎屑灰岩、生物礁白云岩、生物礁灰岩和生物碎屑白云岩，代表性宏观岩性相如图 6-8 所示；井深 0～346m 识别出 11 种微观岩性相类型，主要分为礁岩类型和粒屑岩类型两大类。礁岩类型分为原地生长和异地堆积两种。原地生长包括红藻珊瑚骨架灰岩、珊瑚骨架灰岩、红藻黏结灰岩和绿藻障积灰岩 4 种，异地堆积即为悬砾灰岩。粒屑岩类型含有泥晶生屑灰岩、亮晶生屑灰岩、生屑泥晶灰岩、内碎屑泥晶灰岩、内碎屑生屑泥晶灰岩（图 6-9）和泥晶灰岩（图 6-10）六大类。

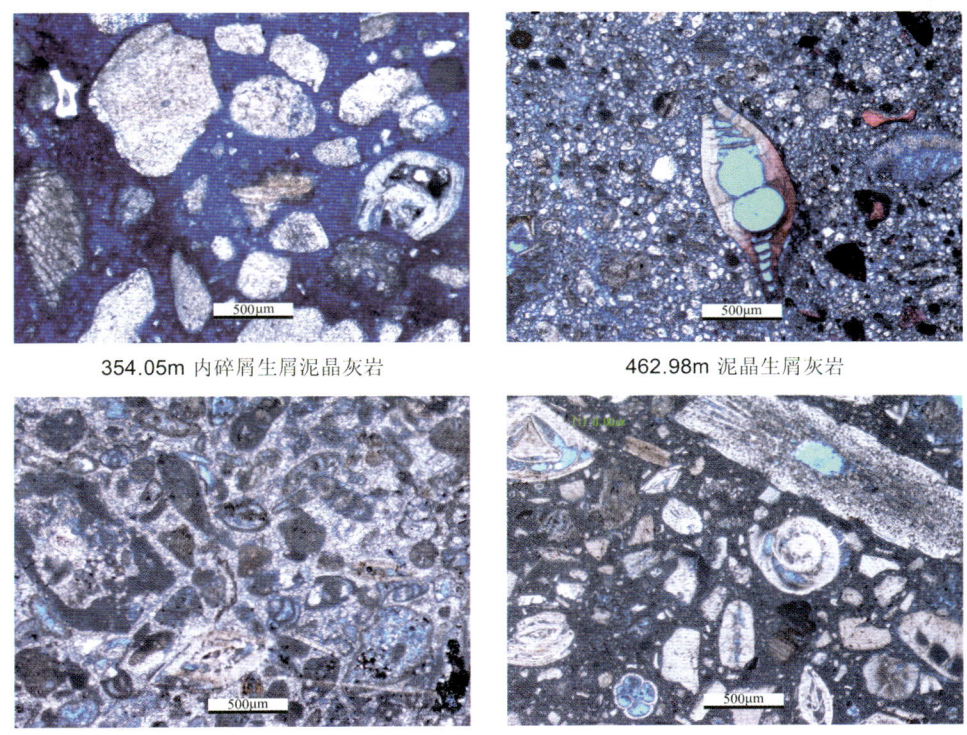

354.05m 内碎屑生屑泥晶灰岩　　　　462.98m 泥晶生屑灰岩

577.04m 亮晶生屑灰岩　　　　849.25m 内碎屑泥晶灰岩

图 6-9　西科 1 井内碎屑灰岩部分显微照片

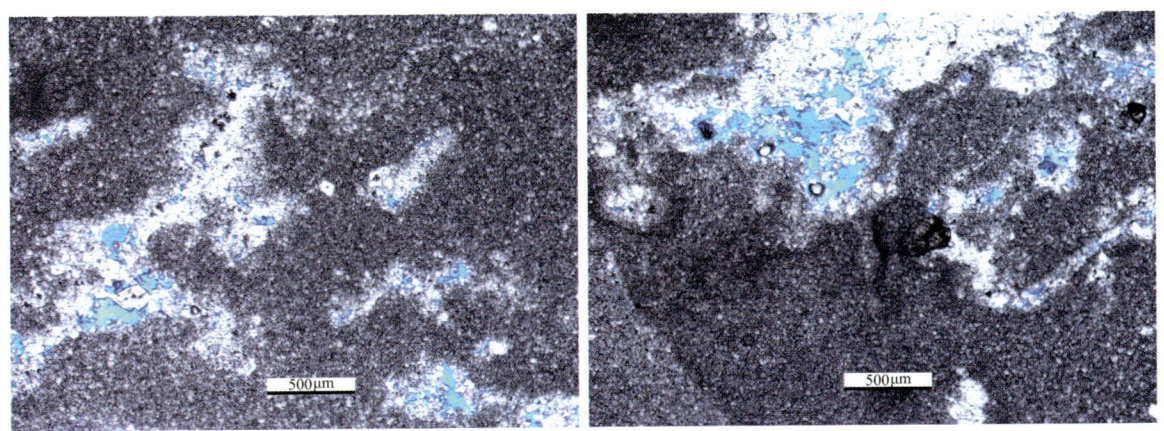

图 6-10　西科 1 井 490.65m 泥晶灰岩

6.2　沉积相特征

根据这些宏观及微观岩性相,识别出了生物礁、生屑滩和潟湖亚相及微相类型。

(1)生物礁相(亚相)—礁核(微相):礁岩类型为原地生长的生物骨架礁灰岩,造礁生物为珊瑚,在全井段皆有发育。不同深度的珊瑚骨架岩照片如图 6-11 所示。

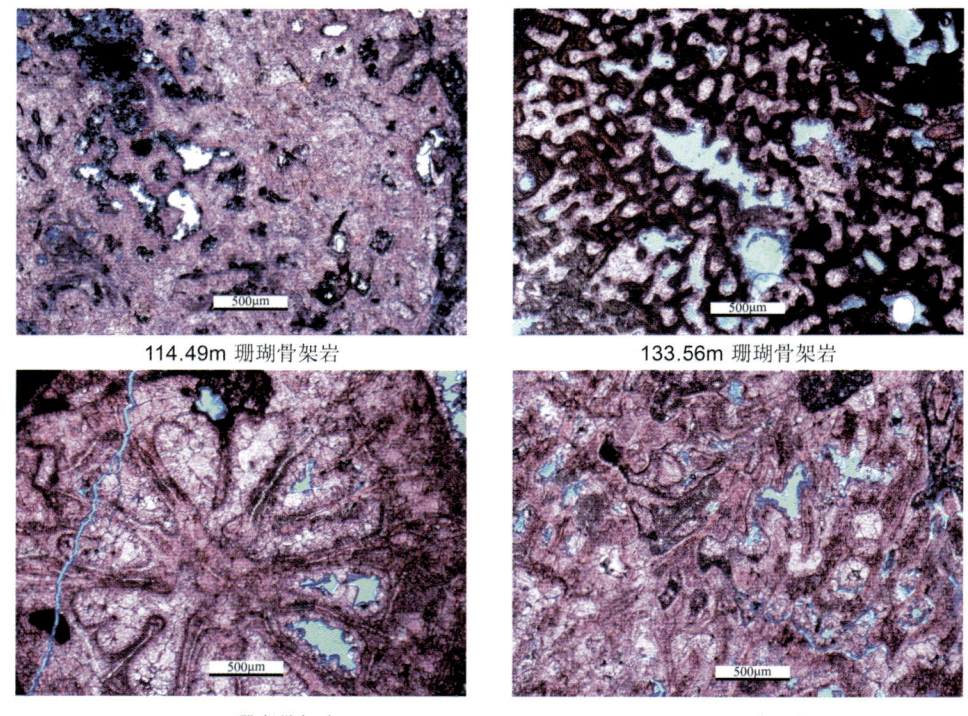

图 6-11　西科 1 井不同深度处珊瑚骨架岩照片

（2）生屑滩相（亚相）—礁后滩内侧滩（微相）：从宏观岩性相类型来看，包括生物碎屑灰岩和生物碎屑砂；从微观岩性相来看，可见亮晶红藻生屑灰岩、亮晶有孔虫生屑灰岩。灰岩和碎屑砂具有砂质感，完整的生物碎屑较少见，部分深度的岩芯无生物碎屑发育，发育环境水动力条件较强，一般情况下，沉积亚相为该种所对应深度的岩芯中灰泥成分极低，有孔虫含量也很低，碎屑颗粒均匀。

（3）沉积背景（亚相）—潟湖（微相）：多为灰泥，包括生屑泥晶灰岩、含内碎屑泥晶灰岩等。岩性细腻，有滑感，一般情况下岩芯不完整，较为破碎。

从以上西科 1 井岩芯样品的岩性分析中，可以对西科 1 井井位地区的沉积相进行简单的分析和总结。

早中新世时期：该段岩性主要以生物礁灰岩为主，顶部为生物碎屑灰岩。部分层段有灰绿色—灰黑色粉砂质泥岩出现，且该段有数次记录暗色有机质层，含有沥青，一般指示沉积环境较为缺氧。生物碎屑灰岩部分呈炉渣状和鲕状，生物碎屑以有孔虫、双壳类、珊瑚为主，总体上出现潟湖相沉积的特点。另外，该段普遍发育溶洞，而部分出现的褐色风化层应与溶洞有关。值得注意的是，该段约 1200m 处出现有沉积旋回，粒度向上变细，一般呈现为顶部出现细粒纹层和虫孔，具有典型的韵律状构造，而底部多为较粗的砾石，且纹层不明显，因此可以初步判断该段整体上是向上变深的沉积环境。因此，早中新世时期该地主要为有一定水深的潟湖相沉积，且总体上呈现海水变深的趋势。

中中新世时期：该段岩性主要为生物碎屑灰岩，颗粒普遍较细，总体上岩性变化不大。底部部分层段为较细的白垩状，向上层段出现有较多的暗色有机质层，且部分层段出现生物顺层排列，因此中中新世早期层段应主要仍为潟湖相-滩相沉积环境。该段约 750m 处出现有杂色、黄色纹层以及干裂纹，部分层位也略微发黄，推测为短暂暴露所致。同时，该段也出现有较为明显的白云岩化现象。中中新世晚期层段白云岩化作用较为强烈，部分层位也出现有暗色层。总结以上岩性特征可以大致推断，该地区中中新世时期早期为有一定水深的潟湖相-滩相沉积；中期水深变浅，为潮间带沉积环境，且有短暂暴露记录;晚期总体上为滩相沉积,不过整体上水深在逐渐变浅。

晚中新世时期:该段岩性主要为白云岩,其中晚中新世早中期主要为生物礁云岩和藻礁云岩,晚中新世晚期则主要为生物碎屑云岩。其中,600~570m出现有沉积旋回,一般呈现为顶部为粗粒碎屑,底部生物碎屑顺层排列,含泥质,且该段较多岩层出现有较多暗色有机质层,因此可以初步推断该段总体上呈现向上变浅的沉积环境。570m向上,岩石出现有较多藻纹层,同时出现有暗色有机质层,指示水深加深,为水深较大的潟湖相沉积环境。向上藻纹层、藻团块进一步增多,且出现较多的泥粒和泥质层。因此,可以推断中中新世—晚中新世转换时期海水深度有一个变浅过程,并在晚中新世早期达到最浅后,随着南海海侵事件,该地水深开始加深,逐渐由潮间带-滩相互层转变为潟湖相-滩相互层的沉积环境,并且水深在晚中新世晚期进一步加深。

上新世时期:该段主要为生物碎屑灰岩,在上新世中期层段出现有一段生物礁灰岩。偶尔出现褐色风化晕,说明该段时期海平面变化较为动荡,可能有短暂的出露。但郝诒纯等(2000)的莺琼盆地海平面曲线以及全球海平面变化曲线(Haq et al,1987)均显示上新世存在最大海侵,海水深度达到最高值;西科1井该段较多的溶蚀孔说明可能出现短时暴露并在大气淡水的作用下形成溶洞。因此上新世时期风化层反映短时期海平面动荡的暴露事件。地层中发育的生物碎屑砂多含黑色碳质物,且各段均出现有暗色有机质层和暗色碳质颗粒。生物化石主要以有孔虫为主,偶有见珊瑚和双壳类。从以上证据可以初步得知,该地区上新世时期紧接着晚中新世晚期水深加深的环境变化,并在总体上呈现出较深水深的潟湖相沉积环境。值得注意的是,南海地区在上新世中晚期(距今3.4~3Ma)记录有一次海侵事件,在西科1井同时期岩芯中表现为潟湖相沉积环境。

第四纪时期:该段主要为生物礁灰岩及生物碎屑灰岩沉积,其中下段主要为生物碎屑灰岩,上段主要为生物礁灰岩,顶部主要为生物碎屑砂,未固结成岩。下部岩性与上新世时期相似,出现有较多的有机质和泥质充填。向上逐渐出现白云岩化现象,偶有出现土黄色风化层,总体反映海平面逐步变浅、出现短暂暴露的现象;在风化暴露面之下,由于淡水淋滤作用发育溶洞。在岩性组合上,该时期多以珊瑚礁相为主,夹少量藻纹层。总体来看,第四纪早期继承了上新世时期较深的潟湖相,随时间推移水深开始变浅,呈现出滩相-礁滩互层的沉积环境,水深较浅。

6.3 古生态探讨

根据有孔虫生态学研究发现,西科1井有孔虫属种非常丰富,但是受礁区环境条件变化的影响,在不同层位中有较大的变化。依据有孔虫种数、个体数、壳体保存程度及浮游有孔虫含量的变化,将该井自上而下分为21个有孔虫组合段,分别代表相应的古生态环境,与岩相沉积环境具有很好的对应关系。

1段(0~22m):未固结散砂状生物碎屑灰岩,该段含有孔虫属种较少,但数量丰富,分异度较低,壳体磨蚀严重,表明经过搬运,反映为礁后滩相。

2段(22~54m):生物碎屑颗粒灰岩、泥粒灰岩,夹黏结灰岩、礁格架灰岩。该段有孔虫种数、数量及分异度均略高于前段,且大部分壳体破损,见零星浮游有孔虫,结合沉积物类型分析,该段为能量较高的外礁坪环境。

3段(54~100m):珊瑚黏结灰岩、钙藻黏结灰岩、生屑灰岩。有孔虫以底栖类为主,种类和数量少,大部分壳体遭受磨蚀,未见浮游有孔虫,该段为礁顶环境。

4段(100~130m):泥粒灰岩、砾屑灰岩,偶夹礁格架灰岩,基质含量略高于外礁坪。该段有孔虫种数与外礁坪相近,但数量较少,大部分壳体受到磨蚀,结合沉积物中节片状珊瑚藻、枝状珊瑚等,该段可能为内礁坪环境。

5段(130~162m):珊瑚格架灰岩,夹壳状珊瑚藻黏结灰岩、生屑灰岩。有孔虫以底栖类为主,种类和数量少,大部分壳体遭受腐蚀,见极少浮游有孔虫,该段为礁骨架高能环境。

6段(162～210m):珊瑚黏结灰岩、钙藻黏结灰岩、生屑灰岩。有孔虫以底栖类为主,种类和数量少,大部分壳体遭受腐蚀,浮游有孔虫罕见,结合抗浪作用较强的块状珊瑚、壳状珊瑚藻,该段为礁顶环境。

7段(210～280m):苔藓虫黏结灰岩、壳状珊瑚藻黏结灰岩,较少的珊瑚格架岩。有孔虫以底栖类为主,种类和数量都比前一阶段有所增加,大部分壳体遭受腐蚀,浮游有孔虫常见,该段为礁骨架高能环境。

8段(280～297m):颗粒灰岩、砾屑灰岩。底栖有孔虫种类和数量有所降低,见少量浮游有孔虫,结合沉积物中的钙质超微以及块状珊瑚碎屑,该段可能为礁后斜坡环境。

9段(297～350m):苔藓虫黏结灰岩,较少的珊瑚格架岩。有孔虫以底栖类为主,种类和数量都相对较高,大部分壳体遭受腐蚀,浮游有孔虫常见,该段为礁骨架高能环境。

10段(350～380m):颗粒灰岩、砾屑灰岩。有孔虫种类和数量比前一阶段有了大幅降低,见少量浮游有孔虫,壳体遭受磨损,沉积物中还发育有钙质超微,该段可能为礁后斜坡环境。

11段(380～570m):白云岩。有孔虫非常少,部分层位可以见到有孔虫轮廓,根据有孔虫无法判断原始沉积环境。

12段(570～612m):泥晶灰岩、白云岩化泥粒灰岩,部分层位可见大量白垩,有孔虫壳体保存完好,种类和数量都比较多,常见小粟虫类和南三房虫,浮游有孔虫属种和数量增多,反映浅水的 $Amphistegina$ 和 $Calcarina$ 有所减少,结合沉积物类型进行分析,该段应为水深较大、动力较弱的潟湖环境。

13段(612～650m):生物碎屑颗粒灰岩、生屑砂、灰泥夹细枝鹿角珊瑚断枝。该段有孔虫属种丰富,数量多,分异度高,大部分壳体保存完好,并出现一些浮游分子,同时还发育少量小粟虫类、串珠虫,结合沉积类型分析,该段可能为浅水内礁坪环境。

14段(650～676m):泥晶灰岩,有孔虫壳体保存完好,种类和数量比前一阶段有所减少,常见小粟虫类、小有孔虫,浮游有孔虫罕见,该段应为水深较大、动力较弱的局限潟湖环境。

15段(676～747m):生物碎屑颗粒灰岩、泥粒灰岩,灰泥含量比外礁坪高,夹非造礁型的枝状珊瑚。该段有孔虫属种丰富,数量多,分异度高,大部分壳体受到磨蚀,结合沉积物中常见生活于礁坪浅水潮间环境的双壳、腹足类大化石,该段可能为内礁坪环境。

16段(747～804m):珊瑚格架岩夹黏结灰岩、白云岩。据有孔虫种类和数量多,大部分壳体遭受腐蚀,浮游有孔虫罕见,$Calcarina$ 有所减少,说明水体比前一阶段有所加深,结合沉积物类型和现代环境中有孔虫的分布进行分析,该段为礁格架环境。

17段(804～849m):生物碎屑颗粒灰岩、泥粒灰岩,底部白云岩化。该段有孔虫属种丰富,数量多,分异度高,大部分壳体受到磨蚀。可见代表后礁或礁后环境的小粟虫和中孚虫,灰泥成分比外礁坪高,夹非造礁型的枝状珊瑚,该段应该为内礁坪环境。

18段(849～932m):生物碎屑颗粒灰岩、泥粒灰岩,白云岩化。该段有孔虫种数、数量及复合分异度高于前段,且大部分壳体受到磨蚀,浮游有孔虫罕见,沉积物中泥质含量偏少,壳状珊瑚藻多于节片状珊瑚藻,该段为能量较高的外礁坪环境。

19段(932～955m):泥粒灰岩,灰泥成分多于外礁坪,夹非造礁型的枝状珊瑚。该段有孔虫属种丰富,数量多,分异度高,大部分壳体受到磨蚀,结合沉积物中常见生活于礁坪浅水潮间环境的双壳、腹足类大化石,该段可能为内礁坪环境。

20段(955～1180m):粒泥灰岩、生物碎屑灰岩,白云岩化严重。有孔虫种数、数量较高,部分壳体破损,沉积物中泥质含量偏少,壳状珊瑚藻多于节片状珊瑚藻,该段为能量较高的外礁坪环境。

21段(1180～1255m):泥晶灰岩、粒泥灰岩,夹核形石及礁格架灰岩,泥质含量较高,部分白云岩化。有孔虫壳体保存完好,种类和数量均明显低于前段,主要发育小粟虫类、南三房、肾鳞虫和旋盾虫,浮游有孔虫罕见,该段应为水深较大、动力较弱的局限潟湖环境。

7 珊瑚礁生长过程及海平面变化

7.1 研究方法

一般认为,西沙群岛碳酸盐岩台地自中新世开始发育,其基底为古老的片麻岩。本次研究发现,西沙碳酸盐岩台地坐落于晚中生代角闪黑云片麻岩之上,片麻岩最后的变质年龄在152.9Ma左右。之上覆盖了早中新世碳酸盐沉积。研究碳酸盐岩台地发育的方法很多,本次主要采用较新的有机分子化合物的方法,结合元素地球化学开展研究,以期获得新的突破。

甘油双烷基甘油四醚(Glycerol Dialkyl Glycerol Tetraethers,GDGTs)是古菌和细菌等微生物细胞膜脂的主要成分(Sinninghe et al,2009),也是本次碳酸盐岩台地样品中有机分子化合物的主要组成部分。其中海洋泉古菌细胞膜脂主要由类异戊二烯 GDGTs(Isoprenoid GDGTs,i-GDGTs)组成,该类分子中环戊烷数量的增加会使泉古菌的细胞膜脂组装得更密实,有效避免双层膜在高温下变性分开,并保持了完整的内层疏水结构,使古菌在极端环境下(如高温、低 pH 值)生存(Sinninghe et al,2002;姚鹏,于志刚,2010)。i-GDGT 通常有六种分子结构,包括含有 0～3 个环戊烷的结构(Ⅰ—Ⅳ),同时含有 4 个环戊烷和 1 个环己烷的结构(Ⅴ),还有一个Ⅴ的同分异构体(Ⅵ)(Schouten et al,2008;Sinninghe et al,2008),分子结构式如图 7-1 所示。

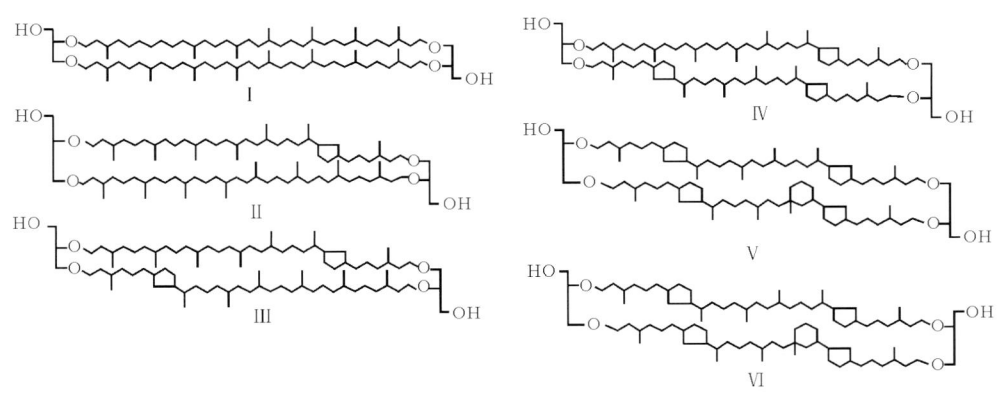

图 7-1 类异戊二烯 GDGTs(i-GDGTs)分子结构示意图(Schouten et al,2002)

细菌膜脂主要由支链 GDGTs(branched GDGTs 或 b-GDGTs)组成,这类分子化合物中的环数量和碳链中甲基数目与大气温度和土壤 pH 值相关。b-GDGTs 在结构上和 i-GDGTs 不同,它们的碳骨架具有数目不等的甲基支链,环戊烷的数量为 0～2 个,且没有环己烷结构(Weijers et al,2007),分子结构式如图 7-2 所示。

支链和类异戊二烯指标(Branched, Isoprenoid Tetraether,BIT)是沉积物中细菌膜脂支链 b-GDGTs 含量与主要来自海洋古菌的类异戊二烯 i-GDGTs 泉古菌醇含量的比值,可以解析近海沉积物

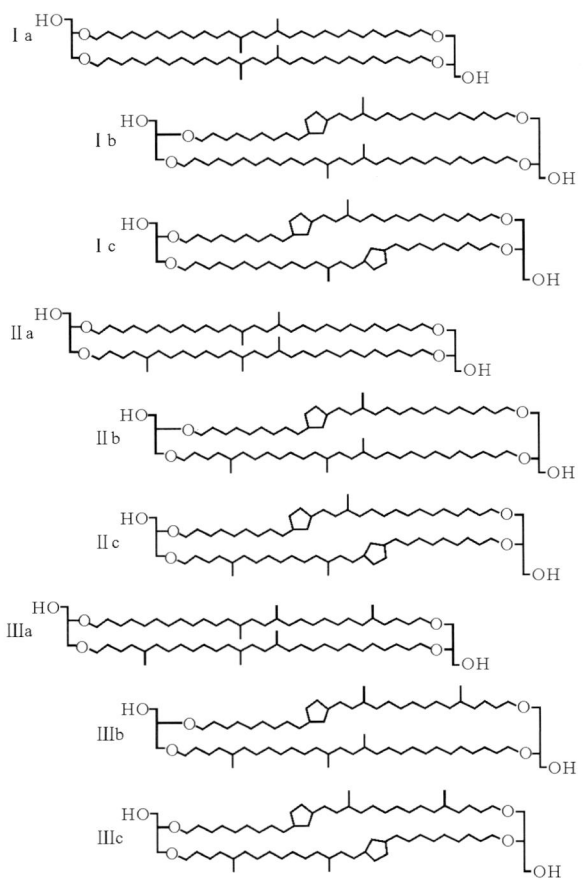

图 7-2 支链 GDGTs(b-GDGTs)分子结构示意图(Weijers,2007a,GCA)

中陆源有机质的来源和分布(Hopmans et al,2004),计算公式如下:

$$BIT = \frac{I + II + III}{I + II + III + V}$$

其中,I、II、III 分别代表 b-GDGTs 中质核比为 1022、1036、1050 的化合物;V 代表 i-GDGTs 中质核比为 1292 的化合物。BIT 一般在古环境中被用来定性追踪陆源有机质输入的历史变化(Sluijs et al,2006;Ménot et al,2006),结合其他传统指标还可以进一步区分沉积有机质来源。一般情况下,BIT 指数越接近于 1,倾向于指示陆源输入;BIT 指数越接近于 0,倾向于指示海相自生。部分研究者认为当 BIT 值越接近于 1 时,有可能是该区域海洋自生营养盐度增高,导致细菌数量增加,进而影响 BIT,也有可能是其他环境因素而非陆源输入导致 BIT 升高,此时沉积相仍然为海相而非陆相。然而这种新颖的观点仍有待证实。

通过西科 1 井 BIT 随深度的变化曲线可以清楚地看到(图 7-3),该指数在上部 0~180m 区间内绝大部分大于 0.6,少量数值保持在 0.6 左右,只有 110.19m 处有一个异常点,BIT 值为 0.35;在中部 180~560m 区间内,BIT 指数总体保持较低的趋势,最高不超过 0.5,最低可达到 0.05;在下部 560~750m 区间内,BIT 指数又出现回升,期间虽然在 610~630m 的区间内有小幅回落,但是大部分保持较大值,最高可达 0.9。在近底部的 1145~1210m,BIT 再次减低。在其他深度区间,BIT 总体较高,只是偶尔降低至 0.3~0.5(图 7-3)。

根据 BIT 指数变化情况,西科 1 井 0~1257.52m 分别以 180m、560m、1032m 和 1200m 为界明显分为 5 个层段。结合该井初步定年结果,可以发现这些 BIT 分界线分别同第四纪与上新世分界

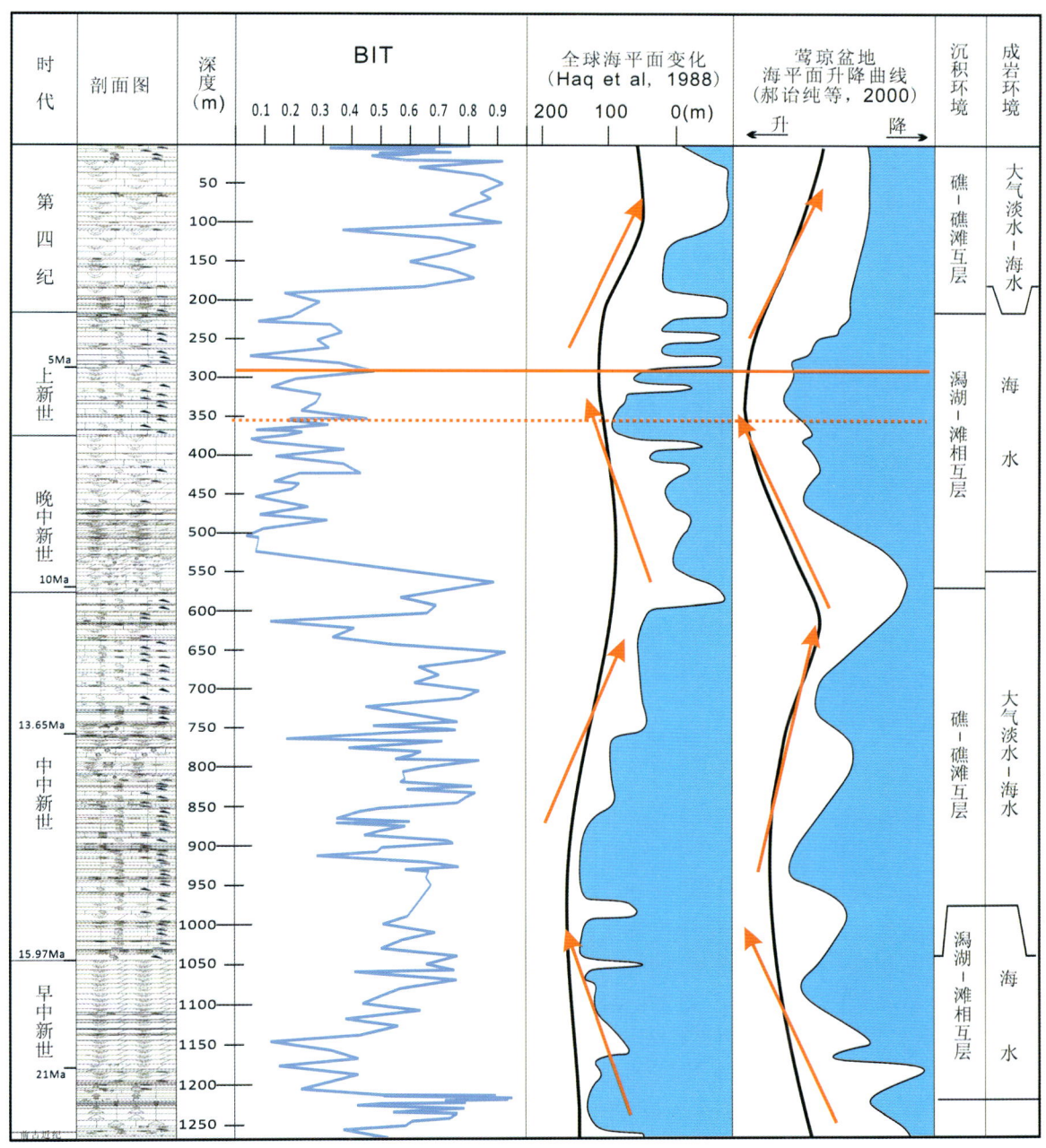

图 7-3 西科 1 井 BIT 变化综合图

(214.89m)、晚中新世与中中新世界线(576.5m)、中中新世与早中新世界线(1032.46m)及早中新世早晚界线(1179.69m)十分接近(图 7-3)。

7.2 西科 1 井碳酸盐岩台地发育模式

西科 1 井岩性分析资料显示,该碳酸盐岩台地几乎全部由珊瑚、珊瑚藻等造礁生物以及有孔虫、介形虫和钙质超微等海洋生物组成,呈现以骨架支撑的生物礁和生物碎屑砂相互交错的沉积特点。由于西沙碳酸盐岩台地从中新世形成开始,很可能就以孤立的海洋高地形式远离大陆,鲜有陆源物质输入。若简单地按照传统BIT代表陆源输入量大小来解释其环境意义,则可能会得出谬误的结论。BIT指标的根本意义在于指示大气淡水所形成的有机物量的多少,其中的细菌量可以是陆源输入,也可以是在大气环境下自生而成。

通过该井岩芯观察发现,在0~180m岩芯段和560~750m岩芯段,岩性主要以珊瑚礁与生物碎屑砂构成的生物骨架灰岩互层为特征,发育大量暴露溶蚀淋滤面,反映以浅水为主、频繁暴露地表为特征的沉积环境。薄片观察发现,在这两个层段中发育的成岩胶结作用是大气水及大气水-海水混合成岩环境下的典型产物,以新月形、悬垂形和晶簇状方解石胶结物为特征(图7-4)。对暴露面的研究发现,在这两段地层中,生物礁的高频、低幅淹没-出露模式使得其中各种碳酸盐组分均不同程度地遭受了一定的溶解作用,与薄片中观察到的有孔虫、珊瑚藻、珊瑚格架和泥晶基质等发生部分或全部溶解相一致。与此相反,在埋深180~560m井段,岩性主要以生屑泥晶灰岩与珊瑚藻构成的生物骨架灰岩为主,属西沙群岛碳酸盐岩台地主要的成礁期,代表其形成发育过程中较少暴露到大气环境。薄片观察发现该时期的成岩作用主要表现为生长于粒间或粒内孔隙中的纤维状和刀刃状方解石为特征,呈环边状分布,这种胶结物结构被公认为是海水成岩环境下的产物(图7-4)。

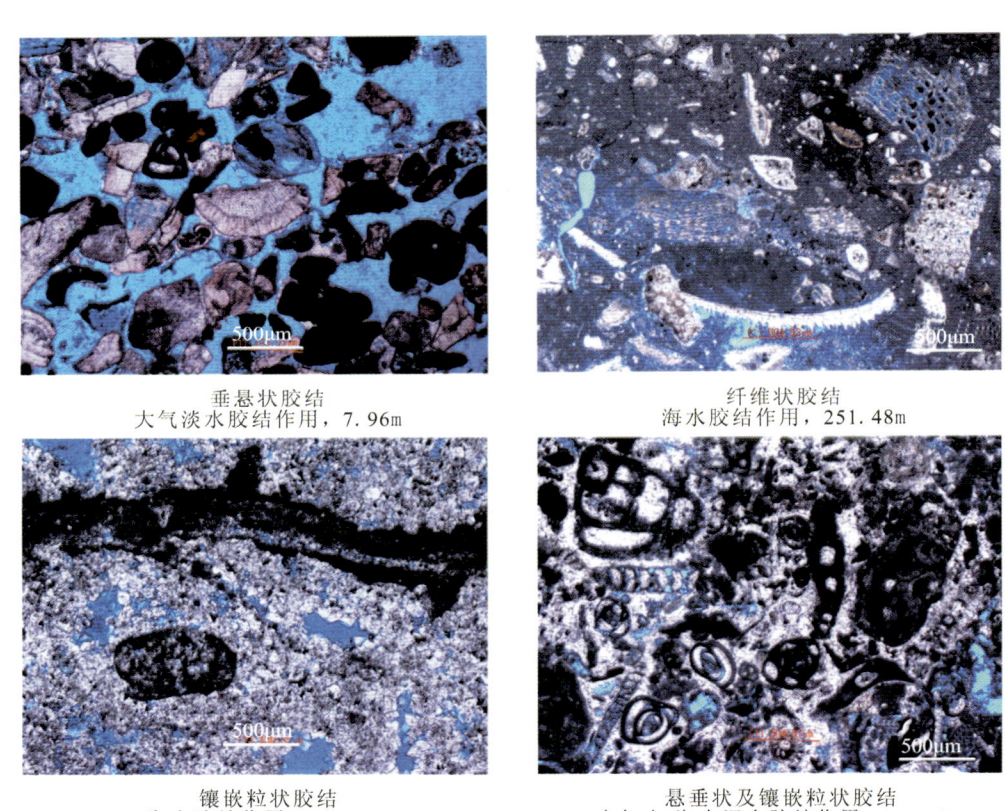

垂悬状胶结　　　　　　　　　　　　　纤维状胶结
大气淡水胶结作用，7.96m　　　　　　海水胶结作用，251.48m

镶嵌粒状胶结　　　　　　　　　　　　悬垂状及镶嵌粒状胶结
海水胶结作用，483.91m　　　　　　　大气水-海水混合胶结作用，747.67m

图7-4　西科1井碳酸盐岩部分胶结类型及成岩环境

沉积环境的不同造成了沉积物中细菌和古菌总量及比值发生改变。受大气水影响时,碳酸盐岩台地发生淋滤作用,导致岩石遭受溶解形成许多次生孔隙,且大气水成岩环境呈弱酸性,pH值偏低的低盐环境有利于细菌的生长,使细菌含量相对于古菌增长较快,即b-GDGT的含量相对于i-GDGT有较大增长,反映在BIT指标上则出现高值;当海水占主导因素时,环境中pH值增高且相对高盐条件更有利于泉古菌数量的增加,造成i-GDGT的含量相对于b-GDGT增长较快,反映在BIT指标上则会出现较低值。因此,BIT指标在西科1井随深度的变化特征完全是西沙地区碳酸盐岩台地生长发育微环境变化控制的结果。

结合西科1井岩芯观察、沉积相分析、薄片鉴定及有机分子化合物BIT指标变化特征可以看出，早中新世初期，海水开始影响西沙地块并促使浅水碳酸盐岩首次发育。随着南海加速扩张，海水阶段性加深，西沙碳酸盐岩台地发育典型的礁相、滩相以及中光层沉积多类型碳酸盐岩，是西沙台地形成并且迅速发展的关键时期，BIT指标波动较大。但是，在台地水深相对较大的中光层环境中，BIT指标仍然出现低值。在中中新世晚期，全球及西沙北侧琼东南盆地海平面同样处于快速下降时期，造成西沙地区珊瑚礁台地生长环境频繁动荡，台地频繁暴露地表，不利于珊瑚礁的发育，使该时期地层呈现出礁滩互层叠置的现象，岩层受大气淡水影响明显，使沉积物中反映大气淡水环境的细菌含量增高，造成BIT指标变高(图7-3)。

从晚中新世—上新世，由于南海进入快速的热沉降期，造成相对区域海平面变化呈现总体快速上升的趋势，使南海大面积浅水碳酸盐岩台地珊瑚礁发生溺亡，是南海珊瑚礁发育的消亡期(Wu, 2014)。西沙等孤立台地型珊瑚礁也同样受到快速海平面变化的影响，进入海水深度较大的中光层沉积环境，造礁生物以藻类为主，夹生物生屑灰岩，礁盘生长速度变缓，堆积速率较低(约32m/Ma)。西科1井该时期碳酸盐岩沉积物主要由灰泥与滩相生物碎屑砂互层为主夹藻纹层，沉积环境稳定。由于西科1井在该时期所在位置处于相对深度较大的沉积环境，使沉积物中海洋泉古菌标志物含量增高，造成BIT指标变低。在第四纪处于海水频繁动荡的沉积环境，不利于珊瑚礁的发育保存。台地发生淋滤剥蚀，呈现出礁滩互层叠置的现象，岩层受大气淡水影响明显，该时期也恰是全球海平面及西沙北侧琼东南盆地海平面快速下降时期。受全球及区域海平面下降影响，西沙碳酸盐岩台地频繁暴露地表，造成地层普遍遭受大气淡水影响，使BIT指标变高。

因此，西科1井BIT指数很好地反映了中新世以来南海海平面变化及碳酸盐岩台地生长发育的过程(图7-5)。在早中新世，西沙基底受南海扩张影响，开始以孤岛形式下沉，接受沉积，由于远离大陆，陆源碎屑缺乏，发育以碳酸盐岩为主的台地沉积，夹少量基底剥蚀的陆源碎屑，此时礁体发育迅速，西科1井以潟湖相-滩相为主；到中中新世晚期，受全球及区域海平面变化下降影响，西沙地区碳酸盐岩台地频繁暴露地表，遭受剥蚀，使西科1井所处位置以溶蚀淋滤的礁相沉积为主(图7-5a)，形成礁-滩交互的地层沉积，地层发生大气水-海水混合作用的成岩现象。晚中新世—上新世，全球及区域海平面出现持续上升，淹没大量浅海区碳酸盐岩台地，西沙碳酸盐岩台地海水加深，进入中光层沉积环境，使西科1井所处位置以灰泥与生物碎屑沙滩相沉积为主，夹藻纹层礁相，鲜有风化暴露淋滤面出现(图7-5b)，使成岩作用主要发生在海水环境。在第四纪，全球及区域海平面出现强烈波动并呈总体下降趋势，西沙碳酸盐岩台地即有健康发育又频繁暴露地表，遭受淋滤剥蚀，西科1井所处台地位置又出现了以珊瑚礁相沉积为主的特征(图7-5c, d)，形成礁-滩交互的地层沉积，再次出现大气水-海水混合成岩作用。

值得指出的是，根据古生物分析结果，西科1井第四纪/上新世分界在214.89m处，而指示BIT发生突变的深度在180m左右，也即稍晚于全球海平面在2.7～2.5Ma发生明显下降的时间点。但是，位于西沙地区北侧的琼东南盆地海平面变化曲线发生由上升转为下降的时间点与全球海平面变化相比也同样存在一个滞后(郝诒纯等，2000)，与西科1井记录的BIT发生突变的时间几乎一致(图7-3)，说明西沙地区碳酸盐岩台地的生长发育受区域相对海平面变化影响更大，也反映出南海海平面变化既受全球海平面变化的影响，还受南海区域构造沉降的控制。

7.3 南海碳酸盐岩台地晚中新世衰退的记录

上述的岩石地层学、元素和生物标识的数据指示，西科1井钻取的碳酸盐序列在早中新世和晚中新世和上新世部分出现巨大的变化，主要表现在碳酸盐质灰岩转化为白云岩或白云质灰岩，MgO含量从1%剧烈增加至20%，以及BIT值有剧烈减少(图7-6～图7-9)。较高的MgO含量(20%或更高)分

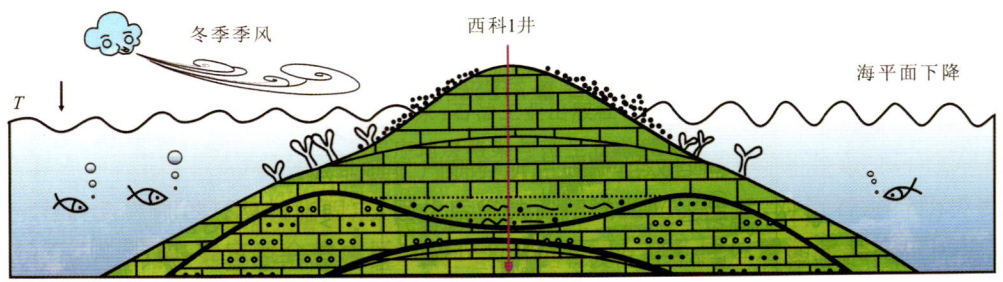

(d) 上新世—更新世　　　　　　　　　　　　　　　　　　　频繁侵蚀
　　低海平面冰期

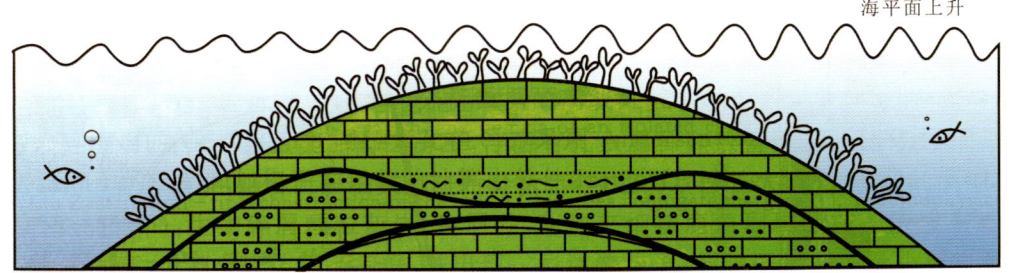

(c) 上新世—更新世　　　　　　　　　　　　　　　　　　　礁体快速生长
　　高海平面间冰期

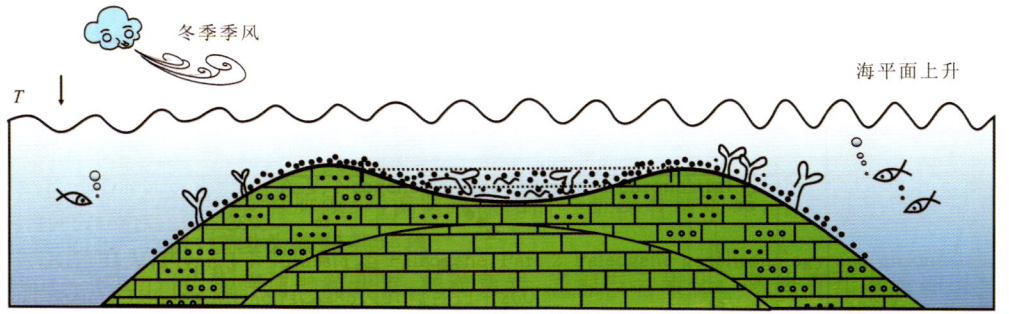

(b) 晚中新世—早上新世　　　　　　　　　　　　　　　　　水深加大
　　盆地下沉　　　　　　　　　　　　　　　　　　　　　　台地淹没

(a) 中中新世

图 7-5　西沙地区碳酸盐岩台地珊瑚礁不同发展阶段示意图

别出现在 1230～1044m、645～620m、570～376m、310～290m 四井段(图 7-3)。其中的 570～376m 井段以近 200m 的厚度代表了整个晚中新世的沉积记录。

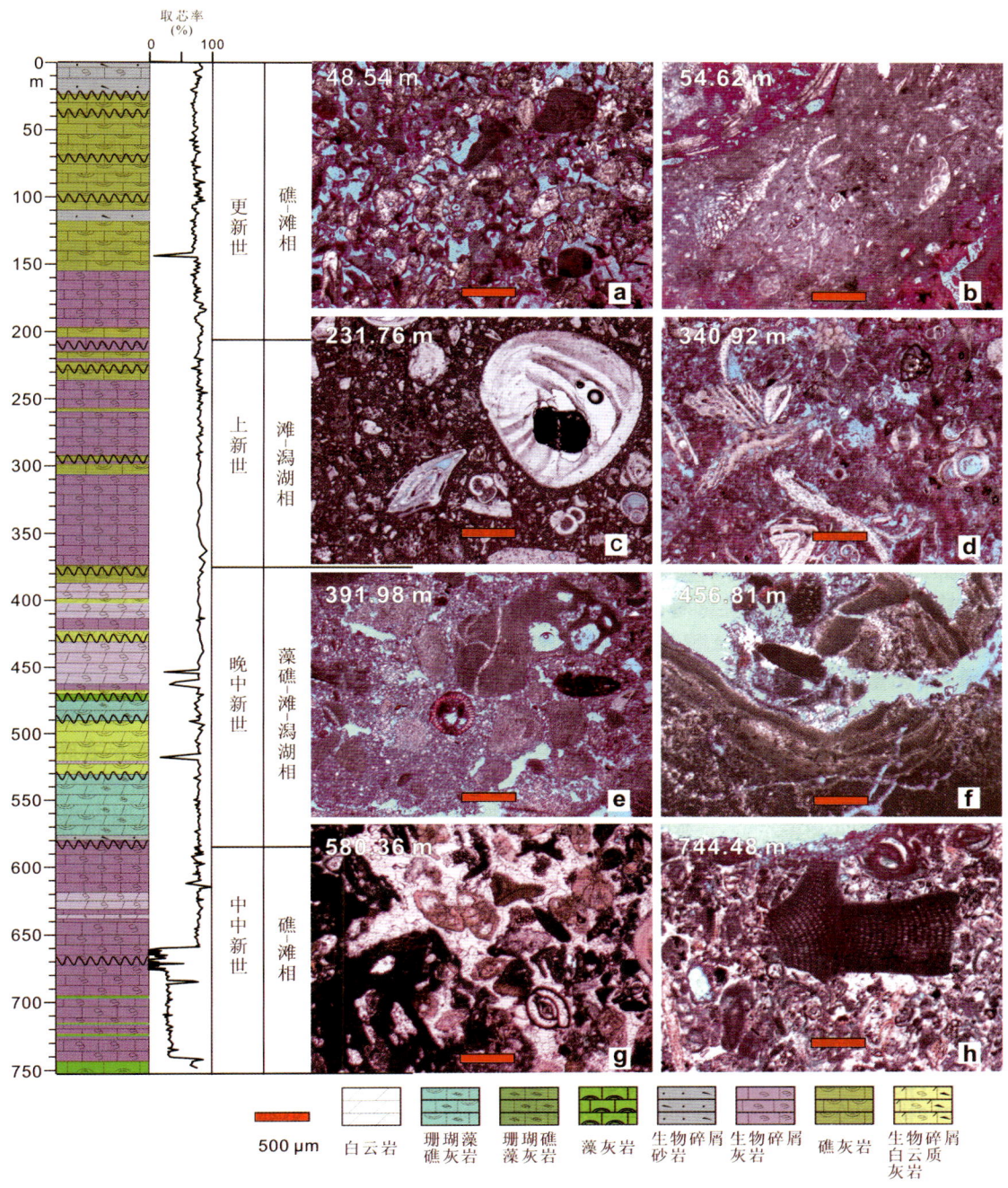

图 7-6　西科 1 井 0～750m 的代表性礁相岩性

如图 7-6 和表 7-1 所示,晚中新世接受了约 200m 厚以白云岩为主的碳酸盐岩沉积,如果不考虑沉积后的压实作用,则代表约 32m/Ma 的平均沉积速率,该沉积速率还不到中中新世(114m/Ma)和更新世(111m/Ma)的 1/3。一般来说,堆积速率能够在一定程度上反映不同时期碳酸盐岩台地的发育状况。但是,到目前为止,我们无法测量一些沉积中断或剥蚀面的年龄和持续时间,即图 7-6 所标明的侵蚀面造成的地层缺失厚度(图中红点所示)。因此,仅用残余地层厚度的堆积速率衡量碳酸盐岩台地的发育状况存在一定的不确定性。尽管如此,结合岩性地层学其它证据,西科1井的珊瑚礁和台地的生长在早中新世—中中新世和晚中新世—上新世较为良好,而在中中新世晚期和晚中新世早期较弱。晚中新世早期碳酸盐岩台地的衰减记录并不仅仅局限于西科1井,在南海其它井位均有记录,表明其受较大范围的地质事件影响(He & Zhang,1986;Zhang et al,1989;Zhu et al,1997;Xu,1999;Wei et al,2008)。

表 7-1 西科1井岩芯柱状特征,其中沉积速率计算未考虑压实作用

层段(m)	年龄(Ma)	厚度(m)	沉积速率(m/Ma)	主要岩性	台地发育状况 差 好
0～288.43	更新世(2.6)	288.43	111	泥质灰岩	
288.43～374.69	上新世(5.3)	86.26	32	泥质灰岩,藻灰岩	
374.69～576.5	晚中新世(11.6)	201.81	32	白云岩	
576.5～1032.46	中中新世(16)	455.96	114	藻灰岩	
1032.46～1257.52	早中新世(23)	255.06	32	白云质灰岩	
>1257.52	中生代			变质岩/花岗岩	

这一次大范围的区域地质事件以广泛发育的白云岩化为标志。不过,根据南沙海区NY2井资料,不仅仅是中新世(>44m),而且上新世(约100m)和早更新世(约120m)均有严重的白云岩化现象(Zhu et al,1997;Xu,1999)。显然,单就白云岩化作用的范围和强度本身并不能用来指示碳酸盐岩台地的发育健康程度,因为白云岩化本身可能只是成岩作用的结果(Wilson,2012)。

在研究区域内,中新世沉积层的顶和底分别受 T_{30} 和 T_{40} 地震反射面的约束(图7-7)。这两个反射面不仅最强,紧密程度也是最高的,它们的延伸形态指示现在的台地在过去发生过收缩并后退至最高隆起处(Wu et al,2014)。现在的石岛,即西科1井井位位置,可能就是当时这样高隆起的岛屿之一。

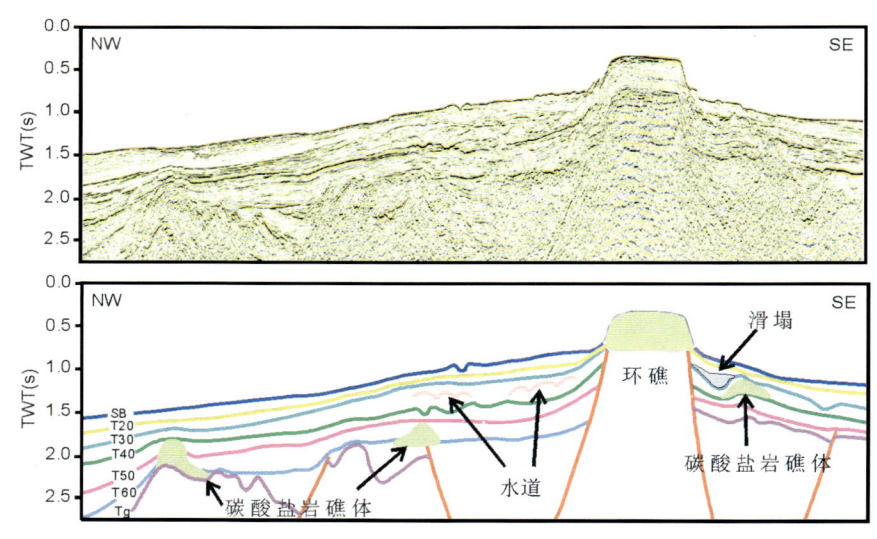

图 7-7 研究区 T_{30} 与 T_{40} 典型地震剖面(Wu,2014)

晚中新世碳酸盐岩台地的衰退可以从南海的所有海区找到根据，包括北部的琼东南盆地和珠江口盆地，南部的巴拉望—婆罗洲一带（Gong & Li,1997；Matthews et al,1997；Madon et al,1999；Noad,2001；Binh et al,2007；Ma et al,2011；Yao et al,2012；Ding et al,2013；Wilson et al,2013）。一些区域的碳酸盐岩台地衰退看来会稍早一些，从中中新世晚期就开始，但都在晚中新世时期衰退。只有在一些高地隆起上，珊瑚礁碳酸盐岩台地才得以保存并在上新世—更新世继续生长（Hutchison,2010；Wu et al,2014）。该时期正是南海经历了因南极冰盖形成，造成的全球海平面降低之后所经历的最大海平面上升过程，由于海平面的快速上升，使碳酸盐岩台地仅在盆地高地隆起上发育，使南海总体上碳酸盐岩台地分布范围大面积缩小。

与这里探讨的浅水碳酸盐岩台地不同，晚中新世南海深水碳酸盐则体现不同的沉积模式。在南海南部的ODP1143站（$9°21'N,113°17'E$，水深2772m）和南海北部的1146站（$19°27'N,116°16'E$，水深2092m），碳酸盐从中中新世约40%增长到晚中新世的55%或更多，接着在早上新世（1143站）或晚上新世（1146站）逐渐减低（图7-11d；Li et al,2006,2007）。1143站的碳酸盐堆积速率在晚中新世最高（每4年约20g/cm^2），其次是中新世末期—上新世（每4年5~10g/cm^2），表明该时期海水深度加大，海洋自生颗粒碳酸盐沉积物相应增多。这组比较诠释了中中新世以来深水和浅水碳酸盐沉积的不同，但要以此来说明古海洋总碳酸盐堆积在深水与浅水区存在某种平衡作用还不够成熟，还需要做更多的研究。

7.4 晚中新世碳酸盐形成于较深的中光层环境

西科1井晚中新世岩芯不仅含显晶簇状镶嵌结构的白云石，还含高含量的MgO（20%），中等含量的P_2O_5（0.05%~0.1%）和U[$(2~15)×10^{-9}$]以及极少的Sr、Ba、Ga、Rb、Ti、Zr和其他元素（图7-8、图7-9）。作为一种典型的地化现象，白云岩化涉及许多至今未知的沉积和成岩过程，似乎主要与替换型黏土质碳酸盐沉积相有关（Wilson,2012）。

另一方面，全球海洋的Mg/Ca值从中中新世的3上升到晚中新世的4（Stanley & Hardie,1998），可能在同期白云岩化作用中扮演了重要的角色。我们的元素分析结果中有非常低的Ti和Fe等元素、相对高的P和Li等元素，尤其是在中新世和上新世，指示了一种远岸环境，受到沙尘或河流输入等陆源影响较弱。当然，自更新世以来多种元素含量有强烈波动，显然与季风活动加剧导致陆源输入增强相关（Wei et al,2003,2006）。Mn则出于本身兼具的自生特性和成岩特性，在更新世和晚中新世均显示较高的变异性。西科1井晚中新世岩芯含极少的珊瑚礁体，以生物碎屑砂为主，这些细粒沉积物应属潟湖相沉积，这样的结论进一步证实了前人的看法（如Zhang et al,1989）。

生物标识BIT指数是细菌来源的b-GDGTs和古菌来源的i-GDGTs之间的比值，因此代表了陆源生物标识和海洋生物标识的差异（Hopmans et al,2004）。陆源有机物质主导下BIT值会接近1，而海洋影响程度高则有较小值或接近0。西科1井的晚中新世—上新世和部分中中新世段BIT值都低于0.4，而在大部分中中新世和更新世段则高达0.5~0.9（图7-10）。这些BIT值的分异，可以简单地推导出海洋影响在早中新世和晚中新世—上新世较其他时期更高。不过Schouten et al(2007)则提出普通海洋环境一般显示的BIT值应该小于0.1，在0.04左右最佳，因为一些海洋成因b-GDGTs可能存在会扭曲BIT值应有的指示意义。无疑的是，早中新世及晚中新世—上新世沉积层序中BIT值0.1~0.4应该指示安静潟湖水环境，与上述岩性分析得出的结论相一致（图7-11）。

相对而言，更新世和中中新世晚期较高的BIT值可以归结于陆源生物标识物的增加，这可能是因为当时的洋流和风力作用。从图7-8和图7-9得出，第四纪所有元素的含量都有大幅度摆动，证明了东亚冬季风在2.7~2.5Ma以后由于北半球冰盖扩张变得更强，这一点也与中国黄土沉积的增强保持一致（如Zheng et al,2004）。至于早-中中新世南海扩张时期，则可能会有一种完全不同的情况，当时的西沙群岛处于一个边缘地块，海水的影响才开始不久，大范围碳酸盐岩礁体刚开始发育。

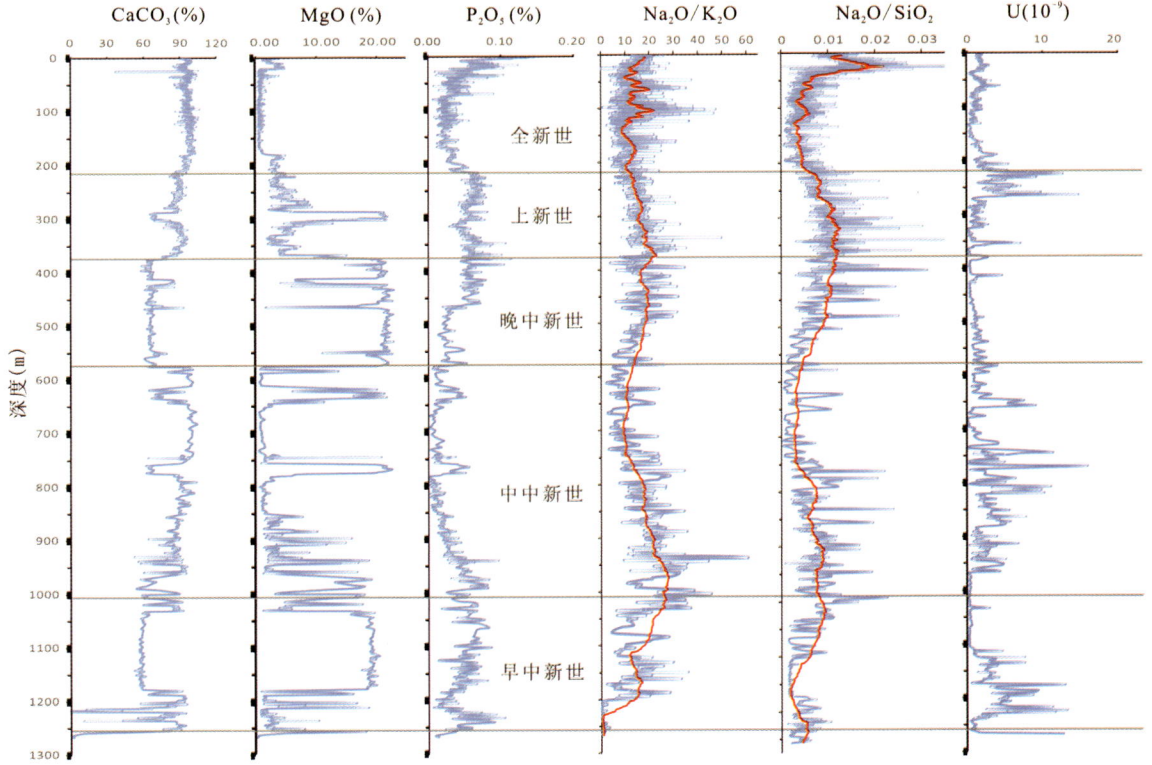

图 7-8 西科 1 井地化参数

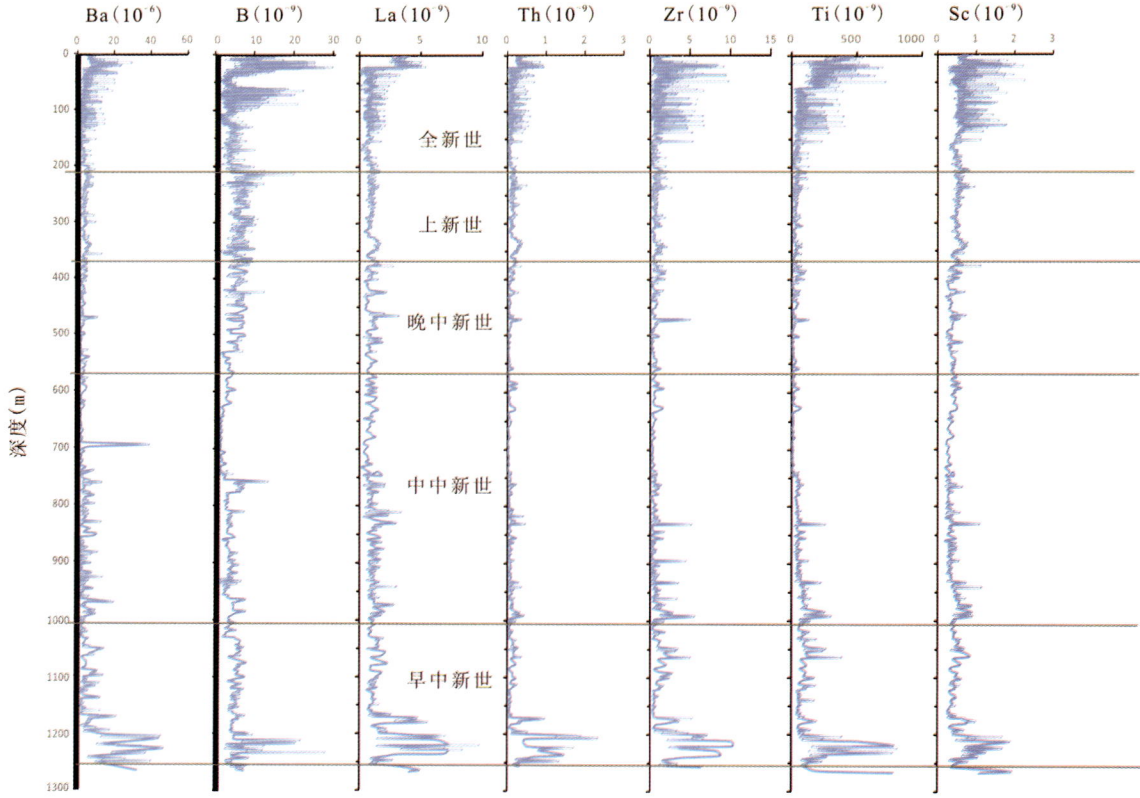

图 7-9 西科 1 井地化元素

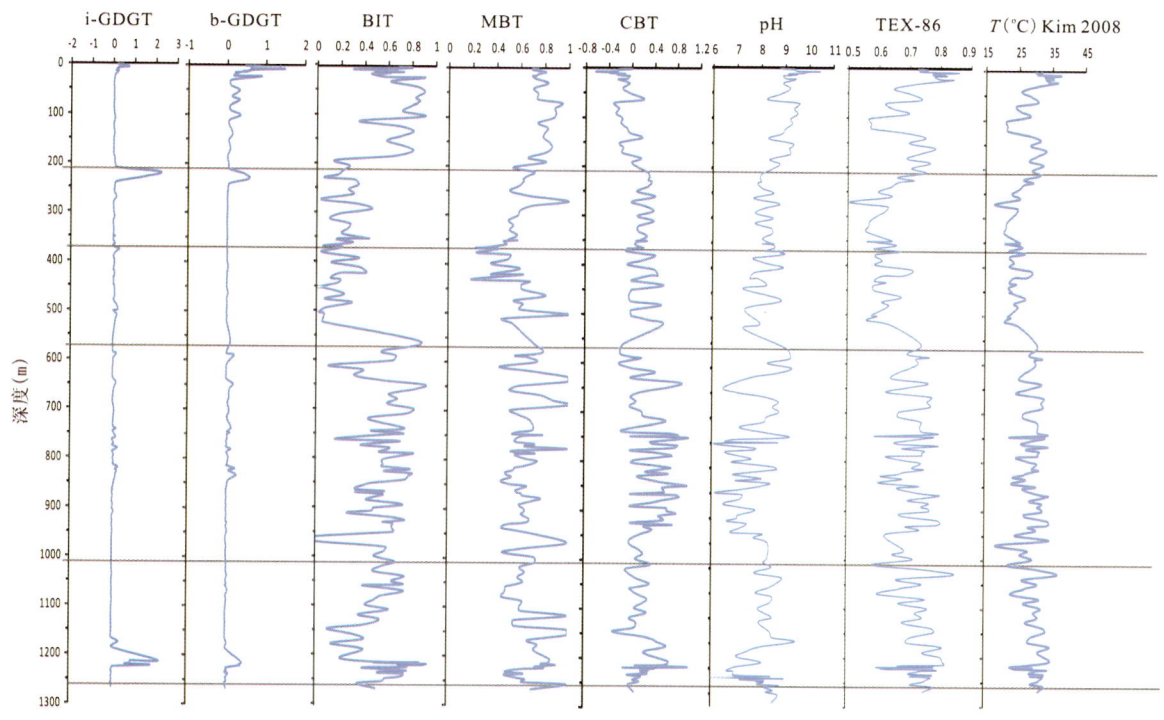

图 7-10 西科 1 井不同生物标示参数曲线

TEX-86 指示的温度曲线(图 7-11)也显示至少 4 个阶段的巨大波动：晚中新世之前(747～577m)为 30～25℃，晚中新世—上新世(577～220m)约 23℃，晚上新世—早更新世(220～120m)约 27℃，中更新世以来(120～10m)从＜20℃上升到＞30℃。单就这些结果的面值，可以说明西科 1 井地区的沉积环境在晚中新世—上新世比其他时期更深一些，海水温度也有所降低。

如图 7-10 和图 7-11 所示，MBT/CBT 指示的 pH 值(Hopmans et al,2004)在 6～9 之间变化，指示了偶尔受短期强降水影响的低 pH 值事件的正常海洋沉积环境。不过，pH 值总趋势向上逐渐升高，进一步说明自中中新世以来南海海水碱度的持续增加，或者说强降水对碳酸盐沉积的影响在中新世要比更新世更强。在南海北部 ODP1148 站(18°50.17′N,116°33.94′E,水深 3294m)(图 7-7)，黑碳的 $\delta^{13}C$ 值显示从中新世—更新世不断降低的趋势，指示湿润度逐渐降低，表明冬季风的加剧(图 7-11;Wei et al,2006)。因此，西科 1 井和 1148 站的地球化学数据共同证明中新世的南海比今天更为湿润。

7.5 晚中新世盆地下沉和海水变冷的耦合效应

碳酸盐岩台地的发展取决于全球或地区性的各种环境因素，包括构造运动、CO_2、海洋学因素、营养盐输入和降水模式(Wilson,2008,2012)，即要具备充足的光合自养生物和异养生物的不同微环境，也要求较低的盐度、缺少含高营养盐的上升流，同时没有明显的颗粒状蒸发岩的覆盖(Wilson,2012)。在更长的时间尺度上，海平面变化会有更大的影响，因为海平面变化会导致不同的基底结构和海水环境，而这些显然会影响环境是否合适珊瑚礁碳酸盐岩台地的发育。因为碳酸盐岩台地上的珊瑚礁是由 K 类生物群所主导，而该类生物群对环境变化异常敏感，只要水环境稍微变化或者几米至几十米的海平面变化就会对珊瑚礁造成毁灭性的打击。

晚中新世南海边缘的碳酸盐岩台地的缩减普遍，通常被归结为 16～15Ma 海盆扩张后大范围的热

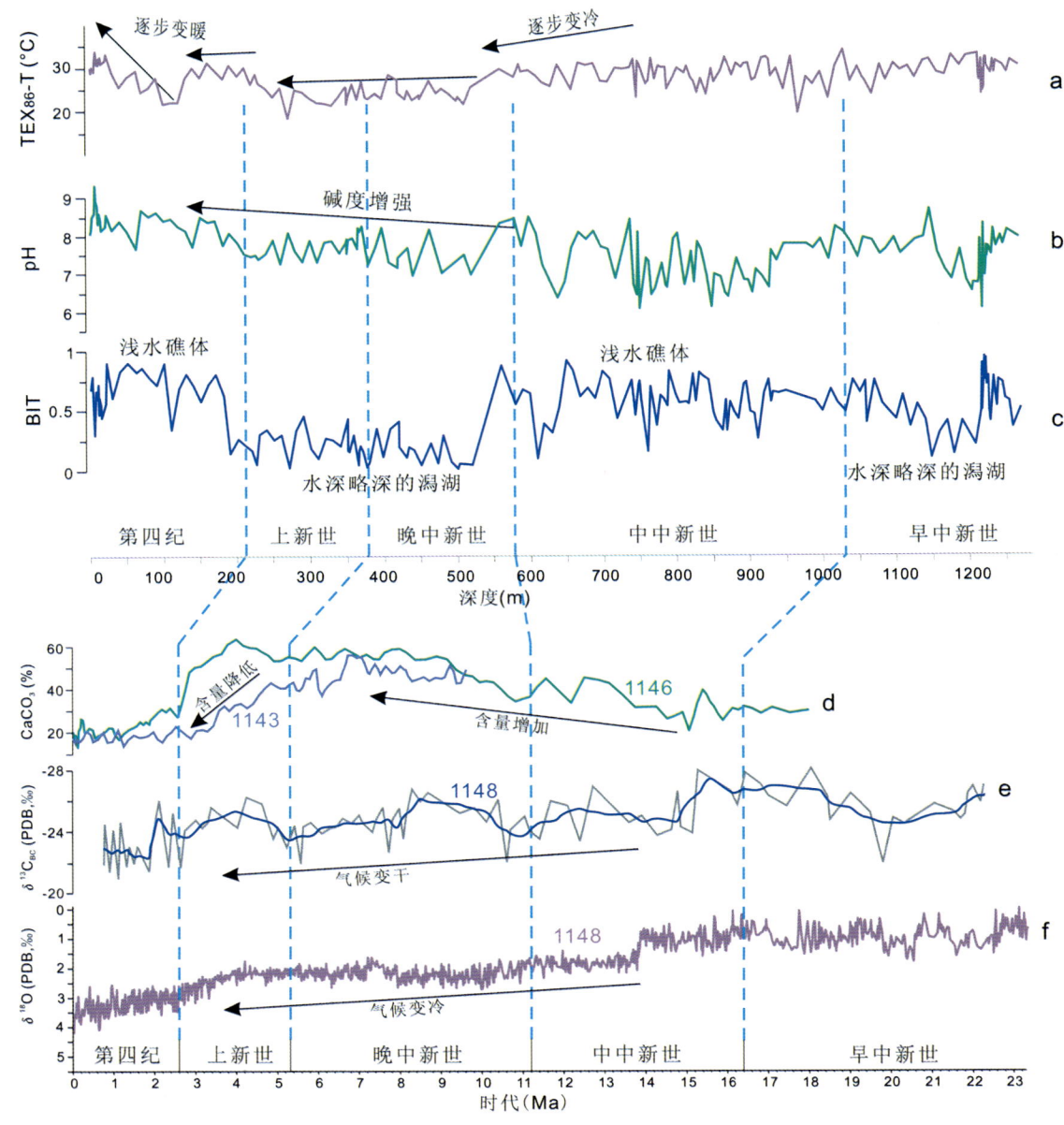

图 7-11　西科 1 井综合参数及与 ODP 站位对比图

沉降(如 Hutchison,2004,2010;Wang & Li,2009)。在琼东南盆地东部,地震资料显示晚中新世以约 260m/Ma 的速率沉降了 1300m(Wu et al,2014),在越南边缘海区沉降速率相对较低(100~200m/Ma),总沉降仍达 500~1000m。先前对珠江口盆地、莺歌海和琼东南盆地的微体化石研究结果也指示,晚中新世的大尺度海平面上升是因为盆地沉降(如秦国权,1996;郝诒纯等,2000)以及该时期全球海平面上升相互叠加的结果。

西沙群岛地区 200~260m/Ma(Wu et al,2014)的沉降速率,远远超过了西科 1 井记录的压实作用后晚中新世约 32m/Ma 的堆积速率(表 7-1)。这一对比可以补充证明之前的结论,也就是晚中新世的激烈沉降导致原本的浅水碳酸盐岩台地大部分被淹没(Erlich et al,1993;Gong & Li,1997;Wang & Li,2009;Hutchison,2010)。晚中新世约 32m 的堆积速率不仅指示>30m 水深中光层(潟湖)环境下较慢的沉积速率和极弱的珊瑚礁生长,抑或叠加有短时间水下侵蚀。侵蚀作用可以用晚中新世有至少 6

处侵蚀面加以证明,尽管我们尚无法确定对应的侵蚀年龄和持续时间。如果这些侵蚀面可以确定为近表面处形成,那么我们便可以更好地了解白云岩形成的秘密。当珊瑚礁尽力在台地边缘存活时,可能会出现了一种潟湖相环境与急速盆地沉降产生的相反作用,也就是珊瑚礁要在部分台地边缘拼命生长才能避免全部被淹没(图7-11)。然而,有两个问题还尚待解决:①为什么西沙和南沙的碳酸盐岩台地全在晚中新世下沉并转变成中光层(潟湖相)沉积?②如果不是黏土质碳酸盐频繁的暴露并接受季风降水作用,那是什么因素造成了相关白云岩的形成?各区域相近的沉降速率也许可以用来解答第一个问题,但是所有台地区域均以相近速率沉降并不大可能。

根据 Wilson(2008)和 Perrin(2002)的观点,晚中新世碳酸盐岩台地的缩减并不是一个局部现象,而是在东南亚以致整个赤道圈均有出现的普遍现象。区域海平面叠加全球海平面的快速上升,造成碳酸盐岩台地的快速淹没以及由于海水变深使珊瑚礁生长环境的海水变凉,很明显起了重要的作用。虽然 11~10Ma 雏形暖池的形成似乎一度为晚中新世以后的环境恶化作出过抵抗,不过因时间太短不足以使碳酸盐岩台地继续往日在早-中中新世的辉煌。相当于雏形暖池这段温暖期在西科1井的岩芯中也有记录,即是在 560m 上下 TEX-86 指示的海水温度短期达到了约 30℃(图7-11)。相对说来,晚中新世其他时间段海水温度普遍都较低,约 23℃。

TEX-86 指示的水温,可能并不是原本认为的表层水温,而是 30~125m 的平均水温,至少在更新世的南海就是如此(Jia et al,2012)。值得注意的是,我们的 TEX-86 水温曲线不仅与 ODP1148 站(中新世—更新世)(图7-11;Tian et al,2008)和 1143 站(上新世—更新世)(Tian et al,2008)的两组氧同位素数据指示冰量变化不同,还与 1143 站(上新世—更新世)(Li et al,2013)基于烯酮指示的海水温度曲线不同。例如,δ^{18}O 数据(Zachos et al,2001;Tian et al,2008)指示在 17~15Ma,即中中新世最暖期之后,全球气候在中中新世晚期开始恶化并在约 14Ma 时降至低谷,伴随南极冰盖大扩张和深水流变冷。气候恶化延续到晚中新世,尽管当中由于一些短期的温暖事件如雏形暖池的形成会有相对的改观。然而,相对于低振幅的 δ^{18}O 数据,我们的 TEX-86 次表层水温曲线清楚指示在雏形暖池消亡后急速下降了约 10℃(也即 30~20℃)(图7-11)。较低温的海洋环境从晚中新世一直持续到了更新世,这与同期 δ^{18}O 的冰量变化截然不同。显然,持续的盆地沉降是这段长时间低温记录的主要原因,而受冬季风增强影响而汇集到低纬地区并下沉的冷水也可能扮演了一个重要的角色。盆地沉降引起的海平面被动升高和海水变冷,据推测共同导致了珊瑚礁体发育范围的萎缩,仅在盆地高地隆起上保持了碳酸盐岩台地的持续存在,使南海碳酸盐岩分布范围明显缩小。同时,在高地隆起上发育的珊瑚礁体进入中光层沉积环境,造礁生物主要为藻类,生长速率明显降低,处于被淹死覆灭的危险。这种环境发育的沉积物以生物碎屑砂、泥晶灰岩夹藻纹层为特征,由于藻类对 Mg 元素的吸附作用,也使该段沉积层中白云岩化作用普遍发育,也即西科1井 550~370m 的沉积记录(图7-5)。所以,晚中新世较深水中光层(潟湖相)环境的形成,不仅大大增加黏土质碳酸盐岩沉积量,而且促进了后来广泛出现的白云岩化作用。

7.6 西沙周边海平面变化分析对比

多位研究人员对南海的海平面变化进行过研究(李前裕等,2007;秦国权,1996,2002;郝诒纯等,2000;李杰等,1999;吕明,1997;黄虑生,1996),这些研究大多以微体古生物生态群落研究为基础,运用层序地层分析方法,结合同位素测定地质年龄,获得层序上超曲线,最终绘制出相对海平面变化曲线。其中层序上超点的确定尤为关键,大多依据地震解释识别上超点,这就要求最好有一条地震剖面经过需研究的钻孔。秦国权的研究略有不同,他主要依据大量钻孔的层序分析,并从中挑选出尽可能多的钻孔排列在多条垂直于现代海岸线的直线上,以海岸线为零点,找出三级层序最高和最低水位的海岸线位置,即离现代海的距离,这个距离所在的位置也即为上超点。这种方法建立在大量钻孔分析的基础之上,结论较为可信。

7.6.1 莺琼盆地海平面变化曲线的建立

莺琼盆地海平面变化曲线的绘制主要建立在群落生态法和沉积相序法相结合的基础之上，具体做法如下：

首先建立坐标系，纵轴为海平面相对盆地基底（莺琼盆地取盆地基底为前古近系顶面）的高度（即水深与当时沉积底面距离盆地基底的高低之和），横轴为时间、水深及当时沉积底面距离盆地基底的高度。将足够多的点投影到坐标系中，连接起来即可得到该地区该时期的相对海平面变化曲线。

相对海平面变化曲线的精度和准确度主要取决于时间和水深的确定。莺琼盆地的时间（或地质年龄）主要根据岩石、地震、测井曲线和微体古生物化石综合研究得出，即该盆地对应的年龄框架。水深由浮游有孔虫含量与水深关系式（李学杰等，2004）计算获得，为得到准确的水深数据，化石的数量统计中，一定要尽可能准确提供样品中各类有孔虫的百分含量，而沉积底面距离盆地基底高度可直接由层序的井深距离前古近系顶面厚度得到。同时，在计算累积沉积物厚度过程中，要尽可能减小误差，同时必须考虑压实作用、构造运动和基底的可能沉降等因素。不可否认，无论是时间（或者地质年龄）、水深，还是沉积底面距离盆地基底的高度，误差都是难以避免的。因此，我们在实际工作中应反复研究，综合考虑各方面的资料，做出相应的调整，以获得更为合理的海平面变化曲线。

运用上述方法，分别绘制莺琼盆地 YC8-2-1 井、YC15-3-1 井和 BD19-2-2 井的相对海平面变化曲线：时间采用新的层序年龄框架，水深根据浮游有孔虫含量得到，YC8-2-1 井的基底深度为 4206m，YC15-3-1 井的基底深度为 4194m，而 BD19-2-2 井的基底深度为 5086m（沉积物厚度采用各层序井深相减，地层倾角忽略不计）。各钻孔相对海平面变化曲线如图 7-12 所示。

图 7-12 中蓝线指示相对海平面，红色虚线指示累积沉积物厚度。从图 7-12 可以看出，各个钻孔海平面升降变化有很好的相似性。从图中可以比较直观地看出沉积环境，因为蓝线和红线之间的距离即表示水深，其距离越大，则指示水深越大，两者重合则可能是滨海环境，也可能是陆地（包括海陆过渡带）。

理论上各钻孔的相对海平面变化曲线即为钻孔所在盆地的相对海平面变化曲线。但有些钻孔可能缺失某段地层，有些钻孔可能某段地层没有进行有孔虫等微体古生物分析研究，所以往往各个钻孔的相对海平面变化曲线是不完整的；另一方面，各个钻孔资料的完整性和准确度或多或少地影响曲线的精确度和准确性，例如：有孔虫分析中统计时的人为误差、盆地基底确定的准确性、累积沉积物厚度的计算误差、层序年龄的确定是否准确等均有可能影响曲线的可靠性。因此，我们根据各个钻孔曲线资料品质的高低进行综合考量，对整个钻孔海平面变化曲线的其中一段或几段层序进行取舍，最后综合叠加，得到莺琼盆地的整体相对海平面变化曲线（图 7-13）。

在综合叠加过程中，应注意各钻孔统一基底，反复对比各钻孔海平面变化曲线的差异，追溯有孔虫统计结果和层位标定，最终选择合适的层段进行综合叠加，同时进行相应的校正，再结合其他地质资料，如地震、测井和岩性等，经校正之后转换成相对海平面升降曲线（图 7-14）。在转换过程中，基底的基点与现代海岸线之间的转换，如果出现明显不合理之处，应回溯查找原因并进行修正，最终得到合适的转换曲线。

7.6.2 莺琼盆地与南海及全球海平面变化对比

鉴于莺琼盆地系统进行高精度生物地层研究的钻孔较少，且本次研究的 12 口井在莺歌海和琼东南盆地中较为分散，无法置于一条垂直于海岸的直线上，因此不能用秦国权的研究方法绘制海平面变化曲线。而层序地层分析方法必须有地震研究人员的参与或提供相关成果，有鉴于此，根据章雨旭（1996）的海平面变化定量研究成果，莺琼盆地的海平面变化尝试运用累积沉积的厚度加水深的方法。因采用李

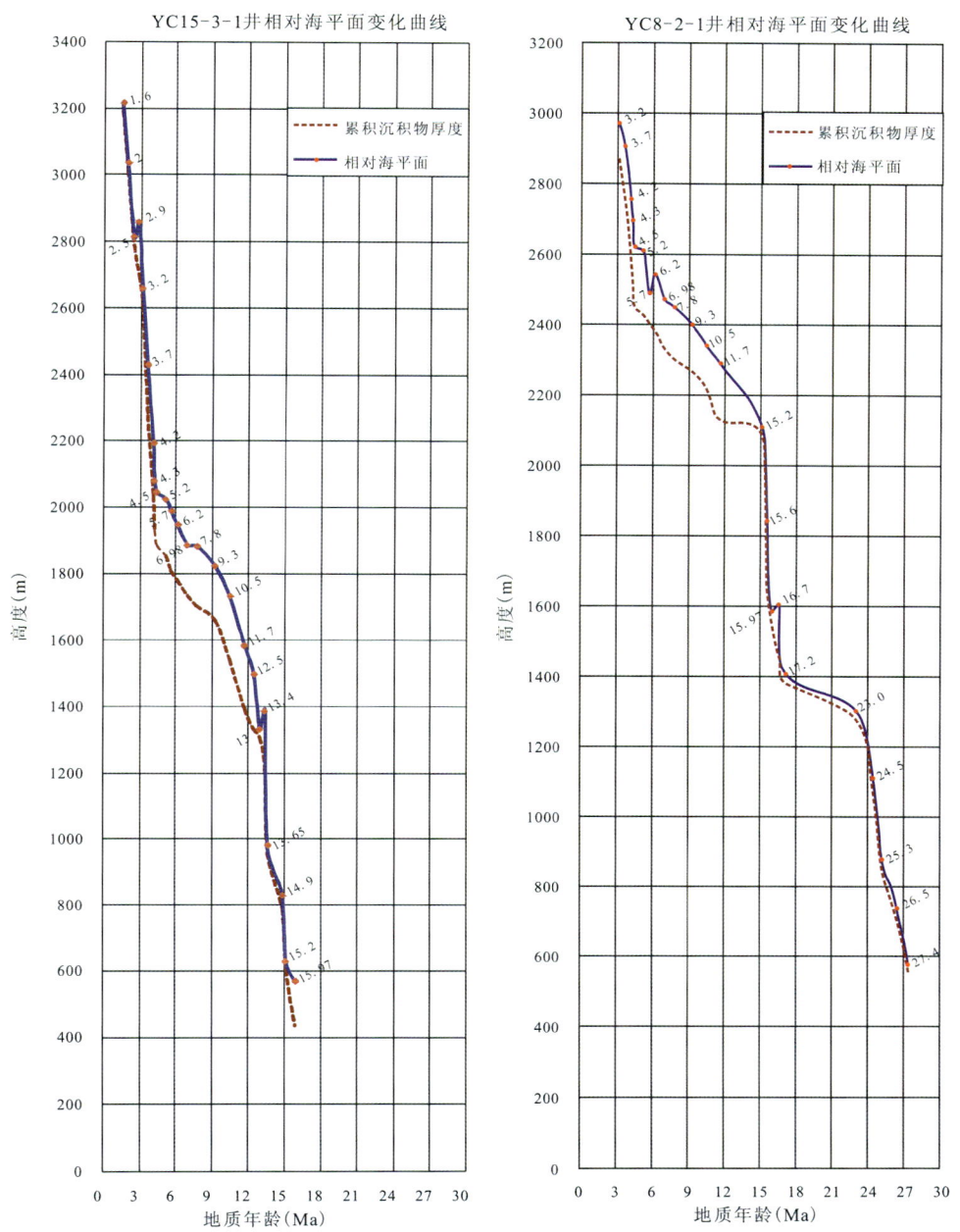

图 7-12 莺琼盆地钻孔相对海平面变化曲线（祝幼华未发表资料）

前裕（2007）的全球层序年龄框架，所以选用李前裕等（2007，经南海西部研究院修改）的海平面变化曲线及经典的 Haq（1988）全球海平面变化进行对比（图 7-15）。

与李前裕（2007）研究的南海海平面变化曲线相比，莺琼盆地海平面变化曲线主要表现为部分三级层序时段内海侵或海退的幅度略有差别，如 TB1.2 和 TB1.3 莺琼盆地海平面变化幅度较大，海侵或海退明显；而李前裕（2007）绘制的变化曲线其变化幅度较小，海侵或海退不明显。同样的情况如 20.43Ma、11.7Ma 时莺琼盆地海退幅度较小，而 18.3Ma、15.6Ma 和 2.0Ma 时显示莺琼盆地海侵范围更广，幅度更大一些。至于产生这些幅度区别的原因可能有以下两个方面：一是有孔虫定量统计的误差所致；二是沉积物厚度计算时，如果没有考虑构造沉降、不同岩性压实作用下压缩比不同、地层倾角略有差异等原因，造成最终曲线振幅有差异等。由于渐新统及以下地层，多为海陆交互或陆相地层，有孔虫

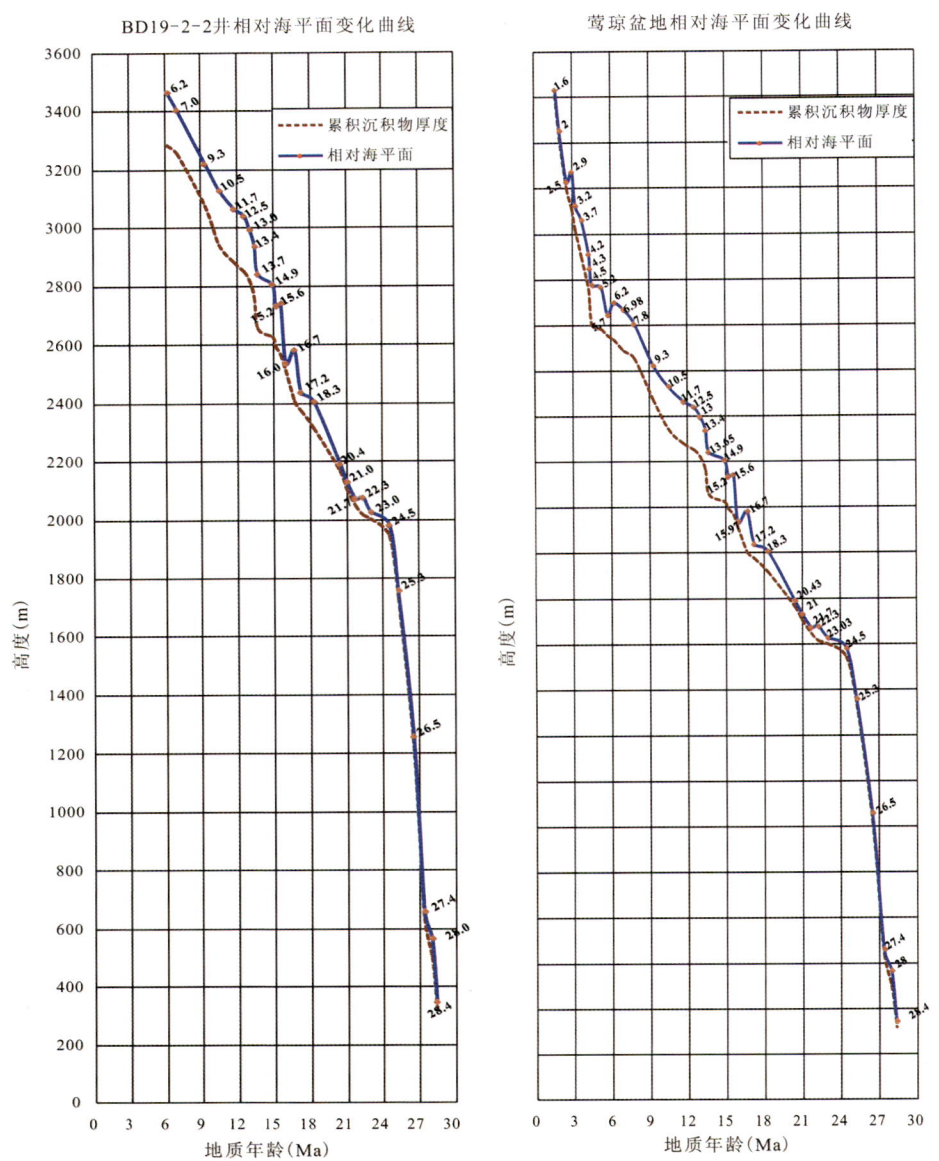

图 7-13 莺琼盆地单个钻孔相对海平面变化曲线（左）和
盆地整体相对海平面变化曲线（右）（据祝幼华未发表资料）

较不发育，而第四系一般不进行微体古生物分析，故莺琼盆地海平面变化曲线主要从晚渐新世—上新世，而李前裕(2007)的海平面变化曲线的地质时代从渐新世—第四纪。

与 Haq 全球海平面变化相比，莺琼盆地海平面变化曲线主要的区别是三级层序的年龄经过修正之后发生了变化，但每一个三级层序中海平面变化是基本一致的；与南海海平面变化曲线相比，莺琼盆地曲线每一个三级层序中海平面变化比较一致，只是部分三级层序内部曲线振幅略有差异。

7.6.3 西沙地区海平面变化

从元素分析结果来看，西科 1 井钻取的碳酸盐序列在晚中新世部分出现巨大的变化，主要表现在碳酸盐质灰岩转化为白云岩或白云质灰岩，MgO 含量从 1% 剧烈增加至 20%。另外较高的 MgO 含量

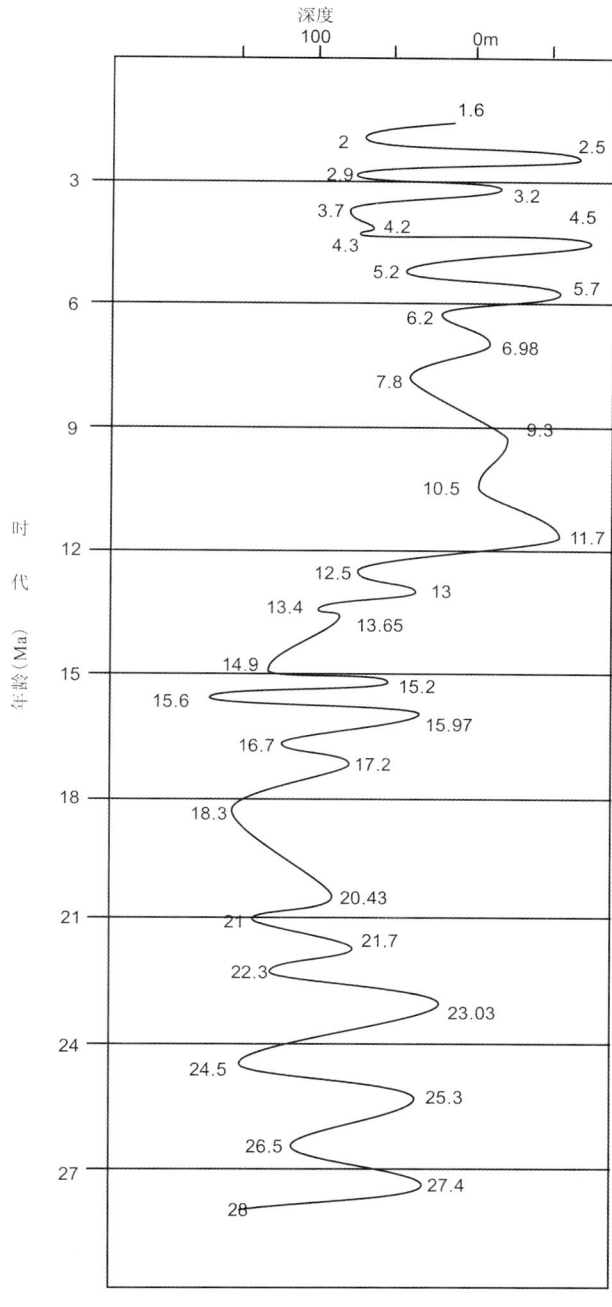

图 7-14 莺琼盆地海平面升降曲线

(20%或更高)分别出现在 1200~960m、750~723m、570~376m、310~290m 四井段(图 7-16)。其中的 570~376m 井段以近 200m 的厚度代表了整个晚中新世的沉积记录。作为一种典型的地化现象,白云岩化涉及许多至今未知的沉积和成岩过程,西沙地区的白云岩化现象也并未得到较为系统而科学的解释。不过目前主流的观点认为西沙地区的白云岩化现象应主要由于海平面变动,沉积物暴露所致,即蒸发成因的白云岩化作用。由此,我们便可以以此对当时的海平面变化有一个简单的认识。首先,晚中新世段出现的较高 Mg/Ca 比值以及白云岩沉积物标志了当时可能有迭繁的海平面下降导致的出露,在岩性对比中,我们也可以找到对应的依据。之前的岩性分析我们可以得知,西沙地区在晚中新世早期接续中中新世海平面下降的趋势继续变浅,并在晚中新世早期达到最浅值,这一点可以说明较高 Mg/Ca

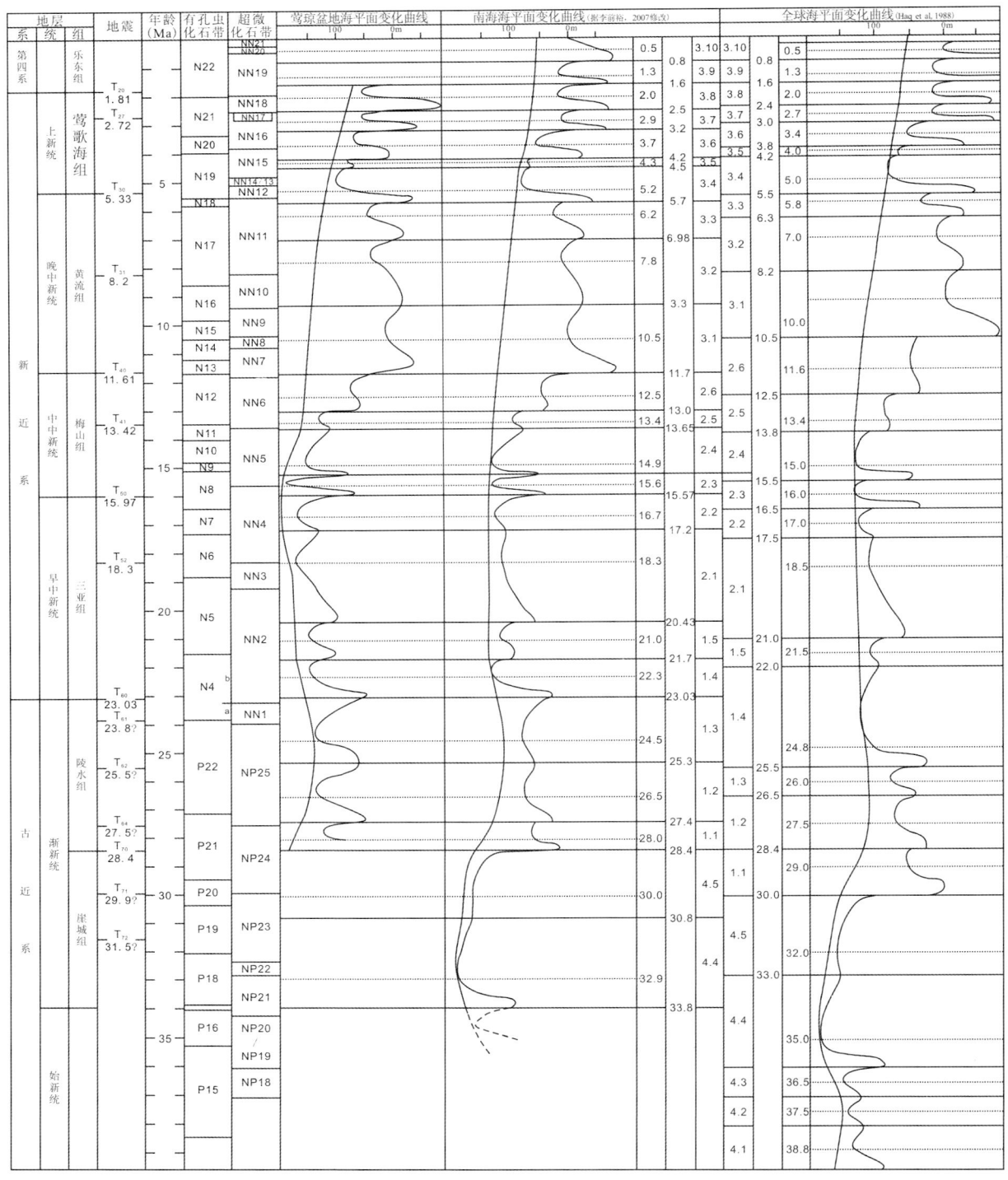

图 7-15 莺琼盆地与全球及南海海平面变化对比曲线

比值的出现;之后,在 470m 和 430m 处均有风化晕和风化淋滤层出现,并且发育有较多的溶洞,这也与 Mg/Ca 比值较高的现象有所呼应。另外晚中新世较深水潟湖相环境的形成,大大增加黏土质碳酸盐岩台地沉积量,也促进了后来广泛出现的白云岩化作用。750~723m 段也有较高 Mg/Ca 比值和白云岩沉积的记录,这一段对应中中新世晚期,正好处于海平面下降的时期。该段对应的岩芯记录有明显的杂色、黄色纹层以及干裂纹,部分层位也略微发黄,均为短暂暴露所致,同时该段沉积属潮间带沉积环境,对应水深较浅,因此该段的白云岩化现象也与岩性分析得出的低海平面相一致。310~290m记录的高Mg/Ca比值和强烈白云岩化现象则在岩性分析得出的海平面变化曲线中对应不明显,不过在292m记录有疑似暴露面,且该段整体多发育溶孔,推测可能有暴露从而导致溶洞的出现。1200~960m同样记录了较高的Mg/Ca比值,岩性上该段基本为灰岩,部分层段有明显的白云岩化作用。同样,由岩性分析得出的海平面变化指示出该段处于一个水深变深的礁相-潟湖相沉积环境,有一定水深,不过该段发育有大量溶洞,也是整个西科1井岩芯柱取芯率最低的一段,因此溶洞的出现也可能是导致较高Mg/Ca比值和白云岩化作用出现的原因,也说明曾经有多期低海平面影响。

P_2O_5主要指示海水营养盐级别,主要表现在中中新世及更新世含量较低,而早中新世—中中新世早期、晚中新世和上新世含量较高(图7-16)。一般认为,珊瑚礁和碳酸盐岩台地生长要求较高营养盐上升流的输入,早中新世—中中新世早期P_2O_5含量较高,正是中新世以来西沙地区珊瑚礁碳酸盐岩台地生长的主要时期,该段时期由于南海扩张作用的进行,导致海平面持续上升,也正好适合珊瑚礁盘的发育扩张,使得西科1井所在位置处于潟湖相沉积环境,沉积物中保存较多有机质及P_2O_5;而中中新世及更新世P_2O_5含量较低,该段时期正是低海平面时期,碳酸盐岩台地发育停滞并遭受侵蚀,礁盘萎缩,西科1井处于礁盘边缘,沉积物以珊瑚骨架灰岩与滩相砂互层为主,有机质及P_2O_5含量低。因此可以得出,P_2O_5含量较高的时期可以对应珊瑚礁生长活跃时期,属海平面上升时期。

Na_2O/SiO_2比值以及Na_2O/K_2O比值在西科1井沉积物中呈现规律性变化。Na元素在水中有较高的溶解度,代表海源组分,而Si和K则代表陆源组分,其比值反映了海水深浅的变化。因此,我们也可以通过Na_2O/SiO_2比值以及Na_2O/K_2O比值变化简单地分析海平面升降变化。从分析曲线可以看出,在岩芯样品底部1200m以下元素含量达到了较为异常的高值,这可能是由于西科1井底部沉积样品与基岩有产生浸染作用,微量元素可能会因此产生较大的波动,因此在元素分析海平面高度过程中,西科1井近基底附近较为异常的元素高值应该不参与讨论(图7-16)。由于Na_2O/SiO_2比值以及Na_2O/K_2O比值较高区域主要出现在早中新世—中中新世早期和晚中新世—上新世时期,因此我们可以初步推断早中新世—中中新世早期和晚中新世—上新世时期是西沙地区海平面高度较高的时期,而中中新世晚期及更新世则海平面高度较低,水深较浅,有短暂暴露现象出现,这也与之前岩性分析和白云岩化现象指示的水深变化相一致。

综合以上全岩元素分析结果,我们可以简单地推断出中中新世晚期是西沙地区中新世以来海平面最低、水深最浅的时期,同时,该段时期内珊瑚礁碳酸盐岩台地生长萎缩,同时,短暂的暴露事件也对珊瑚礁的生长造成影响,使西科1井揭示的沉积以礁相为主,间夹滩相。其他时期,如更新世时期也是水深较浅、暴露频繁,使岩芯同样以礁相为主,间夹滩相。在早中新世—中中新世早期和晚中新世—上新世时期是西沙地区海平面高度较高的时期,碳酸盐岩礁盘发育扩大,西科1井揭示的沉积以礁盘内侧潟湖相夹内侧滩相为主。

至此,根据以上的分析结果,我们可以大致得到西沙地区自早中新世时期以来相对海平面和沉积相的变化(图7-17)。其中,相对海平面在早中新世随着南海地区的海侵事件开始变深,之后整个早中新世时期均处于水深较深的环境。直到中中新世中期开始变浅,并在中中新世和晚中新世交界段达到最浅。晚中新世早期随着南海地区的海侵事件再次开始变深,穿插有变浅或者暴露事件,并在上新世时期达到最深,且整个上新世时期均处于较为深水的环境。更新世时期水深变浅,并一直维持到近代才开始新一轮的水深加深。沉积相则是早中新世水深加深后处于潟湖相(间或滩相)沉积环境;中中新世由于水深逐渐变浅,使西科1井沉积环境从潟湖相逐渐演变成礁相-滩相互层;进入晚中新世,随着水深变深,沉积环境再次变为中光层沉积环境(潟湖相间或滩相),并一直维持到上新世结束;更新世则水深变浅,变为滩相-礁滩相互层。

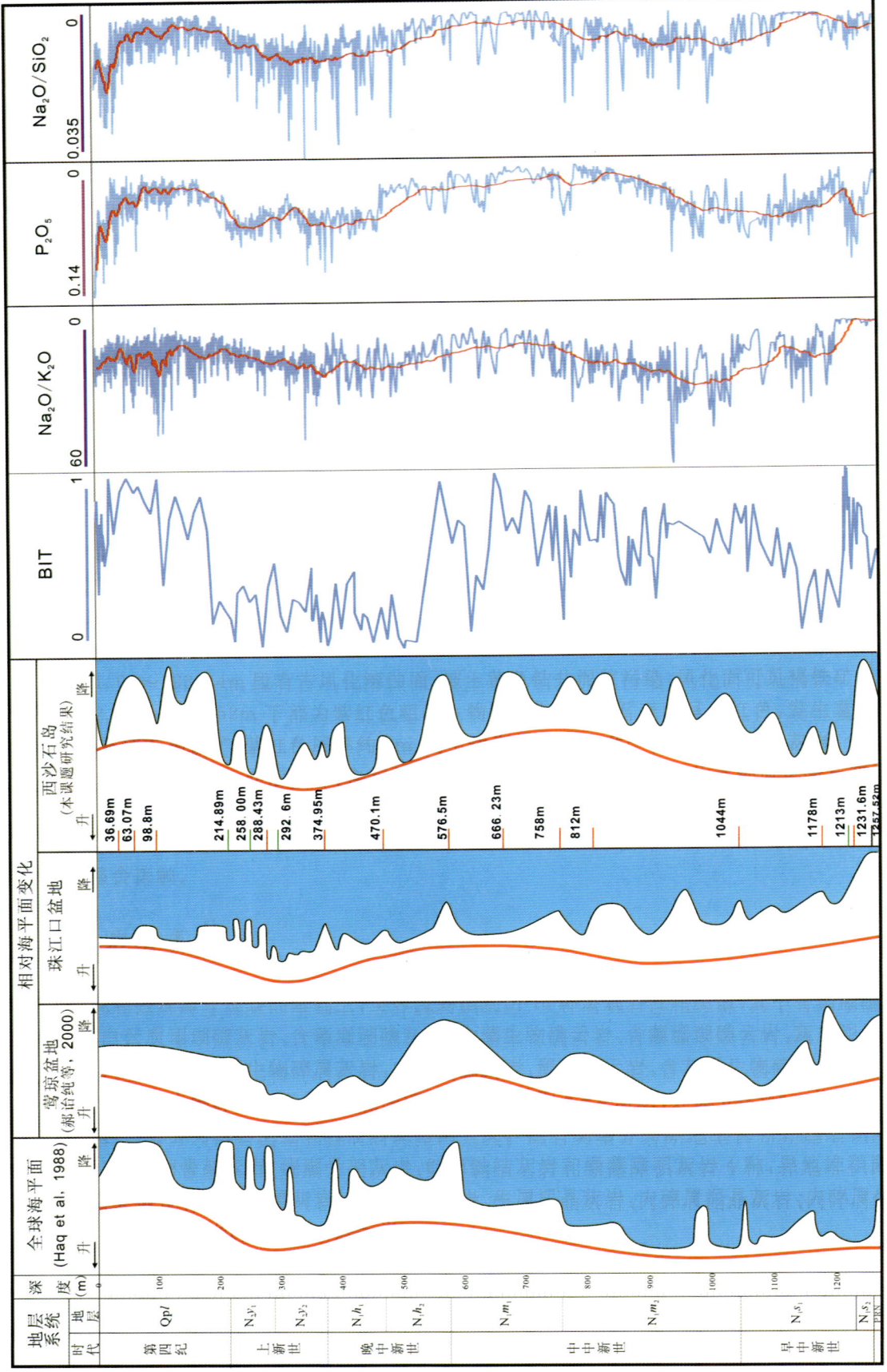

图 7-17 西沙地区中新世以来海平面变化曲线

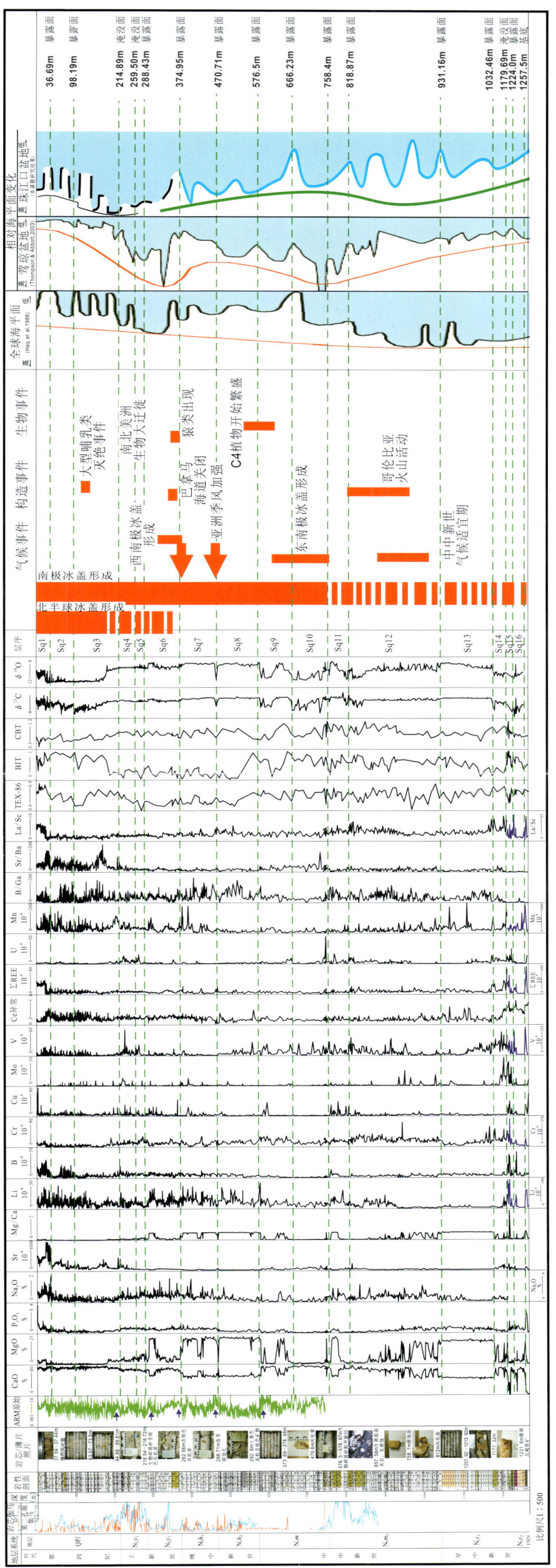

图7-16 西科1井岩性、地化元素及海平面综合柱状图

参考文献

常华进,储雪蕾,冯连君,等.氧化还原敏感微量元素对古海洋沉积环境的指示意义[J].地质论评,2009,55(1):91-99.
陈芳,童林芬,茅绍智.珠江口盆地第四纪孢粉组合及沉积环境探讨[J].地球科学——中国地质大学学报,1993,18(2):227-234.
陈维涛,杜家元,龙更生,等.珠江口盆地海相层序地层发育的控制因素分析[J].沉积学报,2012,30(1):73-83.
陈欣树,包砺彦,陈俊仁,等.珠江口外陆架第四纪最低海平面的发现[J].热带海洋,1990,9(4):73-77.
陈忠,刘昭蜀,陈森强,等.南海围区中、新生代古地磁与南海地质构造演化[J].热带海洋,1987,6:21-29.
程海.铀系年代学新进展——ICPMS-^{230}Th 测年[J].第四纪研究,2002,22(3):292-292.
邓宏文,钱凯.沉积地球化学与环境分析[M].北京:科学技术出版社,1993.
段威武,黄永祥.南海北部第三纪钙质超微化石生物地层学研究[J].地质学报,1991,65(1):86-101.
冯洪真,Erdtmann B D,王海峰.上扬子区早古生代全岩Ce异常与海平面变化[J].中国科学(D辑),2000,30(1):66-72.
高红芳.南海北部陆缘东西部新生代沉积盆地基底特征对比分析[J].南海地质研究,2008(1):23-34.
龚再升,李思田,谢泰俊,等.南海北部大陆边缘盆地分析与油气聚集[M].北京:科学出版社,1997.
龚再升,李思田.南海北部大陆边缘盆地油气成藏动力学研究[M].北京:地质出版社,2002.
韩春瑞,孟祥营.西沙晚中新世以来礁相地层中有孔虫动物群的分布及其意义[J].海洋地质与第四纪地质,1990,10:65-80.
韩春瑞.西深1井礁相沉积碳酸盐矿物及氧、碳稳定同位素特征[J].海洋地质与第四纪地质,1989,9:29-40.
郝天珧,徐亚,赵百民,等.南海磁性基底分布特征的地球物理研究[J].地球物理学报,2009,52:2763-2774.
郝诒纯,陈平富,万晓樵,等.南海北部莺歌海-琼东南盆地新近纪层序地层与海平面变化[J].现代地质,2000,14(3):237-245.
何起祥,张明书,等.西沙群岛新近纪白云岩的成因与意义[J].海洋地质与第四纪地质,1990,10(2):45-56.
黄海波,丘学林,胥颐,等.利用远震接收函数方法研究南海西沙群岛下方地壳结构[J].地球物理学报,2011,54:2788-2798.
黄虑生.珠江口盆地渐新统—上新统高分辨率生物地层学研究方法[J].海相油气地质,1996,4:13-20,4.
黄镇国,等.珠江三角洲形成发展演变[M].广州:科学出版社广州分社,1982.
翦知湣,成鑫荣,赵泉鸿,等.南海北部近6Ma以来的氧同位素地层与事件[J].中国科学(D辑),2001,31(10):816-822.
姜华,王华,肖军,等.古地貌对边缘海盆沉积充填特征的控制——以南海珠江口盆地珠三坳陷为例[J].石油天然气学报(江汉石油学院学报),2008,30(1):10-15.
焦养泉,吕新彪,王正海,等.从沉积到成岩两种截然不同的地质环境——吐哈盆地砂岩型铀矿研究实例[J].地球科学——中国地质大学学报,2004,29(5):615-620.
金钟,徐世浙,李全兴.南海海盆海山古地磁及海盆的形成演化[J].海洋学报,2004,26:83-93.
黎彤.海相沉积型磷铁矿矿床的成矿[J].地球化学,1979(2):140-145.
李传宇,朱乃龙,许仕策,等.珠江口盆地(东部)石油地质科研报告集(第1~6集)[R].湛江:国海洋石油南海东部公司科技研究中心,1985-1992.
李杰,林畅松,陈平富.琼东南盆地莺歌海组—黄流组海平面变化与层序年代地层[J].地质论评,1999(5):514-520.
李前裕,Lucas Lourens,汪品先.新近纪海相生物地层事件年龄新编[J].地层学杂志,2007(3):197-208.
李荣西,魏家庸,杨卫东,等.用$^{87}Sr/^{86}Sr$研究海平面变化与全球对比问题[J].地球科学进展,2000,15(6):729-733.
李思田,林畅松,张启明,等.南海北部大陆边缘盆地幕式裂陷的动力过程及10Ma以来的构造事件[J].科学通报,1998,48:797-810.

李文勤,丛友滋.南海中部KSO1和KSO2岩芯钙质超微化石分带与古地磁测年[J].黄渤海海洋,1989,7:40-43.
李祥辉,张洁.海平面及海平面变化综述[J].岩相古地理,1999(4):61-72,41.
李学杰,陈芳,陈超云,等.南海西部浮游有孔虫含量与水深关系定量研究[J].古地理学报,2004(4):442-447.
刘东生.大洋钻探与我国古海洋学研究的国际意义[J].科学通报,2003,48(21):2205.
刘光鼎.中国海区及邻域地质-地球物理系列图[M].北京:地质出版社,1992.
刘海龄,阎贫,张伯友,等.南海前新生代基底与东特提斯构造域[J].海洋地质与第四纪地质,2004,24:15-28.
刘健,韩春瑞,吴建政,等.西沙更新礁灰岩大气淡水成岩的地球化学证据[J].沉积学报,1998(4):71-77.
刘丽华,许仕策.主要碎屑岩储层类型及特征[C]//龚再升,李思田,谢泰俊,等.南海北部大陆边缘盆地分析与油气聚集[M].北京:科学出版社,1997:193-211.
刘以宣,詹文欢.南海变质基底基本轮廓及其构造演化[J].安徽地质,1994(4):82-90.
刘英俊,曹励明.元素地球化学[M].北京:科学出版社,1984.
刘昭蜀,杨树康,何善谋,等.南海陆缘地堑系及边缘海的演化旋回[J].热带海洋学报,1983,(4):3-11.
柳保军,申俊,庞雄,等.珠江口盆地白云凹陷珠海组浅海三角洲沉积特征[J].石油学报,2007,28(2):49-57.
鲁宝亮,王璞珺,张功成,等.南海北部陆缘盆地基底结构及其油气勘探意义[J].石油学报,2011,32:580-587.
吕炳全,徐国强,王红罡,等.南海新生代碳酸盐台地淹没事件记录的海底扩张[J].地质科学,2002,37:405-414.
孟祥营.西沙群岛晚中新世以来有孔虫生物地层界线及古环境变化[J].微体古生物学报,1989(6):345-356.
庞雄,陈长民,彭大钧,等.南海珠江深水扇系统及油气[M].北京:科学出版社,2007.
庞雄,陈长民,施和生,等.相对海平面变化与南海珠江组深水扇系统的响应[J].地学前缘,2005,12(3):167-177.
庞雄,彭大均,陈长民,等.珠江深水扇系统的三级"源—渠—汇"耦合研究体系[J].地质论评,2007,53(3):1-7.
彭大钧,庞雄,黄先律,等.南海珠江深水扇系统的形成模式[J].石油学报,2007,28(5):7-11.
彭子成.第四纪年龄测定的新技术——热电离质谱铀系法的发展近况[J].第四纪研究,1997,17(3):258-264.
乔培军,朱伟林,邵磊,等.西沙群岛西科1井碳酸盐岩稳定同位素地层学[J].地球科学——中国地质大学学报,2015,40:725-732.
秦成岗,施和生,张忠涛,等.珠江口盆地番禺低隆起-白云凹陷北坡SQ21.0层序陆架坡折带沉积特征及油气勘探潜力[J].中国海上油气,2011,23(1):14-18.
秦国权.微体古生物在珠江口盆地新生代晚期层序地层学研究中的应用[J].海洋地质与第四纪地质,1996(4):1-18.
秦国权.西沙群岛"西永1井"有孔虫组合及该群岛珊瑚礁成因初探[J].热带海洋,1987,6(3):10-20.
秦国权.珠江口盆地BY7-1-1井晚渐新世浮游有孔虫的发现及其地质意义[J].海洋地质与第四纪地质,1992,(2):23-34.
秦国权.珠江口盆地新生代晚期层序地层划分和海平面变化[J].中国海上油气(地质),2002,16(1):1-10.
丘燕,王英民.南海第三纪生物礁分布于古构造和古环境[J].海洋地质与第四纪地质,2001,21:65-73.
邵磊,雷永昌,庞雄,等.珠江口盆地构造演化对沉积环境的控制作用[J].同济大学学报,2005,33(9):1177-1181.
邵磊,李献华,汪品先,等.南海渐新世以来构造演化的沉积记录——ODP1148站深海沉积物中的证据[J].地球科学进展,2004(4).
孙嘉诗.西沙基底形成时代的商榷[J].海洋地质与第四纪地质,1987(7):5-6.
唐松,邵磊,赵泉鸿.南海渐新世以来黏土矿物的演变特征及意义[J].沉积学报,2004,22(2):337-342
田景春,陈高武,张翔,等.沉积地球化学在层序分析中的应用[J].成都理工大学学报(自然科学版),2006,33(1):30-35.
汪品先,翦知湣,赵泉鸿,等.南海演变与季风历史的深海证据[J].科学通报,2003,48(21):2228-2239.
汪品先,田军,成鑫荣,等.探索大洋碳储库的演变周期[J].科学通报,2003a,48(21):2216-2227.
汪品先,田军,成鑫荣.第四纪冰期旋回转型在南沙深海的记录[J].中国科学(D辑),2001,31(10):793-799.
汪品先,赵泉鸿,翦知湣,等.南海三千万年的深海记录[J].科学通报,2003b,48(21):2206-2215.
王崇友,何希贤,裘松余.西沙群岛西永1井碳酸盐岩地层与微体古生物的初步研究[J].石油实验地质,1979(7):23-32.
王益友,郭文莹,张国栋.几种地化标志在金湖凹陷阜宁群沉积环境中的应用[J].同济大学学报,1979,7(2):51-60.
王振峰,张道军,刘新宇,等.西沙群岛西科1井晚中新世—上新世生物礁沉积的磁性地层学初步结果[J].地球物理学报,2016,55(11):4178-4187.

魏喜,贾承造,孟卫工,等.西琛1井碳酸盐岩的矿物成分、地化特征及地质意义[J].岩石学报,2007,23(11):3015-3025.
吴国瑄,覃军干,茅绍智.南海深海相渐新统孢粉记录[J].科学通报,2003,48(17):1868-1871.
吴景富,徐强,祝彦贺.南海白云凹陷深水区渐新世—中新世陆架边缘三角洲形成及演化[J].地球科学——中国地质大学学报,2010,35(4):681-690.
谢建华,夏斌,张宴华,等.印度-欧亚板块碰撞对南海形成的影响研究:一种数值模拟方法[J].海洋通报,2005,24(5):47-53.
谢锦龙,余和中,唐良民,等.南海新生代沉积基底性质和盆地类型[J].海相油气地质,2010,15(4):35-47.
谢钦春,叶银灿,陆炳文.东海陆架坡折地形和沉积作用过程[J].海洋学报,1984,6(1):61-71.
熊小辉,肖加飞.沉积环境的地球化学示踪[J].地球与环境,2011,39(3):405-414.
徐国强,吕炳全,王红罡.新生代南海北部碳酸盐岩台地的淹没事件研究[J].同济大学学报(自然科学版),2002,30(1):35-40.
徐钰林.珠江口盆地第三纪钙质超微化石分带及古海洋环境[C]//郝诒纯,徐钰林,许仕策,等.南海珠江口盆地第三纪微体古生物及古海洋学研究[M].武汉:中国地质大学出版社,1996.
许红,蔡峰,王玉净,等.西沙中新世生物礁演化与藻类的造礁作用[M].北京:科学出版社,1999
许红,王玉净.西沙中新世生物礁演化与藻类的造礁作用[J].科学通报,1999,44(13):1435-1439.
许浚远,张凌云.欧亚板块东缘新生代盆地成因:右行剪切拉分作用[J].石油与天然气地质,1999,20(3):187-191.
许仕策,杨少坤,黄丽芬.珠江口盆地重要目的层沉积体系配置及体系域研究[C]//龚再升,李思田,谢泰俊,等.南海北部大陆边缘盆地分析与油气聚集[M].北京:科学出版社,1997.
许中杰,程日辉,王嘹亮,等.广东惠来地区早-中侏罗世桥源组海平面相对升降及构造背景的元素地球化学证据[J].吉林大学学报(地球科学版),2001,41(4):966-975.
闫义,夏斌,林舸,等.南海北缘新生代盆地沉积与构造演化及地球动力学背景[J].海洋地质与第四纪地质,2005,25(2):53-61.
杨振,张光学,张莉.万安盆地生物礁及碳酸盐台地的发育演化及控制因素[J].地球科学——中国地质大学学报,2016,41(8):1349-1360.
姚伯初,万玲,刘振湖.南海海域新生代沉积盆地构造演化的动力学特征及其油气资源[J].地球科学——中国地质大学学报,2004,29(5):543-549.
姚伯初,曾维军,等.南海西沙海槽:一条古缝合线[J].海洋地质与第四纪地质,1994(1):1-10.
姚伯初.南海海盆新生代的构造演化史[J].海洋地质与第四纪地质,1996(2):1-13.
姚伯初.中美合作调研南海地质专报[M].武汉:中国地质大学出版社,1994.
易亮,王振峰,张道军,等.西沙西科1井三亚组生物礁沉积的磁性地层及其环境意义[J].海岸工程,2016,35(3):1-11.
殷鸿福,童金南,丁梅华,等.扬子区晚二叠世—中三叠世海平面变化[J].地球科学——中国地质大学学报,1994(5):627-632.
岳军培,张艳,沈怀磊,等.华南陆缘地质特征对南海北部盆地基底的约束[J].石油学报,2013,34(s2):120-128.
翟世奎,米立军,沈星,等.西沙石岛生物礁的矿物组成及其环境指示意义[J].地球科学——中国地质大学学报,2015,40(4):597-605.
张功成,王璞珺,吴景富,等.边缘海构造旋回:南海演化的新模式[J].地学前缘,2015,22(3):27-37.
张功成,谢晓军,王万银,等.中国南海含油气盆地构造类型及勘探潜力[J].石油学报,2013,34(4):611-627.
张明书,Chivas.西沙群岛西琛1井礁序列成岩作用研究[J].地质学报,1997,71(3):236-244.
张明书,何起祥,业治铮.西沙生物礁碳酸盐沉积地质学研究[M].北京:科学出版社,1989.
张明书,刘健,周墨清.西永1井礁序列的磁化率研究[J].科学通报,1994,39(4):340-340.
张明书,周墨清,刘健.西沙礁序列的磁性地层学研究[J].海洋地质与第四纪地质,1996,16:61-65.
张训华,李延成,綦振华,等.南海海盆形成演化模式初探[J].海洋地质与第四纪地质,1997(2):1-7.
张训华.单向拉张与南海海盆的形成[J].海洋地质前沿,1997(5):1-3.
张永军,刘振军,赵百民.关于西沙海槽正磁异常带的地球物理认识[J].地球物理学进展,2009,24(6):1987-1994.
章雨旭,王成述,彭阳,等.海平面变化定量研究的探讨[J].中国区域地质,1996(1):75-82.
赵泉鸿,翦知湣,王吉良,等.南海北部晚新生代氧同位素地层学[J].中国科学:地球科学,2001b,31(10):800-807.
赵泉鸿,汪品先,成鑫荣,等.中新世"碳位移"事件在南海的记录[J].中国科学:地球科学,2001a,31(10):808-815.

赵泉鸿,汪品先.南海第四纪古海洋学研究进展[J].第四纪研究,1999,19(6):481-501.

赵中贤,周蒂,廖杰.珠江口盆地第三纪古地理及沉积演化[J].热带海洋学报,2009,28(6):52-60.

中国科学院南沙综合科学考察队.南沙群岛永暑礁第四纪珊瑚礁地质[M].北京:中国海洋出版社,1992.

钟广见,王嘹亮.南海西南部新生代盆地类型及演化历史[J].海洋湖沼通报,1996(2):24-32.

周蒂,陈汉宗,吴世敏,等.南海的右行陆缘裂解成因[J].地质学报,2002,76(2):180-190.

朱伟林.南海北部大陆边缘盆地天然气地质[M].北京:石油工业出版社,2007.

朱伟林,王振峰,米立军,等.南海西沙西科1井层序地层格架与礁生长单元特征[J].地球科学——中国地质大学学报,2015,40(4):677-687.

朱袁智,沙庆安,郭丽芬,等.南沙群岛永暑礁新生代珊瑚礁地质[M].北京:科学出版社,1997.

祝彦贺,朱伟林,徐强,等.珠江口盆地中部珠海组—珠江组层序结构及沉积特征[J].海洋地质与第四纪地质,2009(4):77-83.

邹仁林,蒙致民,关锡廉.南海北部大陆架深水石珊瑚的生态分析[J].热带海洋学报,1983(3):68-73.

Andel T H. Proc. ODP, Sci. Results, 138: College Station, TX (Ocean Drilling Program), 337-353.

Andersen T. Correction of common lead in U-Pb analyses that do not report ^{204}Pb[J]. Chemical Geology, 2002, 192(1-2):59-79.

Bachtel S L, Kissling R D, Martono D, et al. Seismic stratigraphic evolution of the Miocene-Pliocene Segitiga Platform, East Natuna Sea, Indonesia: The origin, growth, and demise of an isolated carbonate platform[J]. Aapg. Memoir., 2005, 81: 309-328.

Bai Y, Wu S, Liu Z, et al. Full-fit reconstruction of the South China Sea conjugate margins[J]. Tectonophysics, 2015, 661: 121-135.

Barckhausen U, Engels M, Franke D, et al. Evolution of the South China Sea: Revised ages for breakup and seafloor spreading[J]. Marine & Petroleum Geology, 2015, 59: 679-681.

Bard E, Hamelin B, Fairbanks R G. U-Th ages obtained by mass spectrometry in corals from Barbados: Sea level during the past 130 000 years[J]. Nature, 1990, 84(1-4):157-158.

Belopolsky A V, Droxler A W. Seismic expressions of prograding carbonate bank margins: Middle Miocene, Maldives, Indian Ocean[J]. 2004.

Ben-Avraham Z, Uyeda S. The evolution of the China Basin and the mesozoic paleogeography of Borneo[J]. Earth & Planetary Science Letters, 1973, 18(2): 365-376.

Berggren W A, Kent D V, Couvering J A V. Neogene geochronology and chronostratigraphy[J]. Geological Society London Memoirs, 1985, 10(1): 211-260.

Berggren W A, Kent D V, Flynn J J. Jurassic to Paleogene: Part 2 Paleogene geochronology and chronostratigraphy[J]. Geological Society London Memoirs, 1985, 10(1): 211-260.

Betzler C, Hubscher C, Lindhorst S, et al. Monsoon-induced partial carbonate platform drowning (Maldives, Indian Ocean)[J]. Geology, 2009, 37(10): 867-870.

Binh N T T, Tokunaga T, Son H P, et al. Present-day stress and pore pressure fields in the Cuu Long and Nam Con Son Basins, offshore Vietnam[J]. Marine & Petroleum Geology, 2007, 24(10): 607-615.

Boudagher-Fadel M K. Evolution and geological significance of larger benthic foraminifera[M]. Elsevier, 2008.

Briais A, Patriat P, Tapponnier P. Updated interpretation of magnetic anomalies and seafloor spreading stages in the South China Sea: Implications for the Tertiary tectonics of Southeast Asia[J]. Journal of Geophysical Research Atmospheres, 1993, 98(B4): 6299-6328.

Briais A, Patriat P, Tapponnier P. Updated Interpretation of Magnetic Anomalies and Seafloor Spreading Stages in the South China Sea: Implications for the Tertiary tectonics of Southeast Asia[J]. // Journal of Geophysical Research: Solid Earth(1978—2012). 1993: 6299-6328.

Broecker W S, Thurber D L, Goddard J, et al. Milankovitch Hypothesis Supported by Precise Dating of Coral Reefs and Deep-Sea Sediments[J]. Science, 1968, 159(3812): 297-300.

Broecker W S, Thurber D L. Uranium-Series Dating of Corals and Oolites from Bahaman and Florida Key Limestones[J]. 1965, 149(3679): 58-60.

Carla B, Susann W, Yong W. Basement structures from satellite-derived gravity field: South China Sea ridge[J]. Journal of Geophysical Research Atmospheres, 2006, 111(B5): 218-226.

Cheng H, Edwards R L, Shen C C, et al. Improvements in ^{230}Th dating, ^{230}Th and ^{234}U half-life values, and U-Th isotopic measurements by multi-collector inductively coupled plasma mass spectrometry[J]. Earth & Planetary Science Letters, 2013, s 371-372: 82-91.

Cheng X, Tian J, Wang P. Data report: Stable isotopes from Site 1143[C]//Prell W L, Wang P, Blum P, Rea D K, and Clemens S C. Proc. ODP Sci. Results, 2004a, 184, 1-8[Online]. Available from World Wide Web: <http://www-odp.tamu.edu/publications/184_SR/VOLUME/CHAPTERS/221.PDF>.

Cheng X, Tian J, Wang P. Data report: Stable isotopes from Site 1143[C]//Prell W L, Wang P, Blum P, Rea D K, and Clemens S C. Proc. ODP Sci. Results, 2004b, 184, 1-12[Online]. Available from World Wide Web: <http://www-odp.tamu.edu/publications/184_SR/VOLUME/CHAPTERS/223.PDF>.

Clift P, Kuhnt W, Wang P, et al. Seafloor Spreading Anomalies in the South China Sea Revisited[C]// Continent-Ocean Interactions within East Asian Marginal Seas. American Geophysical Union, 2004: 121-125.

Dan B. A genetic classification of carbonate platforms based on their basinal and tectonic settings in the Cenozoic[J]. Sedimentary Geology, 2005, 175(1-4): 49-72.

Davey R J, Downie C, Sarjeant W A S, et al. Studies on Mesozoic and Cenozoic dinoflagellate cysts[J]. Bulletin of the British Museum(Natural History)Geology, Supplement, 1966, 3: 1-248, pl. 1-26.

Deng C, Zhu R, Verosub K L, et al. Mineral magnetic properties of loess/paleosol couplets of the central loess plateau of China over the last 1.2Ma[J]. Journal of Geophysical Research Atmospheres, 2004, 109(1): 241-262.

Dickson T. Carbonate mineralogy and chemistry[M]//Tucker M E, Wright V P. Carbonate Sedimentology. Oxford: Blackwell, 1990.

Ding W, Franke D, Li J, et al. Seismic stratigraphy and tectonic structure from a composite multi-channel seismic profile across the entire Dangerous Grounds, South China Sea[J]. Tectonophysics, 2013, 582(582): 162-176.

Droxler A, Belopolsky A. Imaging Tertiary carbonate system—the Maldives, Indian Ocean: Insights into carbonate sequence interpretation[M]// Annual report of the European Organization for Nuclear Research. CERN, 2003: 259-273.

Dunlop D J. Theory and application of the day plot(Mrs/Ms versus Hcr/Hc). Theoretical curves and tests using titanomagnetite data[J]. Journal of Geophysical Research Solid Earth, 2002, 107(B3): EPM 4-1-EPM 4-22.

Edwards I E, Andrle V A S. Distribution of selected dinoflagellate cysts in modern marine sediments[M]//Head M J, Wrenn J H. Neogene and Quaternary dinoflagellate cysts and acritachs, AASP Foundation, 1992.

Edwards M B. Upper Wilcox Rosita delta system of South Texas: Growth-faulted shelf-edge deltas[J]. AAPG Bull Am. Assoc. Pet. Geol. Bull., 1981, 65: 1(1): 271-300.

Edwards R L, Chen J H, Ku T L, et al. Precise timing of the last interglacial period from mass spectrometric determination of thorium-230 in corals[J]. Science, 1987, 236(4808): 1547.

Egli R. Analysis of the field dependence of remanent magnetization curves[J]. Journal of Geophysical Research Atmospheres, 2003, 108(B2): 295-295.

Eisenhauer A, Wasserburg G J, Chen J H, et al. Holocene sea-level determination relative to the Australian continent: U-Th(TIMS)and ^{14}C(AMS)dating of coral cores from the Abrolhos Islands[J]. Earth & Planetary Science Letters, 1993, 114(4): 529-547.

Epting M. Sedimentology of Miocene carbonate buildups, central Luconia, offshore Sarawak[J]. Bulletin of the Geological Society of Malaysia, 12: 17-30.

Erlich R N, Jr A P L, Hyare S. Response of carbonate platform margins to drowning: evidence of environmental collapse[J]. American Journal of Vetenrinary Reseach, 1993, 30(1): 113-125.

Expedition 349 Scientists. South China Sea tectonics: Opening of the South China Sea and its implications for southeast Asian tectonics, climates, and deep mantle processes since the late Mesozoic[R]. International Ocean Discovery Program Preliminary Report, 2014.

Fuller M, Haston R, Lin J L, et al. Tertiary paleomagnetism of regions around the South China Sea[J]. Journal of Asian

Earth Sciences,1991,6(6):161-184.

Fulthorpe C S,Schlanger S O. Paleo-oceanographic and tectonic settings of early Miocene reefs and associated carbonates of offshore southeast Asia[J]. Aapg Bulletin American Association of Petroleum Geologists,1989,73(6):729-756.

Fyhn M B W,Boldreel L O,Nielsen L H,et al. Carbonate platform growth and demise offshore Central Vietnam:Effects of Early Miocene transgression and subsequent onshore uplift[J]. Journal of Asian Earth Sciences,2013,76(20):152-168.

Fyhn M B W,Pedersen S A S,Boldreel L O,et al. Palaeocene-early Eocene inversion of the Phuquoc-Kampot Som Basin:SE Asian deformation associated with the suturing of Luconia[J]. Journal of the Geological Society,2010,167(2):281-295.

Goldstein S J,Stirling C H. Techniques for measuring uranium-series nuclides:1992—2002[J]. Reviews in Mineralogy & Geochemistry,2003,52(1):23-57.

Gong Z,Li S. Continental Margin Basin Analysis and Hydrocarbon Accumulation of the Northern South China Sea[M]. Beijing:China Science Press,1997.

Gradstein F,Ogg J. On the Geologic Time Scale 2008[M]. Cambridge:Cambridge University Press,2004.

Hall R. Cenozoic geological and plate tectonic evolution of SE Asia and the SW Pacific:computer-based reconstructions, model and animations[J]. Journal of Asian Earth Sciences,2002,20(4):353-431.

Hao Y,Fu C P,Xiao W,et al. Late tertiary sequence stratigraphy and sea level changes in Yinggehai-qiongdongnan Basin [J]. Geoscience,2000.

Haq B U,Hardenbol J,Vail P R. Chronology of fluctuating sea levels since the triassic[J]. Science,1987,235(235):1156-1167.

Haq B U,Hardenbol J,Vail P R. Mesozoic and Cenozoic chronostratigraphy and eustatic cycles[M]. Sea-Level Changes: An Integrated Approach,1988:71-108.

Harland R. Distribution map of recent dinoflagellate cysts in bottom sediments from the North Atlantic Ocean and adjacent seas[J]. Palaeontology,1983,26(2):321-387.

Hawkesworth C J, Dickin A P. Radiogenic Isotope Geology[M]. Cambridge:Cambridge University Press,2005.

Hawkins J W,Lonsdale P F,Macdougall J D,et al. Petrology of the axial ridge of the Mariana Trough backarc spreading center[J]. Earth & Planetary Science Letters,1990,100(1):226-250.

Hayes D E,Nissen S S. The South China Sea margins:Implications for rifting contrasts[J]. Earth & Planetary Science Letters,2005,237(3):601-616.

He H,Deng C,Wang P,et al. Toward age determination of the termination of the Cretaceous Normal Superchron[J]. Geochemistry Geophysics Geosystems,2012,13(2):2002.

He Q X,Zhang M S,et al. Reef Facies Geology of Xisha Islands of China[M]. Beijing:Science Press,1986.

He Q. Origin of neogene dolomites in xisha islands and their significance[J]. Marine Geology & Quaternary Geology,1990.

Hilgen F J,Lourens L J,Dam J A V,et al. The Neogene Period[M]. The Geologic Time Scale,2012:923-978.

Hinrichs J,Schnetger B. A fast method for the simultaneous determination of ^{230}Th,^{234}U and ^{235}U with isotope dilution sector field ICPMS[J]. Analyst,1999,124(6):927-932.

Hoskin P W O. The composition of zircon and igneous and metamorphic petrogenesis[J]. Rev. miner. geochem.,2003,53(1):27-62.

Hsu S K,Yeh Y,Doo W B,et al. New Bathymetry and magnetic lineations identifications in the northernmost South China Sea and their tectonic implications[J]. Marine Geophysical Research,2004,25(1):29-44.

Huang X L,Niu Y,Xu Y G,et al. Geochronology and geochemistry of Cenozoic basalts from eastern Guangdong,SE China:constraints on the lithosphere evolution beneath the northern margin of the South China Sea[J]. Contributions to Mineralogy and Petrology,2013,165(3):437-455.

Hutchison C S,Vijayan V R. What are the Spratly Islands[J]. Journal of Asian Earth Sciences,2010,39(5):371-385.

Hutchison C S. Marginal basin evolution:the southern South China Sea[J]. Marine & Petroleum Geology,2004,21(9):1129-1148.

Hutchison C S. The North-West Borneo Trough[J]. Marine Geology,2010,271(1):32-43.

Isozaki Y. Jurassic accretion tectonics of Japan[J]. Island Arc,2010,6(1):25-51.

Jaffey A H,Flynn K F,Glendenin L E,et al. Precision Measurement of Half-Lives and Specific Activities of ^{235}U and ^{238}U[J]. Physical Review C4,1971,1889-1906.

Jia G,Zhang J,Chen J,et al. Archaeal tetraether lipids record subsurface water temperature in the South China Sea[J]. Organic Geochemistry,2012,50(50):68-77.

Jian Z,Cheng X,Zhao Q,et al. Oxygen isotope stratigraphy and events in the northern South China Sea during the last 6 million years[J]. Science China Earth Sciences,2001,44(10):952-960.

Jian Z,Yu Y,Li B,et al. Phased evolution of the south-north hydrographic gradient in the South China Sea since the middle Miocene[J]. Palaeogeography Palaeoclimatology Palaeoecology,2006,230(3-4):251-263.

Kirschvink J L. The least-squares line and plane and the analysis of palaeomagnetic data[J]. Geophysical Journal International,1980,62(3):699-718.

Kolla V,Biondi P,Long B,et al. Sequence stratigraphy and architecture of the late Pleistocene Lagniappe delta complex,northeast Gulf of Mexico[J]. Geological Society London Special Publications,2000,172(1):291-327.

Komai T,Shindo H. Crustal Thinning of the Northern Continental Margin of the South China Sea[J]. Marine Geophysical Research,2004,25(1):63-78.

Kudrass H R,Wiedicke M,Cepek P,et al. Mesozoic and Cainozoic rocks dredged from the South China Sea(Reed Bank area)and Sulu Sea and their significance for plate-tectonic reconstructions[J]. Marine & Petroleum Geology,1986,3(1):19-30.

Lear C H,Elderfield H,Wilson P A. Cenozoic Deep-Sea Temperatures and Global Ice Volumes from Mg/Ca in Benthic Foraminiferal Calcite[J]. Science,2000,287(5451):269-272.

Li C,Song T. Magnetic recording of the Cenozoic oceanic crustal accretion and evolution of the South China Sea Basin[J]. Science Bulletin,2012,57(24):3165-3181.

Li C,Xu X,Lin J,et al. Ages and magnetic structures of the South China Sea constrained by deep tow magnetic surveys and IODP Expedition 349[J]. Geochemistry Geophysics Geosystems,2014,15(12):4958-4983.

Li C,Zhou Z,Hao H,et al. Late Mesozoic tectonic structure and evolution along the present-day northeastern South China Sea continental margin[J]. Journal of Asian Earth Sciences,2008,31(4):546-561.

Li L,Li Q,Tian J,et al. A 4Ma record of thermal evolution in the tropical western Pacific and its implications on climate change[J]. Earth & Planetary Science Letters,2011,309(1-2):10-20.

Li Q,Li B,Zhong G,et al. Late Miocene development of the western Pacific warm pool:Planktonic foraminifer and oxygen isotopic evidence[J]. Palaeogeography Palaeoclimatology Palaeoecology,2006,31(6):465-482.

Li Q,Wang P,Zhao Q,et al. A 33Ma lithostratigraphic record of tectonic and paleoceanographic evolution of the South China Sea[J]. Marine Geology,2006,230(3-4):217-235.

Li Q,Zhao Q,Zhong G,et al. Deepwater Ventilation and Stratification in the Neogene South China Sea[J]. Journal of Earth Science,2007,18(2):95-108.

Li Q,Zhong G,Tian J. Stratigraphy and Sea Level Changes[J]. The South China Sea[M]. Springer Netherlands,2009:75-170.

Li S,Deng C,Yao H,et al. Magnetostratigraphy of the Dali Basin in Yunnan and implications for late Neogene rotation of the southeast margin of the Tibetan Plateau[J]. Journal of Geophysical Research Solid Earth,2013,118(3):791-807.

Li Z X,Li X H. Formation of the 1300km-wide intracontinental orogen and postorogenic magmatic province in Mesozoic South China:A flat-slab subduction model[J]. Geology,2007,35(2):179-182.

Liu H,Zheng H,Wang Y,et al. Basement of the South China Sea Area:Tracing the Tethyan Realm[J]. 地质学报(英文版),2011,85(3):637-655.

Liu S,Deng C,Xiao J,et al. Insolation driven biomagnetic response to the Holocene Warm Period in semi-arid East Asia[R]. Scientific Reports,2015,5:8001.

Liu Y,Gao S,Hu Z,et al. Continental and Oceanic Crust Recycling-induced Melt-Peridotite Interactions in the Trans-

North China Orogen:U – Pb Dating,Hf Isotopes and Trace Elements in Zircons from Mantle Xenoliths[J]. Journal of Petrology,2010,51(51):392 – 399.

Ludwig K R. User's manual for Isoplot 3.00:A geochronological toolkit for Microsoft Excel[M]. Berkeley Geochronology Center,Berkeley,2003.

Lukasik J,Simo J A T. Controls on carbonate platform and reef development[M]. SEPM(Society for Sedimentary Geology),2008.

Lund S,Platzman E,Thouveny N,et al. Biological control of paleomagnetic remanence acquisition in carbonate framework rocks of the Tahiti coral reef[J]. Earth & Planetary Science Letters,2010,298(1 – 2):14 – 22.

Luo X,Lee D C,et al. High precision $^{230}Th/^{232}Th$ and $^{234}U/^{238}U$ measurements using energyfiltered ICP magnetic sector multiple collector mass spectrometry[J]. International Journal of Mass Spectrometry & Ion Processes,1997,171(171):105 – 117.

Lüdmann T,Kalvelage C,Betzler C,et al. The Maldives,a giant isolated carbonate platform dominated by bottom currents [J]. Marine & Petroleum Geology,2013,43:326 – 340.

Lüdmann T,Wiggershaus S,Betzler C,et al. Southwest Mallorca Island:A cool – water carbonate margin dominated by drift deposition associated with giant mass wasting[J]. Marine Geology,2012,s 307 – 310(5):73 – 87.

Ma B,Wu S,Sun Q,et al. The late Cenozoic deep – water channel system in the Baiyun Sag,Pearl River Mouth Basin:Development and tectonic effects[J]. Deep Sea Research Part II Topical Studies in Oceanography,2015,122(2015):226 – 239.

Ma Y,Wu S,Lv F,et al. Seismic characteristics and development of the Xisha carbonate platforms,northern margin of the South China Sea[J]. Journal of Asian Earth Sciences,2011,40(3):770 – 783.

Madon M,Karim R,Fatt R Tertiary stratigraphy and correlation schemes[C]//Leong K M(Ed.),The Petroleum Geology and Resources of Malaysia[M]. Petronas,Kuala Lumpur,1999.

Matthews S J,Fraser A J,Lowe S,et al. Structure,stratigraphy and petroleum geology of the SE Nam Con Son Basin,offshore Vietnam[J]. Geological Society London Special Publications,1996,126(1):89 – 106.

Meckel L D. Shelf – margin deltas:the key to big reserves[J]. 2003.

Metcalfe I. Gondwana dispersion and Asian accretion:Tectonic and palaeogeographic evolution of eastern Tethys[J]. Journal of Asian Earth Sciences,2013,66:1 – 33.

Meyer D. Deep crustal structure of the conjugate margins of the SW South China Sea from wide – angle refraction seismic data[J]. Marine & Petroleum Geology,2014,58(3):627 – 643.

Miller K G. Cainozoic $\delta^{18}O$ Record of Climate and Sea – Level[J]. South African Journal of Science,1985.

Montaggioni L. History of Indo – Pacific coral reef systems since the last glaciation:Development patterns and controlling factors[J]. Earth – Science Reviews,2005,71:1 – 75.

Morley C K. Late Cretaceous – Early Palaeogene tectonic development of SE Asia[J]. Earth – Science Reviews,2012,115(1 – 2):37 – 75.

Morse J W,Mackenzie F T. Geochemistry of Sedimentary Carbonates[J]. Developments in Sedimentology,1990,48.

Nathan S A,Leckie R M. Early history of the western Pacific warm pool during the middle to late Miocene(13.2 ~ 5.8Ma):Role of sea – level change and implications for equatorial circulation[J]. Palaeogeography Palaeoclimatology Palaeoecology,2009,274(3):140 – 159.

Nie B F,Chen T G,Liang M T,et al. Relationship between coral growth rate and sea surface temperature in the northern part of South China Sea during the past 100a[J]. Science China Earth Sciences,1997,40(2):173 – 182.

Nissen S S,Hayes D E,Yao B,et al. Gravity,heat flow,and seismic constraints on the processes of crustal extension:Northern margin of the South China Sea[J]. Journal of Geophysical Research Solid Earth,1995,1002(B11):22 447 – 22 484.

Noad J. The Gomantong Limestone of eastern Borneo:a sedimentological comparison with the near – contemporaneous Luconia Province[J]. Palaeogeography Palaeoclimatology Palaeoecology,2001,175(1):273 – 302.

Penland S,Boyd R L,Suter J R. Transgressive Depositional Systems of the Mississippi Delta Plain:A model for barrier shoreline and shelf sand development[J]. Journal of Sedimentary Petrology,1988,58(6):932 – 949.

Perrin C. Tertiary: The emergence of modern reef ecosystems[M]. Special Publications of Sepm. ,2002.

Pigram C J, Davies P J, Feary D A, et al. Tectonic controls on carbonate platform evolution in southern Papua New Guinea: Passive margin to foreland basin[J]. Geology,1989,17(3):199-202.

Porebski S J, Steel R J. Delta types and sea level cycle[J]. AAPG Annual Convention June 3-6, Denver, Colorado, 2001, 12(10):A160.

Postma G. Causes of architectural variability in deltas[C]//Oti M N, Postma G. Geology of deltas[M]. Rotterdam: Balkema,1995:3-16.

Pubellier M, Morley C K. The basins of Sundaland(SE Asia): Evolution and boundary conditions[J]. Marine & Petroleum Geology,2013,58:555-578.

Qin G. A preliminary study on foraminiferal assemblages of Well 1 Xiyong, Xisha Islands and their coral reef formation [J]. Tropic Oceanology,1987.

Qiu X, Ye S, Wu S, et al. Crustal structure across the Xisha Trough, northwestern South China Sea[J]. Tectonophysics, 2001,341(1-4):179-193.

Roberts A P, Pike C R, Verosub K L. First-order reversal curve diagrams: A new tool for characterizing the magnetic properties of natural samples[J]. Journal of Geophysical Research,2000,105(B12):28 461-28 475.

Rollinson H R. Using Geochemical Data: Evaluation, Presentation, and Interpretation[M]. Longman Scientific and Technical,1993.

Sales A O, Jacobsen E C, Jr A A M, et al. The petroleum potential of deep-water northwest Palawan Block GSEC 66[J]. Journal of Asian Earth Sciences,1997,15(2):217-240.

Sattler U, Immenhauser A, Schlager W, et al. Drowning history of a Miocene carbonate platform (Zhujiang Formation, South China Sea)[J]. Sedimentary Geology,2009,219(1):318-331.

Schefu E, Herfort L. A novel proxy for terrestrial organic matter in sediments based on branched and isoprenoid tetraether lipids[J]. Earth & Planetary Science Letters,2004,224(1-2):107-116.

Schouten S, Hopmans E C, Schefu E, et al. Distributional variations in marine crenarchaeotal membrane lipids: A new tool for reconstructing ancient sea water temperatures[J]. Earth & Planetary Science Letters,2003,204(1-2):265-274.

Shackleton N J. Pliocene stable isotope stratigraphy of Site 846[J]. Proc. ODP Sci. results,1995,138:337-355.

Shen C C, Edwards R L, Cheng H, et al. Uranium and thorium isotopic and concentration measurements by magnetic sector inductively coupled plasma mass spectrometry[J]. Chemical Geology,2002,185(3):165-178.

Stanley S M, Hardie L A. Secular oscillations in the carbonate mineralogy of reef-building and sediment-producing organisms driven by tectonically forced shifts in seawater chemistry[J]. Palaeogeography Palaeoclimatology Palaeoecology,1998,144(1-2):3-19.

Stern R J, Lin P N, Morris J D, et al. Enriched back-arc basin basalts from the northern Mariana Trough: implications for the magmatic evolution of back-arc basins[J]. Earth & Planetary Science Letters,1990,100(1):210-225.

Stover L E, Williams G L. Dinoflagellates, Third North American Paleontological Convention[M]. Proceedings vo. ,1982, 2:525-533.

Strakhov N M. The types of iron in sediments of Black Sea[J]. Doklady Akademii Nauk Sssr,1958,118(4):803-806.

Sun S Q, Esteban M. Paleoclimatic controls on sedimentation, diagnosis, and reservoir quality: Lessons from Miocene carbonates[J]. Aapg Bulletin,1994,78:4(4):519-543.

Sun W, Ding X, Hu Y H, et al. The golden transformation of the Cretaceous plate subduction in the west Pacific[J]. Earth & Planetary Science Letters,2007,262(3-4):533-542.

Sun X M, Zhang X Q, Zhang G C, et al. Texture and tectonic attribute of Cenozoic basin basement in the northern South China Sea[J]. Science China Earth Sciences,2014,57(6):1199-1211.

Szczepan J, Ronald J Steel. Shelf-margin deltas: their stratigraphic significance and relation to deepwater sands[J]. Earth-Science Reviews,2003,62(3-4):283-326.

Tamaki K, Honza E. Global tectonics and formation of marginal basins: Role of the Western Pacific[J]. Episodes,1991,14 (3):224-230.

Tapponnier P, Peltzer G, Dain A Y L, et al. Propagating extrusion tectonics in Asia: New insights from simple experiments with plasticine[J]. Geology,1982,10(10):611.

Tauxe L,Mullender T A T,Pick T. Potbellies,wasp-waists,and superparamagnetism in magnetic hysteresis[J]. Journal of Geophysical Research Solid Earth,1996,101(B1):571-584.

Tauxe L. Essentials of Paleomagnetism[M]. Berkeley:University of California Press,2010.

Taylor B,Hayes D E. Origin and History of the South China Sea Basin[J]. Washington DC:American Geophysical Union Geophysical Monograph,1983,27:23-56.

Taylor B,Hayes D E. The tectonic evolution of the South China Basin[J]. Washington DC:American Geophysical Union Geophysical Monograph,1980,23:89-104.

Tian J,Wang P,Cheng X,et al. Astronomically tuned Plio-Pleistocene benthic $\delta^{18}O$ record from South China Sea and Atlantic-Pacific comparison[J]. Earth & Planetary Science Letters,2002,203(3):1015-1029.

Tian J,Zhao Q,Wang P,et al. Astronomically modulated Neogene sediment records from the South China Sea[J]. Paleoceanography,2008,23(3):137-149.

Van Veen F R. Mieroforaminifera[J]. Mieropaleontology. 1957,3(1):74.

Wang C,Dai J,Zhao X,et al. Outward-growth of the Tibetan Plateau during the Cenozoic:A review[J]. Tectonophysics,2014,621:1-43.

Wang P,Li Q,Li C F. Geology of the China Seas[M]. 2014.

Wang P,Li Q. The South China Sea:paleoceanography and sedimentology[M]. Springer,2009.

Wang P,Li Q. The South China Sea:Paleoceanography and Sedimentology[M]. Springer,Dordrecht,2009.

Wang P,Prell W L,Blum P,et al. Proc. ODP,Init. Repts. ,184 [CD-ROM]. Available from:Ocean Drilling Program,Texas A&M University,College Station TX 77845-9547,USA,2000.

Wang P,Tian J,Cheng X. Transition of Quaternary glacial cyclicity in deep-sea records at Nansha,the South China Sea [J]. Science China Earth Sciences,2001,44(10):926-933.

Wang S,He X,Qiu S. A preliminary study on reef carbonate stratigraphy and micropaleontology of Well 1 Xiyong,Xisha Islands[J]. Petroleum Geology and Experiment,1979,1.

Wang T K,Chen M K,Lee C S,et al. Seismic imaging of the transitional crust across the northeastern margin of the South China Sea[J]. Tectonophysics,2006,412(23):7-254.

Wang X,Yang Z,et al. High-resolution magnetic stratigraphy of fluvio-lacustrine succession in the Nihewan Basin,China[J]. Quaternary Science Reviews,2004,23(9):1187-1198.

Wei G,Li X H,Liu Y,et al. Geochemical record of chemical weathering and monsoon climate change since the early Miocene in the South China Sea[J]. Paleoceanography,2006,21(4):271-292.

Wei X,Jia C Z. Dolomitization Characteristics of Carbonate Rock in Xisha Islands and its Formation:A case study of well Xichen-1[J]. Journal of Jilin University,2008,38(2):217-224.

Wei Y,Wang J,Liu J,et al. Spatial variations in archaeal lipids of surface water and core-top sediments in the South China Sea and their implications for paleoclimate studies[J]. Applied & Environmental Microbiology,2011,77(21):7479-7489.

Weijers J W H,Schouten S,Donker J C V D,et al. Environmental controls on bacterial tetraether membrane lipid distribution in soils[J]. Geochimica et Cosmochimica Acta,2007,71(3):703-713.

Williams H H. Play concepts-northwest Palawan,Philippines[J]. Journal of Asian Earth Sciences,1997,15(2-3):251-273.

Wilson M E J,Chambers J L C,Evans M J,et al. Cenozoic carbonates in Borneo:Case studies from northeast Kalimantan [J]. Journal of Asian Earth Sciences,1999,17(1-2):183-201.

Wilson M E J,Dan W J B,Limbong A. Tertiary syntectonic carbonate platform development in Indonesia[J]. Sedimentology,2000,47(2):395-419.

Wilson M E J,Wah E C E,Dorobek S,et al. Onshore to offshore trends in carbonate sequence development,diagenesis and reservoir quality across a land-attached shelf in SE Asia[J]. Marine & Petroleum Geology,2013,45(4):349-376.

Wilson M E J. Cenozoic carbonates in Southeast Asia:Implications for equatorial carbonate development[J]. Sedimentary Geology,2002,147(3-4):295-428.

Wilson M E J. Equatorial carbonates: An earth systems approach[J]. Sedimentology,2012,59(1):1-31.

Wilson M E J. Global and regional influences on equatorial shallow-marine carbonates during the Cenozoic[J]. Palaeogeography Palaeoclimatology Palaeoecology,2008,265(3-4):262-274.

Wu H,Zhao X,Shi M,et al. A 23Ma magnetostratigraphic time framework for Site 1148,ODP Leg 184 in South China Sea and its geological implications[J]. Marine & Petroleum Geology,2014,58:749-759.

Wu S,Yang Z,Wang D,et al. Architecture,development and geological control of the Xisha carbonate platforms,northwestern South China Sea[J]. Marine Geology,2014,350(2):71-83.

Xu H. Biostratigraphy,algal reef building and characteristics of Miocene coral reef evolution in Xisha[M]. Beijing:Science Press,1999.

Yan P,Wang L,Wang Y. Late Mesozoic compressional folds in Dongsha Waters,the northern margin of the South China Sea[J]. Tectonophysics,2014,615-616(4):213-223.

Yan Q,Shi X,Castillo P R. The late Mesozoic-Cenozoic tectonic evolution of the South China Sea:A petrologic perspective[J]. Journal of Asian Earth Sciences,2014,85:178-201.

Yan Q,Shi X,Liu J,et al. Petrology and geochemistry of Mesozoic granitic rocks from the Nansha micro-block,the South China Sea:Constraints on the basement nature[J]. Journal of Asian Earth Sciences,2010,37(2):130-139.

Yao Y,Liu H,Yang C,et al. Characteristics and evolution of Cenozoic sediments in the Liyue Basin,SE South China Sea[J]. Journal of Asian Earth Sciences,2012,60(Complete):114-129.

Yi L,Ye X,Chen J,et al. Magnetostratigraphy and luminescence dating on a sedimentary sequence from northern East China Sea:Constraints on evolutionary history of eastern marginal seas of China since the early Pleistocene[J]. Quaternary International,2014,349(1):316-326.

Yin A. Cenozoic tectonic evolution of Asia:A preliminary synthesis[J]. Tectonophysics,2010,488(1-4):293-325.

Yin J,Schlesinger M E,Stouffer R J. Distribution maps of recent dinoflagellate cysts in bottom sediments from the North Atlantic Ocean and adjacent seas:Harland,Rex,1983 Palaentology,26(2):321-387[M]. Springer Berlin Heidelberg:Headway in Spatial Data Handling,2008:449-466.

Yong S,Zhao C,et al. Reappraisement and refinement of zircon U-Pb isotope and trace element analyses by LA-ICPMS[J]. Science Bulletin,2010,55(15):1535-1546.

Zachos J,Pagani M,Sloan L,et al. Trends,rhythms,and aberrations in global climate 65Ma to present[J]. Science,2001,292(5517):686.

Zahirovic S,Seton M,Müller R D. The Cretaceous and Cenozoic tectonic evolution of Southeast Asia[J]. Solid Earth Discussions,2014,5(2):1335-1422.

Zhang M,He Q,Ye Z,et al. A study of sedimentary geology of Xisha reef carbonates[M]. Beijing:Science Press,1989.

Zhang M,Liu J,Li S,et al. Diagenesis of the reef succession in Xisha Islands[J]. Acta Geologica Sinica,1997,71(3).

Zhao Q,Jian Z,Wang J,et al. Neogene oxygen isotopic stratigraphy,ODP Site 1148,northern South China Sea[J]. Science China Earth Sciences,2001,44(10):934-942.

Zhao Q,Wang P X,Cheng X,et al. A record of Miocene carbon excursions in the South China Sea[J]. Science China Earth Sciences,2001,44(10):943-951.

Zhao Q. Late Cainozoic ostracod faunas and paleoenvironmental changes at ODP Site 1148,South China Sea[J]. Marine Micropaleontology,2005,54(1):27-47.

Zheng H,Powell C M,Rea D K,et al. Late Miocene and mid-Pliocene enhancement of the East Asian monsoon as viewed from the land and sea[J]. Global & Planetary Change,2004,41(3-4):147-155.

Zhou D,Sun Z,Chen H Z,et al. Mesozoic paleogeography and tectonic evolution of South China Sea and adjacent areas in the context of Tethyan and Paleo-Pacific interconnections[J]. Island Arc,2008,17(2):186-207.

Zhu R X,Hoffman K A,Potts R,et al. Earliest presence of humans in northeast Asia[J]. Nature,2001,413(6854):413.

Zhu Y Z,Sha Q A,Guo L F,et al. Cenozoic Coral Reef Geology of Yongshu Reef,Nansha Islands[M]. Beijing:Science Press,1997.

后 记

受地质资料及技术手段限制,前人对南海地区结构构造、发育演变之研究难免存有或多或少的不足。本专著出版目的之一便是推陈出新,即在有利证据、合理推演的基础上,提出新的认识,同时提供新的技术方法供广大学者共同探讨。其中,有关西沙地区基底性质的成果对于重新审视南海构造十分重要,另外生物地球化学指标 BIT 成功运用于碳酸盐岩与海平面变化研究上,属有益的尝试,故于此强调并做详细说明。

西沙地区生物礁台地发育在晚中生代变质岩基底上,与上覆新生代碳酸盐岩沉积序列呈不整合接触。岩石学及锆石 U-Pb 测年结果证实,台地基底发育早白垩世变质片麻岩并遭后期花岗岩的侵入,其中最年轻的年龄分别为 137 ± 1 Ma(片麻岩)及 85.1 ± 3 Ma(花岗岩)。该成果不仅纠正了长期以来普遍认为"南海西北部地区均发育于前寒武纪片麻岩之上"的看法,同时可能暗示,包括西沙、南沙陆块在内的华南南部陆缘于中生代晚期经历了区域变质作用,与东亚大陆边缘该时期受到大规模、长期的俯冲挤压密切相关,到晚白垩世还发生了重要的岩浆侵入事件。

有机分子化合物指标 BIT 一般用来定性追踪海洋环境下陆源有机质输入量的变化。然而,鉴于本专著涉及的研究材料——西科 1 井远离大陆独特的地理位置,综合岩性特征及薄片鉴定等其他证据,研究团队创新性地赋予 BIT 更适宜本研究的指示意义,即区分特定时期西沙地区究竟以大气淡水成岩环境还是以海水成岩环境为主。故此,揭示出 BIT 在西科 1 井随深度呈现规律性变化的特征,完全受控于碳酸盐岩台地生长发育微环境变化。由于珊瑚礁台地直接表现为受海平面变化影响,故 BIT 的成功应用为易受矿化重结晶及白云岩化作用的碳酸盐岩材料研究海平面变化提供了独特的研究思路。